职业教育教学改革系列教材
楼宇智能化设备安装与运行专业系列教材

# 电子信息系统机房工程


主　编　杨绍胤
参　编　杨　广　杨　庆

机 械 工 业 出 版 社

本书主要介绍有关电子信息系统机房工程的设计、施工和验收。主要内容包括电子信息系统及其机房、机房的设备和位置布置、机房建筑和装饰、机房环境工程、机房布线、机房灾害防护与消防、机房监控与电子信息设备管理、机房电力和照明、机房防雷及接地、机房电磁屏蔽等，并附有标准规范列表及电子信息系统机房工程（电子信息机房工程）设计举例，涉及建筑、结构、装饰、空调通风、电气和自动控制等技术。

本书可作为开设电子信息系统机房及智能建筑工程专业的职业院校的学生的教材，也可供从事相关设计、施工工作的技术人员学习参考。

**图书在版编目（CIP）数据**

电子信息系统机房工程/杨绍胤主编．—北京：机械工业出版社，2012.3（2024.1重印）

职业教育教学改革系列教材．楼宇智能化设备安装与运行专业系列教材

ISBN 978-7-111-37560-9

Ⅰ.①电… Ⅱ.①杨… Ⅲ.①电子系统：信息系统－机房－建筑工程 Ⅳ.①TU244.5

中国版本图书馆CIP数据核字（2012）第030524号

机械工业出版社（北京市百万庄大街22号 邮政编码100037）

策划编辑：赵红梅 责任编辑：赵红梅

版式设计：刘 岚 责任校对：张 薇

封面设计：陈 沛 责任印制：郜 敏

北京富资园科技发展有限公司印刷

2024年1月第1版第8次印刷

184mm×260mm·13.75印张·339千字

标准书号：ISBN 978-7-111-37560-9

定价：35.00元

电话服务

客服电话：010-88361066

010-88379833

010-68326294

网络服务

机 工 官 网：www.cmpbook.com

机 工 官 博：weibo.com/cmp1952

金 书 网：www.golden-book.com

机工教育服务网：www.cmpedu.com

# 前　　言

随着电子信息技术在各个领域的应用日益广泛，电子信息系统机房的建设得到越来越高的重视。

电子信息系统机房工程对于电子信息系统安全、经济地建设、运行、维护检修极为重要。电子信息系统机房工程需要电子、建筑、结构、装饰、空调、电气等专业人员的分工合作才能圆满完成。

本书主要介绍有关电子信息机房工程的设计、施工和验收技术。本书内容包括有关电子信息系统机房的概念、机房设备和位置布置、机房建筑和装饰、机房布线、机房灾害防护与消防、机房监控与电子信息设备管理、机房电力和照明、机房防雷及接地、机房电磁屏蔽等内容。

本书第1、2、4、10章由杨绍胤编写，第3章由杨广编写，第5、6、7、8、9章由杨庆编写，附录部分由王翔和唐南生提供资料。本书由杨绍胤任主编并负责统稿。

本书编写过程中得到有关设计、施工技术人员的支持和帮助，他们提供了许多资料和宝贵意见。同时，编者参考了国内外相关文献资料，并引用了部分观点，在此谨向有关作者表示谢意。

由于技术的飞速发展，且编者的理论和实践经验有限，书中难免有不足之处，希望能够得到广大读者的指正。

编　者

# 目　　录

# 第1章　电子信息系统及其机房

## 1.1　概　　述

在现代社会中，科学技术高度发展，信息技术的发展尤其迅猛，而信息技术只有通过电子信息设备稳定、可靠的运行才能发挥其效益。电子信息设备稳定、可靠的运行又要在电子信息机房中实现，这就要求电子信息机房满足严格的环境条件，如空间温度、湿度、洁净度、噪声、地面承重、振动、电磁屏蔽、防静电、电源、安全防范、防雷、防火、防水等条件。因此电子信息机房工程的设计与施工日益被人们所重视。

现代化电子信息机房不只是一个简单的放置电子设备的场所，而是由供配电、建筑装饰、照明、防静电、防雷、接地、消防、火灾报警、环境监控等多个功能系统组成的综合体。电子信息机房工程涉及采暖通风、电气、给排水、建筑、结构、装饰等多种专业技术。

## 1.2　电子信息系统

电子信息系统（Electronic Information System）是多种多样的，且均需配置相应的电子信息设备。电子信息系统通常包括通信系统、建筑物自动化系统和办公自动化系统。

**1. 通信系统**

通信系统（Communication System）主要是实现语音、文字、图形通信或语音、图像广播接收系统。它包含电话通信系统；无线通信系统或移动通信系统；卫星通信系统；公共广播系统；电视系统。

**2. 建筑物设备自动化系统**

建筑物设备自动化系统（Building Automation System，BAS）是对建筑物内所有设备，以及公共部位人员进行监视控制的系统，用以保证建筑物的安全和有效的运行。它包含火灾自动报警系统；安全防范系统；建筑物自动控制系统。

**3. 办公自动化系统**

办公自动化系统（Office Automation System，OAS）为建筑物内的人们提供能提高工作效率的文字、图形、视频音频处理和传输设备。它包含电子信息通信系统；会议系统；信息显示系统。

## 1.3　电子信息机房的设置

智能建筑（Intelligent Building，IB）中一般按照系统管理的要求分类设置各种电子信息机房，如通信系统机房；建筑物监控系统机房和办公自动化系统机房。

**1. 通信系统机房**

通信系统机房包括通信设备间，电话交换机房，电信（交接）间，电信进线间，无线通信机房，卫星通信机房，公共广播控制室，电视机房和自办节目站。

**2. 建筑物设备自动化系统机房**

建筑物设备自动化系统机房包括消防控制中心，安全防范监控中心和建筑物监控中心。

**3. 办公自动化系统机房**

办公自动化系统机房包括电子信息机房，信息管理中心，信息网络中心，数据中心，信息交换机间和交接间。

各种电子信息机房可以相互合并或兼有多种功能。如电子信息竖井一般兼有电信（交接）间的功能。有的消防控制中心、安全防范监控中心和建筑物监控中心可以合在一起。

## 1.4 电子信息机房的功能

### 1.4.1 通信系统机房

**1. 通信设备间**

通信设备间是安装各种通信设备的房间。它包括电话机房，用户交换机机房，配线室及电源室，维护室，话务室等，并安装有用户交换机、话务台、配线架及电源装置。

电话机房的毗邻处可设置多家电信业务经营者的光、电传输设备以及宽带接入等设备的电信机房。

电话机、计算机等各种主机设备及引入设备可合装在一起。如果电话机、计算机等各种主机设备和通信设备间分开设置，其相互间的距离不宜太远。

**2. 电信（交接）间**（简称：电信间）

电信间或信息竖井安装的设备有通信系统的交换机、集中器等，语音、视频设备接线箱，通用布线配线架，广播设备、电视设备及其线路桥架，建筑物自动化系统接线箱，火灾报警系统设备，安全防范系统的接线箱和控制器，建筑物自动化系统的控制器和网关。

**3. 电信进线间**

电信进线间是建筑物电信网络和建筑群电信网络或电信运营商的网络相互联接的地方。室外通信电缆进入电信进线间后转换成室内通信电缆。

电信进线间设置电信管道入口，以引入公共网络。

电信进线间也可以和电信设备间设置在一起。电信进线间又作为通信接入系统设备机房。

**4. 卫星电视间**

卫星电视间是安装卫星电视接收设备、放大器、调制器、混合器等设备的地方。

### 1.4.2 办公自动化系统机房

办公自动化系统主要设置在电子信息机房或信息中心，可以与其他如电信间、进线间等通信系统机房合用。

电子信息机房也可以是信息网络中心机房或互联网数据中心。

信息网络中心机房是网络系统的重地，是计算机主机设备、服务器、网络设备、主控设备、主要附属设备（磁盘机、磁带机、软盘输入机、高速打印机、通信控制器、监视器等）的安置场地。

互联网数据中心（Internet Data Center，IDC）是指电信部门利用已有的互联网通信线路、带宽资源，建立的标准化电信专业级机房，为企业、政府提供服务器托管、租用以及相关增值等方面的全方位服务。

电子信息机房的组成按电子信息运行的特点及设备的具体要求确定。

电子信息机房由主要工作房间、基本工作间、辅助房间等组成。

**1. 主要工作房间**

主要工作房间安装主机、存储器、服务器等。

**2. 基本工作间**

基本工作间是用于完成信息处理过程和必要技术作业的场所，主要由数据录入室、终端室、网络设备室、媒体室、上机准备室等组成。

**3. 辅助房间**

辅助房间包括第一类辅助房间、第二类辅助房间和第三类辅助房间。

第一类辅助房间是直接为电子信息设备硬件维修、软件研究服务的场所，主要由硬件维修室、备品备件室、硬件人员办公室、软件人员办公室和随机资料室等组成。

第二类辅助房间是为保证电子信息设备机房达到各项工艺环境要求所设置的专业技术用房，主要由UPS（不间断电源）室、配电室、配线室、空调室、新风室、消防室、安保值班室等组成。

第三类辅助房间是用于生活、卫生等目的的辅助部分，主要由更衣室、休息室、会议室、缓冲区、卫生间等组成。

此外，绿色数据中心（Green Data Center）的概念应用也得到了发展，绿色数据中心是指设备能效高和对环境影响小的电子信息机房。

### 1.4.3 建筑物自动化系统机房

**1. 消防控制中心**

消防控制中心（消防值班室及消防控制室）是火灾扑救时的指挥中心。消防控制室首先应该是防火管理中心。在现代智能建筑中，往往将防火管理中心和保安管理、设备管理、信息情报管理结合在一起，形成防灾中心或监控中心。

消防控制中心应至少设置一个集中报警控制器和必要的消防控制设备。设在消防控制室以外的集中报警控制器，均应将火灾报警信号和消防联动控制信号连至消防控制室。

（1）设在消防控制室的设备大致分为四部分，即火灾报警控制器；灭火系统的控制设备；联动装置的控制设备；火灾警报发布设备。

（2）消防控制设备的功能主要有以下三点。

1）联动灭火设备的显示：

① 室内消火栓设备的启动指示。

② 自动喷水灭火装置的启动指示。

③ 水喷雾灭火设备的启动指示。

④ 泡沫灭火设备的启动指示。
⑤ 二氧化碳灭火设备的启动指示。
⑥ 卤代烷或其他气体灭火设备的启动指示。
⑦ 干粉灭火设备的启动指示。
⑧ 室外灭火设备的启动指示。
2）报警设备的动作显示：
① 火灾自动设备的动作指示。
② 漏电报警设备的动作指示。
③ 向消防机关通报设备的操作及动作指示。
④ 火灾警铃、警笛等音响设备的操作指示。
⑤ 事故广播设备的操作及动作指示。
⑥ 可燃气漏气报警设备的动作指示。
3）消防活动上必须联动的设备：
① 排烟口的开启操作及指示。
② 排烟风机的操作及动作指示。
③ 电动防烟垂壁的动作指示。
④ 防火门、防烟门的动作指示。
⑤ 各种空调机的停止操作及指示。
⑥ 消防电梯吊箱的呼回及联动操作。
⑦ 可燃气体紧急关断设备的动作指示。

**2. 安全防范监控中心**

安全防范监控中心的功能视系统配置而定，如视频监控的显示和控制；入侵报警监控；出入口控制；保安巡查监控；停车场管理。

**3. 建筑物监控中心**

建筑物监控中心的功能主要是建筑物设备监控管理以及设备的运行管理、能耗管理和检修管理。一般包括变配电系统监控、暖通空调系统监控、给排水系统监控和电梯监控。

设置在建筑物监控中心的设备一般有火灾报警系统设备、安全防范系统设备、建筑物自动化系统设备、信息通信设备等。同时还包含下列控制和管理功能：

1）火灾报警和消防管理。
2）安全防范管理。
3）建筑设备管理。
4）信息通信管理。
5）应急指挥。

## 1.5　电子信息机房的分级

电子信息系统机房划分为A、B、C三级。设计时应根据机房的使用性质、管理要求及其在经济和社会中的重要性确定所属级别。

A级电子信息系统机房应至少符合下列情况之一：

1）电子信息系统运行中断将造成重大的经济损失。

2）电子信息系统运行中断将造成公共场所秩序严重混乱。

B级电子信息系统机房应至少符合下列情况之一：

1）电子信息系统运行中断将造成较大的经济损失。

2）电子信息系统运行中断将造成公共场所秩序混乱。

不属于A级或B级的电子信息系统机房应为C级。

在异地建立的备份机房，设计时应与主用机房等级相同。

同一个机房内的不同部分可根据实际情况，按不同的标准进行设计。

A、B、C三级电子信息系统机房各自的性能要求如下：

1）A级电子信息系统机房内的场地设施应按容错系统配置，在电子信息系统运行期间，场地设施不应因操作失误、设备故障、外电源中断、维护和检修而导致电子信息系统运行中断。

2）B级电子信息系统机房内的场地设施应按冗余要求配置，在系统运行期间，场地设施在冗余能力范围内，不应因设备故障而导致电子信息系统运行中断。

3）C级电子信息系统机房内的场地设施应按基本需求配置，在场地设施正常运行情况下，应保证电子信息系统运行不中断。

## 1.6 电子信息机房的建设原则

电子信息机房建设既要满足工艺要求，又要严格执行国家现行规范标准。在满足可靠性和实用性的前提下，采用先进的技术和设备建设机房，给计算机系统、数据网络系统及宽带、互联网通信等系统提供安全、可靠的服务空间。工艺与造价两者兼顾，满足性能价格比的最优化。具备完成机房工程技术需求的能力和水准，符合本工程实际需要的国内外有关规范的要求。

电子信息机房的设计与建设必须确保机房的安全可靠，确保设备运行环境以及技术人员的工作环境，并采用先进的技术和设备建设，以使机房达到一定的稳定性。

**1. 保证人员、设备安全可靠**

电子信息设备系统是由许多复杂的高密度组装的电子器件组成的中央处理器（CPU）以及高精密的外部设备组成的。其系统的复杂性决定了电子信息设备系统的某一环节很难避免发生故障。因此电子信息设备系统的可靠性问题成为影响电子信息设备发展与应用的核心问题。而电子信息机房工程的可靠性与机房环境、供配电、接地等因素是密不可分的，对供配电系统和接地系统而言，如果处理不得当，诸如电网过渡引发直流电源振荡将会使电子信息设备在运行过程中，该为“0”的变成“1”，使软件出现错误，从而影响电子信息系统的可靠运行。

机房建设必须满足其整体性及完整性。确保设备运行环境以及技术人员的工作环境；从防火、防水、防盗、接地、防雷、防干扰、降噪等方面采取有效措施。

同时，应保证防火通道的畅通，以备发生紧急情况时疏散人员之用。机房内严禁明火与吸烟。机房装修应采用铝合金、金属壁板等阻燃防火材料；应配备气体灭火系统；重要的机房应安装感烟、感温探测器；消防系统的信号线、电源线和控制线均穿镀锌钢管在吊顶、墙内暗敷或在电缆桥架内敷设。

尘埃会降低电子信息设备的可靠性，因而机房墙壁和顶棚表面要平整光滑，不要明走各种管线和电缆线，以减少积尘面。要选择不易产生尘埃、也不易吸附尘埃的材料装饰墙面和地面，如金属采钢板。门、窗、管线穿墙等的接缝处，均应采取密封措施，防止灰尘侵入，并配置吸尘设备。

**2. 信息安全**

大部分电子信息设备运行时的频率介于0.16～400MHz之间，辐射强度大致为40dBmV。如果供电电源质量没有保证，供电频率超出电子信息要求的稳态频率偏移范围，将降低电子信息抗干扰能力，辐射到空间的信息将面临有可能被干扰、被篡改，甚至被窃取的危险。

**3. 保证设计寿命**

在电子信息机房内，静电通过人体、导体触及电子信息可导电外壳时，有可能击穿其电子器件而使电子信息设备出现偶然性故障及器件损坏。因而要采取措施防止静电的危害，保证电子信息设备的设计寿命。

机房应安装钢质防静电地板，并在防静电地板支角做静电泄漏网。机房防静电地板敷设高度一般为350mm。活动地板在安装过程中，地板与壁板面交界处，活动地板需精确切割下料，切割边需封胶处理后安装。地板安装后，应用不锈钢踢脚板装饰。不锈钢踢脚板与不锈钢玻璃隔墙互相衬托，协调一致，效果极佳。

机房严禁使用地毯，特别是化纤、羊毛地毯，以避免物体移动时产生的静电（可达几万伏）击穿设备中的集成电路芯片（抗静电电压仅200～2000V）。

**4. 舒适的环境**

机房在保证安全、可靠运行的前提下，还需要具备美观性和舒适性。首先对机房空间进行功能区域划分，既要突出重点区域，又要确保机房功能齐备，机房整体性强，视野开阔，便于观察和管理；其次，合理配置和使用机房专用装饰材料，如墙板采用有保温、防火功能的金属墙板。再次，要考虑各系统的色调、布局、格调及效果的一致性和整体性。例如：电子信息机房照明如果处理得当，将会大大提高操作人员的工作效率，减缓操作人员的视疲劳程度，减少操作上的误动作。

**5. 系统的可扩展性**

机房建设方案应根据项目要求设计切实可行的建设方案，在日后的发展中需根据实际负载的增加对机房进行扩容。

设计过程中要考虑到机房投资大、使用周期长，而业务发展快、现代技术发展迅速、设备更新周期不长等因素，使机房建设尽可能采用世界上成熟的环境保障技术手段、自动化的监控技术，以达到能够支撑不同的软硬件系统的标准。

## 1.7 电子信息机房整体解决方案

机房建设整体解决方案所能达到的性能要求，应注意以下若干基本要素。

**1. 物理基础设施**

电子信息网络的关键物理基础设施（Network Critical Physical Infrastructure，NCPI）包括5个关键子系统：电力供应、空气调节、机柜构造、系统管理和综合服务。这5个关键子系统是达到机房工程可用性要求的重要因素。

**2. 机房微环境**

随着电子产品集成度提高、单位容积中功耗与散热的增加，机柜内能安置的设备数量越来越多，密度也越来越高，从而引起机柜内设备布置、电源分配、热量冷却、线缆管理、状态监控等一系列问题。高密度的设备机柜其实就是一个微型的机房。如果忽视这个高密度机柜的特性，就会影响机房的可靠性和可用性，因此必须注意采取有效的措施进行处理。

**3. 绿色节能**

绿色电子信息机房的概念就是使电子信息设备减少发热量并且能够及时得到冷却。同时减小外界冷热空气通过外墙体对机房内温度的影响以及阻止机房内冷空气通过外墙传至机房外，从而降低机房内空调的冷负荷和能耗。

**4. 降低机房总体成本**

机房工程的建设和运营都需要费用。机房工程的成本包括从建设到运营期的总体成本，包含设施建设成本、设备系统成本、维修维护成本和人力资源成本。

现代机房的能耗成本占总体成本的比例逐年上升，因此关注与考虑机房建设期和运营期降低总体运营成本（Total Cost of Ownership，TCO），提高基础设施总体经济效用比尤其重要。这其中包括：

1）建筑空间的有效和灵活利用。

2）提供以人为本的舒适环境。

3）提高工作（管理）效率。

4）建设高品位的人文环境。

5）高新技术的充分运用。

6）全面的安全保障。

7）智能化系统设施和建筑过程、结构的和谐共存。

8）降低设备运行开销，提高性能价格比，强调可操作性和可维护性。

# 第2章　电子信息机房的设备和位置

## 2.1　电子信息机房设备

电子信息机房设备布置前需要熟悉信息处理系统的工艺流程和各种设备情况，以便于设备的操作、管理、维修和扩建。常见机房设备有：

### 2.1.1　通信系统

通信系统包括电话通信系统、无线通信系统或移动通信系统、卫星通信系统、公共广播系统和电视系统。

（1）电话通信系统：用户交换机、话务台、配线架等。

（2）无线通信系统或移动通信系统：信号接收机、放大器等。

（3）卫星通信系统：卫星接收机、放大器等。

（4）公共广播系统：功率放大器、前置放大器、接收机、光盘设备等。

（5）电视系统：电视分配器、分支器、调制器、电视放大器等。

### 2.1.2　办公自动化系统

办公自动化系统包括网络交换机、服务器、路由器、存储器等设备。其信息线路配线装置包括配线架等设备。

### 2.1.3　建筑物设备自动化系统

建筑物自动化系统包括建筑物自动化系统、火灾自动报警系统、安全防范系统。

（1）建筑物自动化系统：建筑物自动化控制器、工作站、服务器等。

（2）火灾自动报警系统：火灾自动报警控制器、灭火系统的控制设备、消防联动控制器、火灾警报发布设备（应急广播设备、消防电话设备）等。

（3）安全防范系统：安全防范系统主要是视频监控设备，如视频显示器、视频记录器、视频控制器、出入口控制、入侵报警控制器、停车场控制显示器、控制键盘等。

### 2.1.4　机柜

各种电子信息设备通常安装在机柜内，机柜采用钢或铝合金制造，如图2-1所示。机柜前面有门，门上有网孔，上面安装有风机。机柜安装空间最大为42U（1U=44.45mm）。机柜前部配置垂直走线槽，便于理线、走线。

机柜的一般技术性能指标如下。

（1）尺寸：高度2000mm；长度800mm或1000mm；宽度有600mm、700mm、800mm、900mm、1000mm等尺寸。

（2）材料：优质冷轧钢板或铝型材。

（3）颜色：国际黑灰色。

（4）设计标准：国际 IEC297－2（国际 19in）、BSI5954、DINIn41494、Ext、41488、ANSI/EIARS－310－C、ETSI、EIAA－310－D、DIN41494 和公制标准；外观尺寸符合 GB/T 3047.2—1992 标准。

（5）机柜结构：机柜前后门为高密度网孔设计（保持50%以上的通透率），前门单开，后门双开，带锁及钥匙；侧面为带侧扣可拆式侧门（机柜成多排/列排放，一排/列机柜只需两头的侧门）。机柜具有抗震能力，带接地连接桩头或插点。机架内后面两侧均设上下走线槽，配适量的固定层板。防护等级≥IP23 级。

（6）电气性能：2 条竖向安装式电源插座（PDU）安装在机柜后侧，单条至少 16 位（220V/32A，带有 2 位 16A 国标孔和 14 位 10A 万用孔），从核心 UPS 组中的两路总线中分别各选一相供电（对于单电源机柜，采用 STS（静态转换开关）提供可靠供电），末端采用 32A 的工业连接器连接，带防雷、可恢复热动能过载保护，电涌防护；总排带防误操作保护的总开关。

（7）机柜表面处理：机柜的脱脂、酸洗、防锈磷化、清洗、ICI（英国帝国化学工业集团）专业高硬度粉末静电喷涂处理，涂覆层厚度在 40～60μm 之间，表面光洁、色泽均匀、无挂流、无露底，符合 BS6497 标准。

（8）机柜散热性能：机柜符合下送风、前进风、后出风的气流组织要求，普通机柜的上下穿线处应在利于日后维护的前提下作封闭处理，以减少气流扰动对制冷的影响。机柜层板应有利于通风。

（9）附件：机架出厂时，应随机架带必要的螺钉螺母（包括机架式设备上架用的配套螺钉螺母）、层板（及配套支架）、机架内后面两侧的上下走线槽附件（用于电缆和通信线缆固定）、机架加固螺栓、并柜件、简单维护安装工具、安装手册等。

### 2.1.5　其他辅助设备

（1）电源设备：包括配电箱、电源切换装置、不间断电源、蓄电池等。

（2）空调通风设备：包括通风机、空调机（如图 2-2 所示）、加湿器、去湿机等。

（3）照明设备：照明光源和灯具、应急照明灯等。

图 2-1　机柜

图 2-2　空调机

## 2.2 电子信息机房的位置

### 2.2.1 电子信息系统机房的选址要求

电子信息系统机房的位置选择应符合下列要求：

1）电力供给应稳定可靠，交通、通信应便捷，自然环境应清洁。机房位置应便于设备（机柜、发电机、UPS、专用空调机等）的吊装、运输。

2）应远离产生粉尘、油烟、有害气体以及生产或贮存具有腐蚀性、易燃、易爆物品的场所。

3）应远离水灾和火灾隐患区域。避免与浴室、卫生间、开水房、水泵房、厨房、洗衣房等用水设备及其他积水房间相邻或处于其下层。应避免设在建筑物的低洼、潮湿区，如地下室，同时应避免设置在最高层。远离水管、蒸汽管道等高压流体和热源。与机房无关的管道不宜通过机房内部。

4）应远离强震源和强噪声源，如空调及通风机房等振动场所附近。机房附近的机器、车辆等产生的振动，当其振动频率为 2～9Hz 时，振幅不得超过 0.3mm；当振动频率在 9～200Hz 时，其加速度不得超过 $1\mathrm{m/s^2}$。同时应避开地震频繁的地方。

5）应避开强电磁场干扰。设备间应尽量远离高低压变配电、电机、X 射线、无线电发射等有干扰源存在的场地。避免设在电梯、变压器室、变配电室的楼上、楼下或隔壁。要避开落雷区，远离防雷引下线，不宜贴邻建筑物外墙（消防控制室除外），且应设置在雷电防护区的高级别区域内。

6）要求无虫害、鼠害。

A 级电子信息机房除按照上述要求选址外，还应将其置于建筑物安全区内。

以上各条如无法避免，应采取相应的措施。

### 2.2.2 多层或高层建筑物内的电子信息机房

对于多层或高层建筑物内的电子信息机房，在确定主机房的位置时，应对设备运输、管线敷设、雷电感应和结构荷载等问题进行综合分析和经济比较。

电子信息机房宜设在建筑物二层及以上层，当地下为多层时，也可设在地下一层。

采用机房专用空调器的主机房，应具备安装空调器室外机的建筑条件。

### 2.2.3 电子信息机房的选址

对于各种电子信息机房还应分别考虑下列因素。

**1. 电话（用户）交换机房**

电话（用户）交换机房地址的选择应结合整个建筑的近期、长期规划及地形、位置等因素确定。电话交换机房宜设置在建筑群内、用户中心通信管线进出方便的位置。可设置在建筑物首层及以上各层，但不应设置在建筑物最高层。当建筑物有地下多层时，机房可设置在地下一层。

当建筑物为投资方自用时，电话交换机房宜与建筑物内计算机主机房统筹考虑设置。

**2. 计算机机房或信息网络中心**

计算机机房或信息网络中心的选址应该保证设备的安全、可靠运行，应考虑尽量建在电力、水源充足，自然环境清洁，通信、交通运输方便的地方。

计算机机房在多层建筑或高层建筑物内宜设于第二、三层或以上层，当地下为多层时，也可设在地下一层。

**3. 消防控制室**

消防控制室（中心）的位置选择应符合下列要求：

1）消防控制室应设置在建筑物的首层或地下一层。当设在首层时，应有直通室外的安全出口；当设置在地下一层时，距通往室外安全出入口的距离不应大于 20m，且均应有明显标志。

2）应设在交通方便和消防人员容易找到并可以接近的部位。

3）应设在发生火灾时不易延燃的部位。

4）宜与防灾监控、广播、通信设施等用房相邻近。

5）应符合有关规范的规定。

**4. 安全技术防范系统监控中心**

安全技术防范系统监控中心（安防监控中心）宜设置在建筑物首层，可与消防、BAS（制动辅助系统）等控制室合用或毗邻，合用时应有专用工作区。

安防监控中心宜位于防护体系的中心区域。

**5. 建筑物监控中心**

通常，建筑物监控中心要求环境安宁，宜设在主楼低层接近被控制设备中心的地方，也可以设在地下一层。

**6. 通信设备间**

1）通信设备间宜处于干线子系统的中间位置，并考虑主干缆线的传输距离与数量，以节省投资。通常设置在建筑物中部或第一、二层。

2）通信设备间应尽可能靠近建筑物电缆引入区和电缆竖井或网络接口。应与信息中心设备机房及数字程控用户交换机设备机房规划时综合考虑。

3）通信设备间应尽量远离高低压变配电、电机、X 射线、无线电发射等有电磁干扰源存在的场地，务必要求它们之间达到或大于最小净距的规定，以减少电磁干扰对通信（信息）的影响。

4）通信设备间的位置应便于接地。

5）在地震区内，设备安装应按照规定进行抗震加固，并符合有关规定。

**7. 电信（交接）间**

电信（交接）间应与电源间分开设置，并相应地在电信（交接）间内或紧邻电信（交接）间设置干线通道。各电信（交接）间应设置管槽或竖井加以路由沟通。电信（交接）间内可以设置信息竖井。电信（交接）间的位置应上下楼层对位，并有独立对外的门。

同时，应按照所服务的楼层空间来考虑楼层干线通道和电信（交接）间的数目。如果给定楼层所要服务的信息插座都在 90m 范围内，宜设置一个电信（交接）间。当超出这一范围时，可设置两个或多个电信（交接）间，并在电信（交接）间内或临近处设置干线通道。电信（交接）间宜设置于建筑平面中心的位置。

在每层的信息点数量较少，水平缆线长度保证不大于90m的情况下，宜几个楼层合设一个电信（交接）间。

**8. 电信进线间**

电信进线间宜靠近外墙和在地下设置，以便于缆线的引入。电信进线间或通信接入交接设备机房应设在建筑物内底层或在地下一层（当建筑物有地下多层时）。

进线间应满足缆线的敷设路由、终端位置及数量、光缆的盘长和缆线的弯曲半径、充气维护设备、配线设备安装所需要的空间和场地面积。

**9. 无线通信机房**

无线通信机房应避免电台馈线过长，以小于15m距离为佳，机房应尽量设置在靠近天线安装场地的建筑物顶层。

为保证系统正常工作，延长设备使用寿命，要求设备有比较良好的工作环境。

**10. 公共广播控制室**

公共广播控制室一般按下列原则设置：

1）办公楼类建筑，广播控制室宜靠近主管业务部门。消防报警音响系统的机房和消防控制中心在一起，一般设在建筑的底层。

2）旅馆类建筑，服务性广播宜与电视播放合并设置控制室。

3）航空港、铁路旅客站、港口码头等建筑，公关广播控制室宜靠近调度室。

4）设置塔钟自动报时扩音系统的建筑，公共广播控制室宜设在楼房顶层。

**11. 电视机房**

（1）有线电视网。当民用建筑只接收当地有线电视网节目信号时，应符合下列规定：

1）系统接收设备宜设置在分配网络的中心部位，且应设在建筑物首层或地下一层。

2）每2000个用户宜设置一个子分前端。

3）每500个用户宜设置一个光节点，并应留有光节点光电转换设备间，用电量可按2kW计算。

（2）卫星电视接收机房。卫星电视接收机房一般设在卫星接收天线的北面或下面一层。卫星接收天线与卫星电视接收机房之间的距离宜为5~15m，最长距离不大于30m。

**12. 电子信息机房的合设**

智能建筑中的电子信息系统可分类合设设备机房，如：

1）通用布线设备间宜与计算机机房及电话交换机房靠近或合并。

2）消防控制室可单独设置，亦可与安全技术防范系统、建筑物监控系统合用一控制室。

3）公共广播控制室可与消防控制室合并设置，亦可与有前端的有线电视系统合设一机房。

4）安全技术防范系统控制室宜靠近保安值班室设置。

## 2.3 电子信息机房的面积要求

电子信息机房的建筑面积在能够满足设备和线路布置的同时要考虑有扩展的余地。

### 2.3.1 通信设备间

通信设备间内应有足够的设备安装空间，并应考虑日后的需要。如果工作区密度高，应预留较大的设备间，设备间的宽度不宜小于 2.5m。设备间的面积宜符合下列规定：

1）当系统信息点少于 6000 个（语音、数据点各一半）时，为 $10m^2$。

2）当系统信息点大于 6000 个时，应根据工程的具体情况每增加 1000 个信息点，增加 $2m^2$。

上列两款中通信设备间面积均不包括程控用户交换机、计算机网络等设备所需的面积。

在多用户的建筑物中，每个用户应有自己独立的通信设备间。

### 2.3.2 电话交换机房

200 门及以下交换机房宜设有交换机室、话务室及维修室等，如有发展可能则宜将交换机室与总配线室分开设置。

1000 门及以上电话站应设有电缆进线室、配线室、交换机室、话务台室、电池室、电力室以及维修器材备件用房、办公用房等。

程控用户交换机机房的布置，应根据交换机的机架、机箱、配线架以及配套设备的配置情况、现场条件和管理要求决定。表 2-1 所示是程控用户交换机机房面积估算值。

**表 2-1 程控用户交换机机房面积估算值**

| 用户交换机容量/门 | <500 | 501 ~ 1000 | 1001 ~ 2000 | 2001 ~ 3000 | 3001 ~ 4000 | 4001 ~ 5000 |
|---|---|---|---|---|---|---|
| 机房使用面积/$m^2$ | 30 | 35 | 40 | 45 | 55 | 70 |

注：① 表中机房使用面积应包括话务台或话务员室、配线架（柜）、电源设备和蓄电池的使用面积；

② 表中机房使用面积不包括机房的备品备件维修室、值班室及卫生间。

各机房使用面积估算出以后，可根据具体用房条件安排各机房的相对位置，机房位置安排应以交换机机房为中心，其他技术用房各种设备的布置以维护、操作方便为前提。当然，也应满足各种线缆的敷设路由最短等有关技术要求。为做到技术合理、经济节省，应做几种方案进行比较，最后选定最佳方案。

### 2.3.3 电信（交接）间

电信（交接）间的面积不应小于 $5m^2$，如覆盖的语音和数据信息点超过 400 个，应适当增加面积。

电信（交接）间兼作设备间时，其面积不应小于 $10m^2$。其设置要求符合相关规定，或根据设计需要确定。

电信（交接）间应采用外开丙级防火门，门宽不小于 700mm。

### 2.3.4 进线间

进线间应与布线系统垂直竖井沟联通；进线间的大小应按进线间的进线管道最终容量及入口设施的最终容量设计，一般为 $5m^2$；进线间应采用相应防火级别的防火门，门向外开，宽度不小于 1000mm。

### 2.3.5 电子信息机房

电子信息机房组成应按电子信息系统运行特点及其设备具体要求确定，一般宜由主机房、基本工作间、第一类辅助房间、第二类辅助房间、第三类辅助房间等组成。

电子信息机房的使用面积应根据计算机设备的外形尺寸布置确定。

1）在设备已经选型后，主机房面积可按照下列方法确定

$$A = K\sum S$$

式中 $A$——主机房使用面积（$m^2$）；

$K$——系数，$K=5\sim7$；

$S$——系统设备的投影面积（$m^2$）。

2）在电子信息设备没有确定的情况下，电子信息机房使用面积可以按下式估算

$$A = KN$$

式中 $K$——单台设备占用面积，$K=3.5\sim5.5m^2$；

$N$——机房内设备的总台数。

辅助区的面积宜为主机房面积的0.2～1倍。

用户工作室的面积可按3.5～4$m^2$/人计算；硬件及软件人员办公室等有人长期工作的房间面积，可按5～7$m^2$/人计算。

### 2.3.6 建筑物监控中心

建筑物监控中心的面积应该能够满足布置各种系统控制盘、监视器等的要求。建筑物监控中心应有电源室，如24h值班应有人员的休息室、卫生间。

在方案设计阶段可以根据服务的建筑物的建筑面积来估算。综合考虑空调、通风、卫生、防灾、电气设备监视，监控中心面积可按照经验估算，见表2-2。

**表2-2 监控中心面积参考值** （单位：$m^2$）

| 项目 | 面积 | | | | |
|---|---|---|---|---|---|
| 建筑物建筑面积 | 10000 | 15000 | 20000 | 25000 | 30000 |
| 监控中心 | 20 | 35 | 50 | 65 | 90 |

监控中心的面积对于建筑面积为10000$m^2$的建筑物估计为20$m^2$；当建筑面积为40000$m^2$以上时，宜为100$m^2$左右。

### 2.3.7 消防控制中心

消防控制中心单独设置时的面积至少应为15$m^2$。对于大型建筑物至少应为50$m^2$。消防值班室应留有一定面积供值班、维修和办公用。公共广播控制室可以设在消防控制中心内。

### 2.3.8 安防监控中心

安防监控中心的使用面积应与安防系统的规模相适应，不宜小于20$m^2$。与值班室合并设置时，其专用工作区面积不宜小于12$m^2$。

重要建筑物的监控中心，宜设置对讲装置或出入口控制装置，并应设置值班人员卫生间和空调设备。

### 2.3.9　电视机房

有自办节目的电视前端应设置单独的前端机房。播出节目在10套以下时，前端机房使用面积为$20m^2$。播出节目每增加5套，机房使用面积应增加$10m^2$。

光接收机安装于建筑物内时应设置机房，其面积应不小于2m×2m。

## 2.4　电子信息机房的设备布置

电子信息机房的设备布置应满足机房管理、人员操作和安全、设备和物料运输、设备散热、安装和维护的要求。

一般电子信息系统设备包括立式机柜、机架或墙挂式机箱，还有操作控制台。立式机柜主要设备有报警显示器、监控管理显示器及视频监视器。操作控制台主要放置系统管理计算机、打印机、紧急通信设备等。

机房应有足够的空间安放机柜及必要的桌椅。对于有净空要求的设备，按照该设备的要求布置。

会产生尘埃及废物的设备应远离对尘埃敏感的设备，并宜布置在有隔断的单独区域内。

设备布置应便于设备的通风冷却。当机柜内或机架上的设备为前进风/后出风方式冷却时，机柜或机架的布置宜采用背对背或面对面的方式。

### 2.4.1　电子信息机房设备布置原则

电子信息系统机房设备布置原则为：

1）机柜排列方式及其间距。机柜的排列方式可根据用户自身要求按一排或多排放置，也可以背对背或靠墙放置。壁挂式机箱底部距地面的高度不宜小于300mm。

2）具有多台设备的大型监控中心，控制盘和显示屏可直排布置或弧形布置。

3）主机房内通道与设备间的距离应符合下列规定：

① 用于搬运设备的通道净宽不应小于1.5m。

② 面对面布置的机柜或机架正面之间的距离不宜小于1.2m。

③ 背对背布置的机柜或机架背面之间的距离不宜小于1m。

④ 当需要在机柜侧面进行维修测试时，机柜与机柜、机柜与墙之间的距离不宜小于1.2m。

⑤ 成行排列的机柜，其长度超过6m时，两端应设有出口通道；当两个出口通道之间的距离超过15m时，在两个出口通道之间还应增加出口通道。出口通道的宽度不宜小于1m，局部可为0.8m。

### 2.4.2　电子信息系统设备布置

电子信息系统设备布置原则如下：

1）“以设备为本，与运维管理流程相结合”是空间布局的原则。由里向外进行建筑空间设计，满足电子信息系统功能性要求。

2）体现可持续发展设计理念，强调高可用性，即按照模块化、标准化、灵活性、扩展性、高适应性和高弹性的使用要求进行空间布局设计。

3）按照重要性划分建筑空间，以便于实现安全措施的分级监控。空间布局设计必须满足未来运营中的设备定期检修、更换和退出等要求。

各种电子信息系统的布置如下。

**1. 用户交换机房和设备间**

用户交换机房和设备间布置用户交换机、配线架、计费装置、话务台、电源和蓄电池、维修材料架。图 2-3 所示为一种用户交换机房的布置。

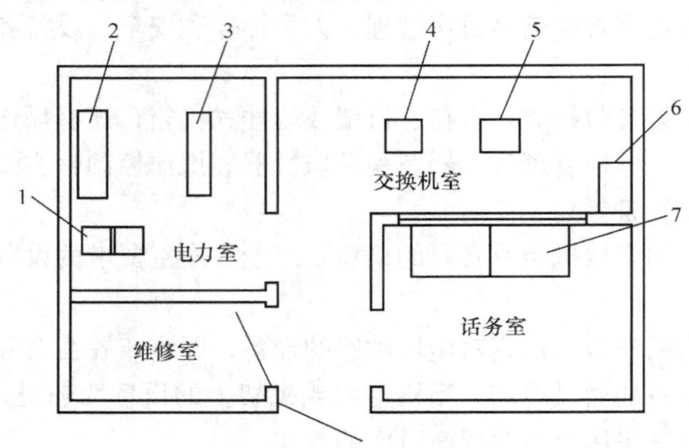


图 2-3　用户交换机房布置

1—电源　2、3—蓄电池　4—用户交换机　5—配线架　6—计费装置　7—话务台

**2. 建筑物监控中心**

为了满足综合功能要求和智能化管理的需要，最好建立和设置综合性的监控中心。

大型监控中心一般设有空调控制、照明控制、变配电控制、通信控制、火灾自动报警、安全防范、视频监控、公共广播等设备、内部电话及视频监视器。还有各系统的显示器、控制台、键盘、打印机等。公共安全系统、建筑设备管理系统、广播系统可集中配置在智能化系统设备总控室内，各系统设备应占有独立的工作区，且相互间不会产生干扰。火灾自动报警系统的主机和消防联动控制系统设备均应设在其中相对独立的空间内。

图 2-4 所示为一种监控中心的布置。

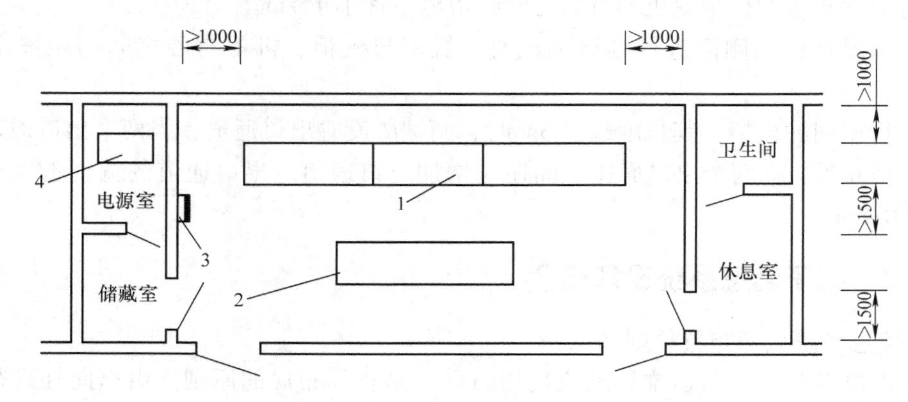


图 2-4　监控中心的布置

1—显示屏　2—控制台　3—配电箱　4—电源柜

**3. 电信（交接）间**

电信（交接）间的大小应满足设置通信电缆管线及其专用箱的要求。

电信（交接）间兼作电信设备间或接线间或其他用途时，应能满足其他相应设备的要求。

图2-5所示为一种电信（交接）间的布置。

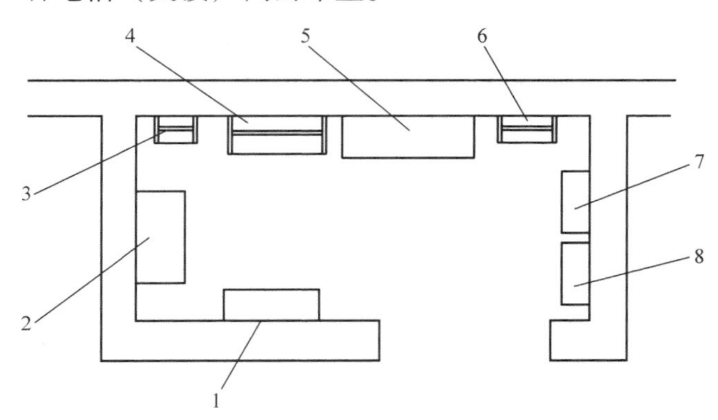


图2-5　电信（交接）间的布置

1—建筑物自动控制设备　2—保安设备　3—电视桥架　4—信息桥架
5—配线架　6—火灾报警桥架　7—火灾报警设备　8—电视设备、广播设备

**4. 电子信息中心**

电子信息中心、数据中心或计算机机房，是安装电子信息设备如主机、存储设备、服务器的地方。

电子信息设备一般安装在机柜内。机柜一般可以成排布置，两边留出操作和维修走廊。

电子信息设备布置有别于普通通信设备。因此，主机房的设备布置在满足机房管理、人员操作和安全、物料运输、设备散热、设备安装和维护要求的同时，还应特别考虑电子信息设备是高发热量的设备，其快速冷却是做设备排列时要格外重视的问题。对设备布置的建议如下：

1）对主机、存储设备、服务器机柜、UPS、空调机等设备应留出检修空间，允许相邻设备的维修间距部分重叠。可通过运输通道形成独立功能的区域。

2）按照数据系统的工艺流程、扩充设备的进场就位及线缆的连接，合理规划分阶段进入机房的设备及预留扩充设备的相对位置。

3）目前，电子信息系统设备使用的典型机柜内或机架上的设备均为前进风、后出风方式冷却，因此，机柜或机架的布置宜采用背对背或面对面的方式。

合理布置机柜对于确保机柜拥有适当温度和足够的空气非常重要。采取面对面、背靠背的机柜摆放及将空调设备与热通道对齐的方式，这样在两排机柜的正面面对通道中间布置冷风出口，会形成一个“冷通道”的冷空气区，冷空气流经设备后形成了热空气，再被排放到两排机柜背面中的“热通道”中，最后通过“热通道”上方布置的回风口回到空调系统，使整个机房气流、能量流流动通畅，不但提高了机房精密空调器的利用率，而且还进一步提升了制冷效果。

机柜气流和机柜设计是引导空气以最大限度改进冷却效果的关键因素。机柜对于防止设备排出的热气短路循环进入设备进气口至关重要。热空气被轻微增压，再加上设备进气过程中的吸力，将可能导致热空气被重新吸入设备进气口。气流短路问题可能导致IT设备的温度上升8℃，其导致的后果远远大于热气造成的影响。

由于模块化数据网络设备基本上是水平方向进出风（最常见的方式是前进后出），因此空调制冷气流也应符合这种气流组织：尽量将冷气送到所有数据设备的前方位置。

采用标准机柜和盲板可以大幅减少气流短路比例，能消除机架正面的垂直温度梯度，防止高温排出空气回流到机架前部区域，并确保供应的冷空气在机架上下配送均匀。

# 第3章　电子信息机房建筑和装饰

## 3.1　电子信息机房建筑

电子信息机房的建筑应该满足使用要求，同时降低总体拥有成本（Total Cost of Ownership，TOC）。机房装修既要与现代化的计算机设备相匹配，又要求能通过精良、独特的设计构思，真正体现“现代、高雅、美观、安全、适用”的整体形象。

### 3.1.1　机房建筑装饰基本原则

电子信息机房建筑装饰基本原则如下：

1）体现机房特点。体现出机房科技部门的室内装饰特点。

2）突出技术重点。在充分考虑计算机、网络、空调等设备的安全性、可靠性、先进性的前提下，表现出高雅、大方、简朴的风格。

3）格调淡雅。机房室内装饰的基本格调要淡雅。

4）绿色节能，环保健康。材料选用要以自然材质为主，充分考虑环保因素。建筑设备等设计要充分考虑绿色节能。

### 3.1.2　机房建筑结构特点

电子信息机房建筑的结构特点如下：

1）建筑和结构设计应根据电子信息机房的等级，按规范要求执行。电子信息机房主体结构应具有耐久、抗震、防火、防止不均匀沉陷等性能。

2）建筑平面和空间布局应具有灵活性，并应满足电子信息系统机房的工艺要求。

3）主机房净高应根据机柜高度及通风要求确定，且不宜小于2.6m。如有困难亦应保证房梁的最低处距机架顶部电缆桥架应有0.2m的距离。一般电子信息设备各机型的机柜高度大都在2m左右，机房高度要求为2.6～3.2m。

4）变形缝不应穿过主机房。

5）主机房和辅助区不应布置在用水区域的垂直下方，不应与振动和电磁干扰源为邻。围护结构的材料选型要考虑建筑节能的要求，同时应满足保温、隔热、防火、防潮、防止热桥、少产尘、改进门窗风的热工性能等要求。机房围护结构应能够防止外部电磁场的干扰和内部信息的泄漏。

6）设有技术夹层和技术夹道的电子信息机房，建筑结构设计应满足各种设备和管线的安装和维护要求。当管线需穿越楼层时，宜设置技术竖井。

7）地面荷载按照设备的重量设计：A级电子信息机房 $>500\text{kg/m}^2$，B级电子信息机房 $>300\text{kg/m}^2$。

电源室地面荷载较大，应按照蓄电池等的重量进行设计：一般放置空调设备、电源设备的电源室的地面荷载为1000kg/m$^2$。

改建的电子信息机房应根据荷载要求采取加固措施，并应符合国家现行标准有关规定。

### 3.1.3 人流、物流及出入口

人流、物流及出入口的设置应符合下列要求：

1）主机房宜设置单独出入口，当与其他功能用房共用出入口时，应避免人流和物流的交叉。

2）有人操作区域和无人操作区域宜分开布置。

3）电子信息机房内通道的宽度及门的尺寸应满足设备和材料的运输要求，建筑入口至主机房的通道净宽不应小于1.5m。

4）电子信息系统机房可设置门厅、休息室、值班室和更衣间。更衣间使用面积可按最大班人数1~3m$^2$/人计算。

### 3.1.4 防火和疏散

防火和疏散系统的设计应符合下列要求：

1）电子信息机房的建筑防火设计，应符合现行国家标准有关规定。

2）电子信息机房的耐火等级不应低于二级。

3）当A级或B级电子信息机房位于其他建筑物内时，在主机房与其他部位之间应设置耐火极限不低于2h的隔墙，隔墙上的门应采用甲级防火门。

4）面积大于100m$^2$的主机房，安全出口不应少于两个，且应分散布置。面积不大于100m$^2$的主机房，可设置一个安全出口，并可通过其他相邻房间的门进行疏散。门应向疏散方向开启，且应自动关闭，并应保证在任何情况下均能从机房内开启。走廊、楼梯间应畅通，并应有明显的疏散指示标志。

5）主机房的顶棚、壁板（包括夹芯材料）和隔断应为非燃烧体。

### 3.1.5 防虫、防鼠

机房内应切实做好防虫、防鼠处理，所有孔洞、门窗必须密封。

## 3.2 电子信息机房装饰

### 3.2.1 地面

机房地面应清洁、平整、防尘、防潮、隔热、防静电。

电子信息机房的保温、隔热以及防凝露等技术问题是机房设计的重要考虑因素。尤其在夏季，室外温度较高，空气相对湿度大，机房内外存在较大的温差，这时如果机房的保温处理不当，会造成机房区域的两个相邻界面产生凝露，更重要的是下层天花的凝露会给相邻部分的设施造成损坏而影响工作，同时会使机房区域的空调机负荷加大，造成能源的浪费。在冬季，由于机房的温湿度是恒定值，此时相对湿度高于室外，机房的内立面墙及天花板和地平面易产生凝露，使机房受潮，墙立面及天花板和地平面的建筑结构损坏，而影响机房的洁净度。由于界面的凝结水蒸发，造成局布区域空气含湿增大，使计算机及微电子设备的元器件和线缆插件造成损坏。因此，为了节约能源，减少日后的运行费用，根据以上分析，对电子信息系统机房相邻界面的凝露，应按其起因而采取相应的措施来控制平面、立面隔热及热量的散失。地板下面做保温层既能保持机房的温度恒定，又不至于使下一层楼顶结冷凝水，同时地板的灰尘又不至于被风吹进机器内。

为保证地面的平整度和洁净度，地面作平整清洁处理后，应刷防尘漆多遍。为了在保证机房的洁净度的同时防止地面结露，应在原地面上加防水层，在上面铺上挤压式聚苯乙烯或橡塑作为保温。地面保温工程做法为：在地面上粘贴一塑胶板上敷一层铝板，上面再加水泥砂浆。

### 3.2.2 地板

电子信息机房地板有架空防静电活动地板和网络地板两种。

**1. 架空防静电活动地板**（简称：活动地板）

架空防静电活动地板因其具有可拆性，所以方便于网络的建设、设备的检修及更换。所有连接电缆都从地板下进入设备，便于设备的布局调整，同时减少了因设备扩充或更新而带来的建筑设施的改造工程量。

如果线路不是很多，也可以不用架空防静电活动地板，可用扁平电缆、地面线槽或平铺型网络地板等。

架空防静电活动地板的种类较多，根据板基材、材料不同可分为：铝合金板、全钢板、陶瓷板、复合木质刨花板、水泥刨花板、密度板、硫酸钙板、木芯板、塑料板等。地板表面则粘贴防静电贴面。贴面一般有 PVC 塑料、三聚氰胺等。地板下均作静电泄漏处理。

活动地板在计算机房中是必不可少的。机房敷设活动地板主要有两个作用：第一是在活动地板下形成隐蔽空间，可以在地板下敷设电源线管、线槽、综合布线、消防管线等以及一些电气设施（插座、插座箱、采集柜等）；第二，由于敷设了活动地板，可以在活动地板下形成空调送风静压箱。此外，活动地板的防静电功能也为计算机及网络设备的安全运行提供了保证。

机房空调送风系统一般采用下送风室内回风的方式。楼地面必须符合土建规范要求的平整度，如地面抹灰应达到高级抹灰的水平。而且地面需要进行防尘处理，通常在地板下的墙面、柱面、地面均刷涂防静电涂料。全部水泥面均经刷漆处理，起到不起尘的作用，从而保证空调送风系统的空气洁净。图 3-1 所示为一架空防静电活动地板。

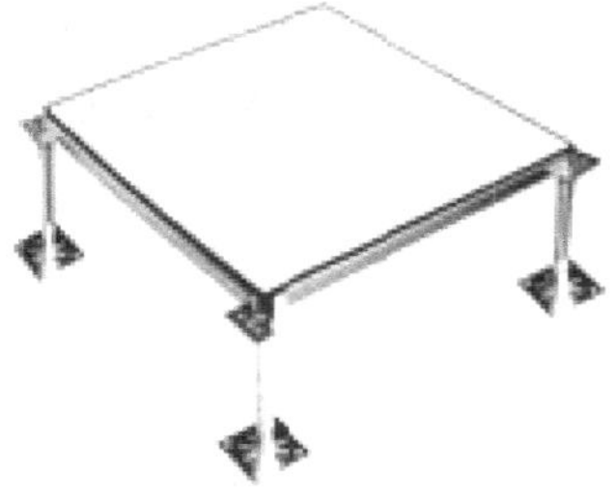

图 3-1 架空防静电活动地板

在计算机机房的工程技术设施中，架空防静电活动地板是一个很重要的组成部分，活动地板铺设在计算机机房的建筑地面上，地板上安装着计算机设备及其他电子设备，而在活动地板与建筑地面之间的空间可以敷设连接设备的各种管线。

活动地板易于更换，用吸板器可以取下任何一块地板，这对于地板下面的管线及设备的维护保养及修理极其方便。同时，它可使敷设路线距离最短，从而减少信号在传输过程中的损耗。

活动地板下的空间可作为送风管（也称为静压箱），通过带气流分布风口的活动地板将机房空调送出的冷风送入室内及发热设备机柜内，由于带气流分布风口的活动地板与一般活动地板有互换性的特点，因此机房内能自由地调节气流分布。

活动地板是灵活的。当其中的某一部分需要改变，如增加新的机柜时，扩展极其方便。也可在一定范围内调整地板高度。

活动地板主要由两部分组成，即防静电活动地板板面和地板支承系统。地板支承系统主要由以下几部分组成：

1）导电胶垫。作用为固定面板位置、隔音及泄放静电。

2）支架。支架分成上、下托，可以用螺杆调节，以调整地板面水平。它用来按用户要求提供指定高度，可进行 ±25mm 高度调整以保证安装高度的一致。支架经过镀锌处理，具有良好的防腐防潮作用。

3）横梁。作用为分担活动地板的承重量及提高整体稳定性。横梁有管状及条状两种，皆能接合支架的顶盘。

机房设备支架的专用横梁组合，承重量每平方米可达 3000kg。

活动地板具有牢固、稳定、紧密的特点，地板规格主要为 600mm × 600mm。活动地板安装的工艺可以保证地板的严密和稳定，调整合适后不会有响动和摇摆，也没有噪声。

活动地板可以承受较高压力的碾压，在高压力下有较好的持续性。这是因为地板本身承载能力大、板面的硬度高和稳定性好。

此外活动地板的性能应满足我国的有关标准，并通过权威检测部门的检测，有国家认可的检测报告。

安装活动地板时，同时要求安装静电泄漏系统。通过静电泄漏干线将静电泄漏地网和机房安全保护地的接地端子封在一起，将静电泄漏掉。

**2. 网络地板**

网络地板是一种随着网络技术的发展而开始应用起来的新产品，它具有安装简单和快捷、无需专用工具、安装人员不需专门培训、非常低的净高（仅 4cm 或者 5cm）等许多优点，它可以很方便地为网络提供各种电气线安装路径，而且可以很容易地增减、改变出线口。网络地板能够有效克服对电子元件有巨大破坏力的静电的危害，将电子设备的稳定性提高了一个层次。

网络地板的种类有：全钢 OA 网络地板；PVC 导静电地板；卡扣型网络地板；防静电地毯。

（1）塑料网络地板。塑料网络地板主要由三部分组成：底层是吸音毯（非必需品），中间是网络地板主体，上部是表面铺设材料。其中网络地板主体由主面板、侧盖板、中心盖板、中心连接器、线桥以及辅件组成，如图 3-2 所示。

图 3-2　塑料网络地板

塑料网络地板的特点为：只可在室内使用，且网络地板需在表面铺设装饰材料，室温不应低于 5℃，以保证网络地板和黏合剂的稳定。防火性能须达到国家标准 GB 8624—2008 的 FV—0 级要求。

其力学性能指标要求：集中荷载抗压承载力为7.25kN（$\phi$50mm的压头）；均布荷载抗压承载力为28.0kN（140mm×130mm）。

（2）全钢网络地板。全钢网络地板采用优质钢板拉伸焊接形成钢板壳，空腔内填充发泡水泥并烘干养护。地板表面经过磷化喷塑处理，耐腐蚀、耐刮擦，如图3-3所示。

图3-3 全钢网络地板

地板支架为钢质，上托为铝质结构，四角支撑，安装高度为6～20cm，既有充分的布线空间，又对楼体高度不产生影响。

这种地板是网络地板中广泛应用的一种产品，高度调节范围大，可以使用在任何智能化办公机房。

这种地板的主要特点为：布线量大、互换性好、维修方便、经久耐用，高度可调，适用于各种办公机房场合，防水、防火、防静电，经济实惠，性价比高。其技术参数如下。

规格：500mm×500mm×30mm或者600mm×600mm×35mm；

防火等级：国家A级；

面层材料：防静电办公地毯。

（3）自带线槽网络地板。自带线槽网络地板采用四角独立支撑结构，扣槽式线槽盖板，地板的上板为超硬质钢板，下板为深拉钢板，地板表面经过导电环氧树脂喷塑处理，内腔填充发泡水泥填料，支座为镀锌结构，高度可调并能自锁，如图3-4所示。

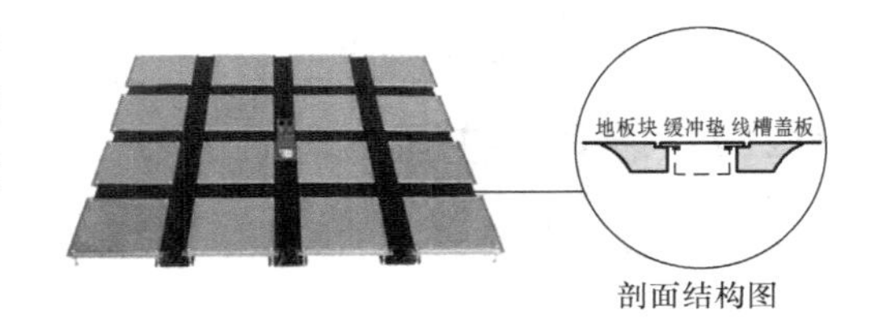

图3-4 自带线槽网络地板

自带线槽网络地板的特点及优点为：超低安装高度，地板调节高度范围为50～150mm，可节省楼层高度；全活口线槽系统，布线整齐，效率高，出线方便，可由线槽区任何一点出线，不需裁切基座板；使用者可自行调整出线位置；基座板可自行站立；稳定性高，不会因侧面压力可能造成的骨牌效应而崩塌；布线、出线、维修时，只需掀起线槽盖板，线槽盖板每片重量为0.5kg以下，而传统高架地板重12kg以上，需以专用的吸盘提起，可能因脱落而造成危险。

### 3.2.3 顶棚

电子信息机房顶棚装修一般采用吊顶方式。

**1. 吊顶的作用**

吊顶是机房中重要的组成部分。现代机房要求机房吊顶必须防尘、耐燃、美观和易于拆装。

机房内的吊顶主要具有以下作用：

1）吊顶以上到顶棚（或上一层楼板）的空间可用来布置通风管道，作为电子信息机房的回风管道，并安装固定各类风口。

2）吊顶上部安装有电气系统的管线，在吊顶面层上安装有灯具、火灾探测器、机房监控设备等。

3）吊顶可防止灰尘下落。

**2. 吊顶材料**

在机房装饰工程中一般用装配式轻钢龙骨装配吊顶，吊顶广泛使用金属吊顶，材料为铝合金微孔条板，耐燃性能好，并能达到一定防静电的效果，如图3-5所示。

图3-5　吊顶

金属微孔吊顶板具有材质轻、强度高、不燃烧、无色差、平整度好、便于拆装、吸音及隔音效果好、寿命长等特点，且吊顶板四周均有向上的摺边以增强其牢固度，利于顶内维修，燃烧性能为A级。

装配式吊顶饰面板通常搁在龙骨上（或嵌装入龙骨之中），更换方便。装配式轻钢龙骨的最大优点在于，既是吊顶的承重杆件，又是吊顶饰面板的压条。它将以往传统的密封吊顶、离缝吊顶比较难于处理的工序，用龙骨遮掩了起来，这样既有纵横分格的装饰效果，又有便施工安装的优点。金属微孔吊顶板悬挂在铝合金龙骨和平放在铝合金大龙骨上，这种吊顶解决了以往明骨太碎、暗骨隔缝大小不均比较难处理的问题，装饰板间隔用龙骨固定，宽窄相同、美观大方、整齐有序。

### 3.2.4　墙面、柱面材料

机房墙面要求具有一定的屏蔽、防静电、隔声、防火、隔潮、隔热、保温和减少尘埃附着的能力。

目前机房区域内墙面主要采用双面金属彩钢板，金属壁板做接地处理。双面金属彩钢板美观、大方，是优秀的机房围护材料；具有现代化机房所需要的防火、防尘、遮音和隔热等性能，既可增加机房装修的档次，同时又满足了防尘、保温及消防的要求。

金属彩钢壁板是用0.6mm钢板做的50mm厚的箱型凹凸的板材，其内部垂直粘贴50mm厚的优质岩棉。板材在生产线上加工，工艺先进、尺寸精确。安装时，在顶上和地面先安装马槽，然后依次把壁板推入后固定。其表面为钢板烤漆面，安装后接口缝隙大小均匀、美观、整齐。金属壁板具有一定的屏蔽、防静电、隔声、防火、降噪、隔潮、隔热、保温和减少尘埃附着的能力，所以又常常用在洁净室及各类电子信息系统机房的隔断墙体上，如图3-6所示，该隔断墙体有配套的金属壁板门和适配件，墙体精致、美观。也有采用3mm厚铝塑板或涂料作为墙面的，或采用单面内夹石棉板保温隔热彩钢板材料贴面。

图3-6　金属墙面

墙面采用膨胀聚苯板（EPS）保温效果较好（导热系数：0.041W/(m·K)）堆密度较轻，价格相对便宜，强度稍低（0.1～0.15MPa），长期耐湿性好，能较好满足建筑墙体节能保温的要求。

### 3.2.5　机房隔断墙材料

由于机房隔断墙的作用是将机房分隔为不同功能部分，因此机房隔断墙应具备以下特点。

1）隔断墙不仅要承受荷载，而且还要把自身的重量施加在楼板上，因此其自重应越轻越好。

2）为了减少隔断墙的占地面积，隔断墙的厚度应适当。

3）考虑到电子信息系统的更新换代及布局的变更和扩充，隔断墙的构造应满足易于拆除而又不损坏其他部分。

4）隔断墙应具有一定的屏蔽、防静电、隔声、防火、降噪、隔潮、隔热和减少尘埃附着的能力。

目前有金属饰面板隔断墙、骨架隔断墙和玻璃隔断墙。

玻璃隔墙在机房中的重要作用是显而易见的。最初的玻璃隔墙是在木隔墙上安装固定玻璃窗，然后在 20 世纪 80 年代初期大量采用铝合金玻璃隔墙，20 世纪 90 年代初期不锈钢饰面大玻璃隔墙在机房中得到了广泛应用。这种隔墙采用不锈钢无框自由门及 12mm 厚的玻璃，安全、牢固，壮观、气派、透视效果极好，如图 3-7 所示。玻璃隔墙的优点确立了它在机房中的地位。在玻璃隔墙的实际使用中，最初用做饰面的不锈钢镜面板尽管外形靓丽，但终因易产生眩光而逐步被淘汰，代之以发纹不锈钢饰面，既牢固美观又明亮通透。

图 3-7　机房隔断

单片铯钾防火玻璃是一种具有防火功能的建筑外墙用幕墙或门窗玻璃。它是采用物理与化学的方法，对浮法玻璃进行处理而得到的。它在 1000℃的火焰中能保持 90 ~ 180min 不炸裂，从而有效地阻止火焰与烟雾的蔓延，有利于第一时间发现火情，使人们有足够长的时间撤离现场，并进行救灾工作。

一般机房不锈钢隔断墙厚 85mm，铯钾防火玻璃厚 12mm，用 80mm × 40mm 钢质方通和 50mm × 5mm 角钢做骨架及支撑，采用 1.2mm 厚发纹不锈钢饰面（定制型材）。

休息室、操作室的铯钾防火玻璃隔墙上的门采用不锈钢无框铯钾玻璃自由门，尺寸规格为 900mm × 2000mm 及 1500mm × 2000mm。

### 3.2.6　窗

一般机房区域所有外窗全部密封，用人工采光，以达到保温、防尘、无眩光的效果，同时也满足消防的要求。

当主机房设有外窗时，应采用双层固定窗，并应有良好的气密性。

### 3.2.7　门

机房门的材料要求防火性能好，同时要美观轻盈，不宜太厚实笨重。一般选用色泽与墙体接近的产品，且所用材料均须符合防火标准。

一般机房采用金属壁板防火门，门口装饰采用铝塑板内衬大芯板。门安装后用不锈钢踢脚板压边装饰，如图 3-8 所示。

图 3-8　金属壁板防火门

机房内部分区可以采用防火玻璃双开门，用钢化玻璃锁门配合；在安装有门禁系统的玻璃门上需制作不锈钢上下帽夹，以达到门禁系统 560kg 的性能指标。

### 3.2.8　其他装饰材料

其他装饰项目，如踢脚板等，可采用不锈钢内衬密度板，既防火、美观，又实用。

## 3.3　各种电子信息机房室内装饰设计

### 3.3.1　电子信息机房室内装饰设计原则

电子信息机房室内装饰设计应考虑以下几项原则。

1）室内装修设计选用材料的燃烧性能除应符合有关规范的规定外，尚应符合现行国家标准的有关规定。

2）主机房室内装修，应选用气密性好、不起尘、易清洁、符合环保要求、在温度和湿度变化作用下变形小、具有表面静电耗散性能的材料，不得使用强吸湿性材料及未经表面改性处理的高分子绝缘材料作为面层。

3）主机房内墙壁和顶棚的装修应满足使用功能的要求，表面应平整、光滑、不起尘、避免眩光，并应减少凹凸面。

4）主机房地面设计应满足使用功能的要求。机房中电子信息设备易受静电影响，应采用防静电地板。

当铺设防静电活动地板时，活动地板的高度应根据电缆布线和空调机送风要求确定，并应符合下列规定：

① 活动地板下的空间只作为电缆布线使用时，地板高度不宜小于 250mm；活动地板下的地面和四壁装饰，可采用水泥砂浆抹灰；地面材料应平整、耐磨。

② 活动地板下的空间既作为电缆布线，又作为空调静压箱时，地板高度不宜小于 400mm；活动地板下的地面和四壁装饰应采用不起尘、不易积灰、易于清洁的材料；楼板或地面应采取保温、防潮措施，地面垫层宜配筋，维护结构宜采取防结露措施。

5）技术夹层的墙壁和顶棚表面应平整、光滑。当采用轻质构造顶棚做技术夹层时，宜设置检修通道或检修口。

6）A级和B级电子信息机房的主机房不宜设置外窗。当主机房设有外窗时，应采用双层固定窗，并应有良好的气密性。不间断电源系统的电池室设有外窗时，应避免阳光直射。

7）当主机房内设有用水设备时，应设有防止水漫溢和渗漏的措施。

8）门窗、墙壁、地（楼）面的构造和施工缝隙，均应采取密闭措施。

机房色调可以淡蓝和淡灰为主色调，力求明快、有现代感。

### 3.3.2　电话交换机房

电话交换机房的建筑净高、地面荷载和地面面层材料应符合表3-1的要求。

**表3-1　电话交换机房建筑要求**

<table>
<tr><th colspan="2" rowspan="2">机房名称</th><th rowspan="2">室内净高（梁下或风管下）/m</th><th rowspan="2">地面等效均布活荷载/(kN·m$^{-2}$)</th><th rowspan="2">地面面层材材料</th><th colspan="2">温度℃</th><th colspan="2">相对湿度%</th></tr>
<tr><th>长期工作条件</th><th>短期工作条件</th><th>长期工作条件</th><th>短期工作条件</th></tr>
<tr><td rowspan="2">用户交换机房</td><td>低架</td><td>3.0</td><td>4.5</td><td rowspan="4">活动地板或塑料地面</td><td rowspan="3">10～28</td><td rowspan="3">10～35</td><td rowspan="3">30～75</td><td rowspan="3">10～90</td></tr>
<tr><td>高架</td><td>3.5</td><td>5.0</td></tr>
<tr><td colspan="2">控制室</td><td>3.0</td><td>4.5</td></tr>
<tr><td colspan="2">话务员室</td><td>3.0</td><td>3</td><td colspan="2">10～39</td><td colspan="2">40～80</td></tr>
<tr><td colspan="2">传输设备室</td><td>3.5</td><td>6</td><td rowspan="2">塑料地面</td><td>10～32</td><td>10～40</td><td>20～80</td><td>10～90</td></tr>
<tr><td colspan="2">总配线室</td><td>3.5</td><td>6</td><td colspan="2">10～32</td><td colspan="2">20～80</td></tr>
</table>

注：① 凡采用活动地板的机房，其空调系统要求宜采用下送上回的方式，进风口在活动地板底下。

② 话务室要求安静，墙壁和顶棚宜设有吸音材料。

### 3.3.3　电视自办节目站

电视自办节目站可设演播室和技术用房。演播室的工艺要求如下：

1）演播室的天幕高度为3.0～4.5m。

2）室内噪声应该符合有关国家标准。

3）混响时间为0.35～0.8s。

4）室内温度夏季不高于28℃，冬季不低于7℃。

5）演出区照度不低于500lx，色温为3200K。

### 3.3.4　其他部分

**1. 隐蔽工程**

按照国家标准对隐蔽部分材料采取下列措施：

1）墙体部分作防潮处理。

2）部分非阻燃材料必须涂刷防火涂料。

3）所有隐蔽用材必须符合机房用材性能指标，做到不起尘、阻燃、绝燃、不会产生静电、牢固耐用并无病虫害发生。

**2. 机房柜**

介质柜、更衣柜、鞋柜因存放于机房内，所以它的制作用材也均要符合机房用材的各项要求。

机房柜可以采用木工板为基材，彩钢板饰面。它既符合机房内物品不起尘、易清洗、防火、防静电的要求，亦可配以较适合办公环境的色调，能使机房内整体环境美观、大方。

## 3.4 电子信息机房装修施工验收

机房装修工程主要包括吊顶、隔断墙、门、窗、墙面、地面、电地板等内容。

**1. 机房装修顺序**

机房装修顺序为：墙面用墙粉刮腻子两遍→灯具、吊顶支撑吊件的安装→隔断安装→墙面插座安装→灯具安装→地面平整→地面防尘处理→地板安装→墙面粉刷→吊顶安装。

**2. 机房装修注意事项**

装修工程的施工作业中，重点注意以下两点：

1）对有空气含尘浓度要求的房间，在施工时应保证现场、材料和设备的清洁。

2）机房所有管线穿墙处的缝隙必须用密封材料填堵。

### 3.4.1 吊顶

吊顶的验收应符合以下要求：

1）吊顶固定件位置应由设计标高及安装位置确定，要求坚固、平直 。

2）吊顶吊杆和龙骨的材质、规格、安装间隙与连接方式应符合设计要求。预埋吊杆或预设钢板，应在吊顶施工前完成。未做防锈处理的金属吊挂件应进行涂漆。

3）吊顶上空间作为回风静压箱时，其内表面应按设计做防尘处理，不得有起皮和龟裂的现象。

4）吊顶板上铺设的防火、保温、吸音材料应包封严密，板块间应无缝隙，并应固定牢靠。

5）龙骨与饰面板的安装施工应按现行国家标准 GB 50327—2001《住宅装饰装修工程施工规范》的有关规定执行，并应符合产品说明书的要求。

6）吊顶装饰面板表面应平整、边缘整齐、颜色一致，板面不得有变色、翘曲、缺损、裂缝和腐蚀。

7）吊顶与墙面、柱面、窗帘盒的交接处应符合设计要求，并应严密、美观。

8）安装吊预装饰面板前应完成吊顶上各类隐蔽工程的施工及验收。

### 3.4.2 隔断墙

隔断墙施工包括金属饰面板隔断、骨架隔断和玻璃隔断等非承重轻质隔断及实墙的工程施工。隔断墙施工前应按设计画线定位。

**1. 材料**

隔断墙主要材料质量应符合下列要求：

1）饰面板表面应平整、边缘整齐，不应有污垢、缺角、翘曲、起皮、裂纹、开胶、划痕、变色和明显色差等缺陷；

2）隔断玻璃表面应光滑且无波纹和气泡，边缘应平直、无缺角和裂纹。

**2. 轻钢龙骨架隔断**

轻钢龙骨架的隔断安装应符合下列要求：

1）隔断墙的沿地、沿顶及沿墙龙骨位置应准确，固定应牢靠。

2）竖龙骨及横向贯通龙骨的安装应符合设计及产品说明书的要求。

3）有耐火极限要求的隔断墙板安装应符合下列规定：

① 隔断墙的沿地、沿顶及沿墙龙骨与建筑围护结构内表面之间应衬垫弹性密封材料后固定，当设计无明确规定时固定点间距不宜大于800mm。

② 有耐火极限要求的隔断墙竖龙骨的长度应比隔断墙的实际高度短30mm，使上、下分别形成15mm膨胀缝，其间用难燃弹性材料填实。

③ 安装隔断墙板时，板边与建筑墙面间间缝应用嵌缝材料可靠密封。

④ 有耐火极限要求的隔断墙板应与竖龙骨平行铺设，不得与沿地、沿顶龙骨固定。

⑤ 隔断墙两面墙板接缝不得在同一根龙骨上，每面的双层墙板接缝亦不得在同一根龙骨上。

⑥ 轻钢龙骨采钢板隔断墙内的管、线安装应与墙板保留间隙。

⑦ 隔断墙内填充的材料应符合设计要求，应充满、密实、均匀。

**3. 金属饰面板隔断**

装饰面板的非阻燃材料衬层内表面应涂覆两遍防火涂料。黏结剂应根据装饰面板性能或产品说明书要求确定。黏结剂应满涂、均匀，黏结应牢固。饰面板对缝图案应符合设计规定。

金属饰面板隔断安装应符合下列要求：

1）金属饰面板表面应无压痕、划痕、污染、变色、锈迹，界面端头应无变形。

2）隔断不到顶棚时，上端龙骨应按设计与顶棚或梁、柱固定。

3）板面应平直，接缝宽度应均匀、一致。

**4. 玻璃隔断**

玻璃隔断的安装应符合下列要求：

1）玻璃支撑材料的品种、型号、规格、材质应符合设计要求，表面应光滑、无污垢和划痕，不得有机械损伤。

2）隔断不到顶棚时，上端龙骨应按设计与顶棚或梁、柱固定。

3）安装玻璃的槽口应清洁，下槽口应衬垫软性材料。玻璃之间或玻璃与扣条之间嵌缝灌注的密封胶应饱满、均匀、美观；如填塞弹性密封胶条，应牢固、严密，不得起鼓和缺漏。

4）应在工程竣工验收前揭去骨架材料面层保护膜。

5）竣工验收前在玻璃上应粘贴明显标志。

防火玻璃隔断应按设计要求安装，除应符合规范的规定外，尚应符合产品说明书的要求。

隔断墙与其他墙体、柱体的交接处应填充密封防裂材料。

### 3.4.3　地面处理

地面处理应包括原建筑地面处理及不安装活动地板房间的地面砖、石材、地毯等地面面层材料的铺设。

地面铺设宜在隐蔽工程、吊顶工程、墙面与柱面的抹灰工程完成后进行。

潮湿地区应按设计要求铺设防潮层，并应做到均匀、平整、牢固、无缝隙。

地面砖、石材、地毯铺设应符合现行国家标准的有关规定。

### 3.4.4 活动地板

对于活动地板的验收应注意以下几点。

1）活动地板的铺设应在机房内其他施工及设备基座安装完成后进行。铺设前应对建筑地面进行清洁处理，建筑地面应干燥、坚硬、平整、不起尘。

2）活动地板下空间作为送风静压箱时，应对原建筑表面进行防尘涂覆，涂覆面不得起皮和龟裂。

3）活动地板铺设前，应按设计标高及地板布置原则准确放线。沿墙单块地板的最小宽度不宜小于整块地板边长的1/4。

4）活动地板铺设时应随时调整水平；遇到障碍物或不规则墙面、柱面时应按实际尺寸切割，并应相应增加支撑部件。

5）铺设风口地板和开口地板时，需现场切割的地板，切割面应光滑、无毛刺，并应进行防火、防尘处理。

6）在原建筑地面铺设的保温材料应严密、平整，接缝处应粘接牢固。

7）在搬运、储藏、安装活动地板过程中，应注意装饰面的保护，并应保持清洁。

8）在活动地板上安装设备时，应对地板面进行防护。

### 3.4.5 内墙、顶棚及柱面的处理

内墙、顶棚及柱面的处理应包括表面涂覆、壁纸及织物粘贴、装饰板材安装、墙面砖或石材等材料的铺贴。

抹灰施工应符合现行国家标准有关规定。

表面涂覆、壁纸或织物粘贴、墙面砖或石材等材料的铺贴应在墙面隐蔽工程完成后、吊顶板安装及活动地板铺设之前进行，并应符合现行国家标准的有关规定。

金属饰面板安装应牢固、垂直、稳定，与墙面、柱面应保留50mm以上的间隙，并应符合规范。

### 3.4.6 门窗及其他

门窗及其他施工应包括门窗、门窗套、窗帘盒、暖气罩、踢脚板等的制作与安装。

**1. 安装前检查**

安装门窗前应进行下列各项检查：

1）门窗的品种、规格、功能、尺寸、开启方向、平整度、外观质量应符合设计要求，附件应齐全。

2）门窗洞口位置、尺寸及安装面结构应符合设计要求。

**2. 门窗的运输、存放和安装**

门窗的运输、存放和安装应符合下列规定：

1）木门窗应采取防潮措施，不得碰伤、玷污和暴晒。

2）塑钢门窗安装、存放环境温度应低于50℃，存放处应远离热源；环境温度低于0℃时，安装前应在室温下放置24h。

3）铝合金、塑钢、不锈钢门窗的保护贴膜在验收前不得损坏；在运输或存放铝合金、塑钢、不锈钢门窗时应竖直、稳定排放，并应用软质材料相隔。

4）钢质防火门安装前不应拆除包装，并应存放在清洁、干燥的场所，不得磨损和锈蚀。

5）门窗安装应平整、牢固、开闭自如、推拉灵活、接缝严密。

6）门窗框与洞口的间隙应填充弹性材料，并应用密封胶密封。

7）门窗、门窗套、窗帘盒、暖气罩、踢脚板等制作与安装应符合现行国家标准的有关规定，其表面应光洁、平整、色泽一致、线条顺直、接缝严密，不得有裂缝、翘曲和损坏。

# 第4章　电子信息机房环境工程

## 4.1　电子信息机房环境要求

电子信息机房环境要求主要是指对空气质量、噪声、电磁干扰、振动及静电等的要求。

### 4.1.1　空气质量

空气质量是指机房温度、相对湿度及空气含尘浓度。

**1. 机房空气温度、湿度**

电子信息机房内的设备大部分均由半导体元器件组成，它们工作时会产生大量热量，为了保证计算机系统稳定、可靠地工作，减少故障，延长使用寿命，提高工作效率，必须创造一个良好的环境。温度、湿度、洁净度都会给计算机带来严重的影响。

（1）温度过高：电参数变化、尺寸变化、散热困难、设备老化。

（2）温度过低：电参数变化、润滑性能降低、机器的几何尺寸变化、电路板老化。

（3）温度剧烈变化：电参数变化、水汽凝结、机器的几何尺寸变化。

（4）湿度过高：电参数变化、水汽渗透、金属生锈、腐蚀、短路、电阻增大等。

（5）湿度过低：龟裂、产生静电（因摩擦）。

为此，机房内应配备高效、低噪声、低振动、足够容量的空调设备，使温、湿度尽可能符合规范的有关要求。

主机房和辅助区内的温度、相对湿度应满足电子信息设备的使用要求，无特殊要求时，应根据电子信息系统机房的等级，按规范要求执行；同时应安装通风换气设备，使机房有一个清新的操作环境。

根据电子信息设备对温、湿度的要求，可将温、湿度分为A、B、C三级，机房可按某一级执行，也可按某些级综合执行。

电子信息机房温、湿度的要求，按开机时和停机时分别加以规定。开机时机房内的温度、湿度，见表4-1；停机时机房内的温度、湿度，见表4-2。

**表4-1　开机时机房内的温度、湿度**

| 级　别 | A　级 | | B　级 | C　级 |
|---|---|---|---|---|
| 指标项目 | 夏季 | 冬季 | 全年 | 全年 |
| 温度/℃ | 22±2 | 20±2 | 15～30 | 10～35 |
| 相对湿度(%) | 45～65 | | 40～70 | 30～80 |
| 温度变化率/（℃·$h^{-1}$） | <5，否则会凝露 | | <10，否则会凝露 | <15，否则会凝露 |

表 4-2　停机时机房内的温、湿度

| 级　别 | A　级 | B　级 | C　级 |
| --- | --- | --- | --- |
| 温度/℃ | 5～35 | 5～35 | 5～40 |
| 相对湿度（%） | 20～80 | 8～80 | 40～70 |
| 温度变化率/(℃·$h^{-1}$) | <5 | <10 | <15 |

注：综合执行指的是一个机房可按某些级执行，而不必强求一律，如某机房按机器要求可选：开机时 A 级温、湿度，停机时 B 级的温、湿度。

**2. 空气含尘浓度**

由于电子信息设备内部布满集成电路和电子元器件，尘埃会造成光路堵塞，鼓面、盘面划破，接插件磨损，工业气体、烟雾会造成金属腐蚀。因此机房对防尘的要求较高，空气中一般不应含有导电、铁磁性或腐蚀性灰尘。一般尘埃应满足表 4-3 的要求。

表 4-3　允许尘埃限值表

| 项　目 | 允许限值 | | | |
| --- | --- | --- | --- | --- |
| 灰尘颗粒的最大直径/μm | 0.5 | 1 | 3 | 5 |
| 灰尘颗粒的最大浓度/(粒子数·$m^{-3}$) | $1.4\times10^7$ | $7\times10^5$ | $2.4\times10^5$ | $1.3\times10^5$ |

注：灰尘粒子应是不导电的，非铁磁性和非腐蚀性的。

A 级和 B 级主机房的空气含尘浓度，在静态条件下测试，每升空气中大于或等于 0.5μm 的尘粒数应少于 18000 粒。

空调设备应配有粗效和中效过滤器，并应安装具有高效过滤器的新风机及排风机。

**3. 防有害气体**

电子信息机房应防止有害气体（如 $SO_2$、$H_2S$、$NH_3$、$NO_2$ 等）侵入，应配有相关防范措施。

为了保证空气中的氧气量，电子信息机房应设通风装置，风量按每小时不小于 5 次容积计算。

### 4.1.2　噪声、电磁干扰、振动及静电

为了保证机房能安全、可靠地工作，对于噪声、电磁干扰、振动及静电的要求如下：

1）有人值守的主机房和辅助区，在电子信息设备停机时，在主操作员位置测量的噪声值应小于 65dB。

2）当无线电干扰频率为 0.15～1000MHz 时，主机房和辅助区内的无线电干扰电场强度不应大于 126V/m。

3）主机房和辅助区内磁场干扰环境磁场强度不应大于 800A/m。

4）在电子信息设备停机条件下，主机房地板表面垂直及水平向的振动加速度不应大于 500mm/$s^2$。

5）主机房和辅助区内绝缘体的静电电位不应大于 1kV。

## 4.2　电子信息机房空调设备

电子信息机房要求使用机房专用空调设备，如一种专用空调机，其制冷量大，其有风

冷、水冷、乙二醇冷等机组，制冷量为20～100kW，冷冻水机组制冷量为28～151kW。

**1. 机房空调设备的特点**

1）具有高可靠性、高灵活性、高适应性，全寿命成本（生命周期成本）低。

2）具有可拆卸搬运的结构，100%全正面维护，节省机房占地空间。

3）采用高效涡旋式压缩机，以适合环保制冷剂。

4）采用自适应式风机，以满足不同机外余压需求。

5）采用大面积V形蒸发器，快速除湿，确保节能。

6）采用高效远红外加湿系统，加湿速度快，适应恶劣水质，维护量低。

7）具有超大屏幕全中文图形显示屏。

8）联控与通信功能强大。

9）风冷全调速冷凝器，噪声低。

10）采用多项节能设计。

11）采用多种送风方式，满足不同气流组织的需求。

12）多种冷却方式，包括风冷、水冷、乙二醇冷却及冷冻水等，有利于适应现场的实际条件。

13）适应R22、R407C等不同冷媒。

14）可提供多种监控空调设备的方式。

15）可提供适合不同环境温度（包括低温起动）的风冷冷凝器的相应配置。

16）对风冷方式可提供超远安装距离和超高落差的安装方案。

机房专用空调设备与其他空调设备相比，在同等制冷量条件下，占地面积最小。机组侧面及背面不需要维护空间，前面只需要等宽情况下600mm厚的维护空间，可拆卸后搬运，并保证重新组装后与整机无差别，适合特殊场合搬运（如利用小电梯或狭小通道）。

**2. 机房空调机组部件**

机房空调机组的室内机由压缩机、蒸发器、加热器、风机、控制器、远红外加湿器、热力膨胀阀、视液镜、干燥过滤器等主要部件组成。

机房空调机组水冷系统包括高效板式换热器和水流量调节阀。

室内侧制冷系统和水系统中可能涉及维护、更换的器件全部采用易拆卸的连接方式，使维护更方便。

空调整机性能体现了高可靠性、高灵活性、高节能率、全寿命成本低。

高可靠性充分体现在：智能控制系统；涡旋压缩机；自适应风机系统；远红外加湿系统；全调速低噪声冷凝器等。

高灵活性、高节能率充分体现在：占地面积小；可拆卸搬运，全正面维护；可直接应用环保制冷剂等。

全寿命成本低充分体现在：智能控制系统、涡旋压缩机、自适应风机系统、V形蒸发器、快速除湿系统、远红外加湿系统、全调速低噪声冷凝器等采用真正的模块化设计思路。

生产的单制冷回路和双制冷回路精密空调，可以提供单机的制冷量为20～100kW，并可组合在一起。既能满足现阶段的使用，又能适应未来发展的需求，具有非常广泛的应用范围。它采用了先进的微处理器控制技术，完全满足机房对环境的精密控制要求，并且机组控制器可完成各机组间的定时切换及故障切换，同时便于空调系统的集中管理。

（1）涡旋式压缩机。机房空调应用高能效比的涡旋式压缩机。涡旋式压缩机的活动部件相对较少，从而使机组的噪声及振动降低很多。涡旋式压缩机的压缩过程连续、平稳，排气过程旋转角度超过540°，在吸气及压缩过程中没有热量交换，在压缩过程中制冷剂气流方向没有改变，从而减少了气流损失。涡旋式压缩机无需高、低压阀门，减少了阀门损失，防止产生液击；启动电流低。

（2）V形蒸发器盘管。采用了带内螺纹的铜管及冲缝型翅片，比采用传统式盘管的机组有更高的传热效率。采用V形结构盘管可使制冷系统的循环与制冷负荷相匹配，并且通过盘管表面的气流更加平稳，最大限度地降低机组噪声。

机房空调机组配有专门的除湿电磁阀，当除湿时只用双面蒸发器的其中一面，除湿电磁阀保证只用其2/3的面积进行除湿，达到了快速和节能的除湿效果，避免了过度除湿从而增加再热设计，达到了节能目的。

（3）远红外加湿器。机房空调机组的加湿系统为远红外加湿器，远红外加湿器对水质无要求，运行成本低，加湿量大，维护量少，加湿速度快并能适应恶劣水质。加湿器的不锈钢水盘、高强度的石英灯、微处理控制器绝对湿度逻辑控制，使其在5～6s内即可将洁净的蒸汽微粒加入空气中。石英灯提供的辐射能，使水在纯净状态蒸发，不含杂物；当加湿水盘内达到高水位标准时，水位探测器将发出报警信号，石英灯和加水阀门都关闭保护。远红外加湿器备有自动供水系统，它大大减少了清理维护工作。这个系统有一个调节供水器，以防止矿物质沉淀，在水压为34.5～1034kPa时，可适当地调节流量。

（4）风机。机房空调机组的自适应风机系统，在出厂设置时或在现场可通过更换电动机皮带轮和皮带的方式（而不是风机皮带轮和皮带）调节机外余压，在增加机外余压的过程中，确保通过增加电动机功率的同时增加风量和风压（而不会出现更换风机皮带轮和皮带导致的风压增加、风量下降的问题）。此外，独特的皮带张力调整系统，可避免在运行过程中出现皮带过松及过紧的现象，消除了风机丢转的弊病，大大地延长了传送带的使用寿命。

（5）控制器。机房空调机组可以通过微机监控。空调系统的微控制器采用全中文蓝色背光液晶显示屏显示，一般情况下显示室内当前的温度和湿度，温、湿度设定值，设备输出百分比图（风机、压缩机、制冷、制热、除湿、加湿等）及报警情况。用户可以从显示屏的主菜单进入系统，浏览各设定点、事件记录、图形数据、传感器数据、报警设置等更详细的信息并准确了解各主要部件的运行时间。人性化的用户界面操作简洁，并有多级密码保护，能有效防止非法操作还可以使操作人员很方便地对系统和报警状态进行查询及消声（机组的控制器具有声、光信息报警，标准报警信息包括：高温报警、低温报警、高湿报警、低湿报警、系统高压报警、系统低压报警、滤网堵报警、风量丢失报警、其他用户自定义报警等）。控制器具有掉电自恢复功能；高/低电压保护功能；其专家级故障诊断系统可以自动显示当前故障内容，方便维护人员进行设备维护；可存储400条历史事件记录，可以记录信息（MESSAGE），警告（WARNING），报警（ALARM）三种事件；配置RS485通信接口，采用标准通信协议。

（6）控制器强大的群控功能。机房空调机组的每个模块都有其独立的控制器，并且可以根据现场情况，将各模块联动与群控，同一区域可以将32套机组进行群控方式统一控制管理。实现的群控功能包括：

1）备份自动切换功能：当群组中机组发生故障时，备份机组自动投入运行，提高空调系统的可靠性。

2）轮巡：定时切换备份机组。

3）层叠：根据机房内热负荷的变化自动控制机组中空调机的运行数量；达到节能的目的。

4）避免竞争运行：避免同一机房内多台空调机同时运行在相反的运行状态（制冷/加热、加湿/除湿），达到节能的目的。

（7）冷凝器。机房空调机组采用高效全调速冷凝器，噪声水平很低。其机组框架由不锈钢连接件与船用等级耐腐蚀铝材组成；一体式风机组合采用独特减振设计；维护要求极低的风扇电机适用于各种气候条件；采用单/双制冷回路设计；（室外冷凝器）适用于各种恶劣气候条件；可选择水平和垂直两种方式进行（冷凝器）安装。

（8）漏水检测器。先进的漏水检测系统可以向机组或一个独立的监控系统提供声、光报警信息。当漏水报警启动时，将自动关闭加湿系统。

**3. 机房空调机组的节能**

（1）高能效压缩机，确保机组高能效比。

（2）V形双面蒸发器结构提高了换热面积，保证了高换热效率，不用加大风机功率来弥补换热面积不足的问题，同时机组运行匹配优越。

（3）快速除湿功能保证除湿工况的节能。

（4）减少再热器设计，实现节能。因具备快速除湿设计，因此只需要设计一级再热器即可以满足再热要求，减少了因除湿引起的再热工作时间，从而实现节能。

（5）自适应风机系统，实现风机节能。室内风机为最匹配效率设计，保障风机工作在最佳状态，达到节能目的。其张力自调设计保障传动机构高效稳定工作。

（6）高效远红外加湿器与绝对湿度控制节能。高效远红外加湿器在5～6s内即可将洁净的蒸汽微粒加入空气中，加湿效率高。绝对湿度控制方式是按空气中的水分含量控制湿度，不会因温度波动引起的相对湿度波动，造成机组不必要的加湿或除湿动作。

（7）室外全调速风扇。保障室外风机转速与室内机组要求的散热量随时匹配，达到节能目的。

（8）微控制器强大的联动与群控功能。通过群控方式统一控制管理，实现机房环境的节能控制。

## 4.3 电子信息机房空调设计

### 4.3.1 空调系统设置

空调系统的设置主要根据房间或工作区的划分及其要求来确定。主机房和辅助区的空气调节系统应根据电子信息系统机房的等级，按规范的要求执行。

与其他功能用房共建于同一建筑内的电子信息机房，宜设置独立的空调系统。

主机房与其他房间的空调参数不同时，宜分别设置空调系统。

电子信息机房的空调系统设计，除应符合《电子信息机房设计规范》的规定外，尚应符合现行国家标准《采暖通风与空气调节设计规范》和《建筑设计防火规范》的有关规定。

A、B类计算机机房应符合下列要求：

1）计算机机房应采用专用空调设备，若与其他系统共用，应保证空调效果和采取防火措施。

2）空调系统的主要设备应有备份，空调设备在能量上应有一定的余量。

3）应尽量采用风冷式空调设备，空调设备的室外部分应安装在便于维修和安全的地方。

4）空调设备中安装的电加热器和电加湿器应有防火护衬，并尽可能使电加热器远离用易燃材料制成的空气过滤器。

5）空调设备的管道、消声器、防火阀接头、衬垫以及管道和配管用的隔热材料应采用难燃材料或非燃材料。

6）安装在活动地板上及吊顶上的送、回风口应采用难燃材料或非燃材料。

7）新风系统应安装空气过滤器，新风设备主体部分应采用难燃材料或非燃材料。

C类安全机房的环境条件应满足计算机厂家关于安装环境中的对空调系统的技术要求。

### 4.3.2 空调负荷

调查资料表明，电子信息机房内空调系统的用电量约占机房总用电量的40%～50%，因此空调系统的节能措施是机房节能设计中的重要环节。

空调负荷计算对空调设备正确选型很重要。

空气调节房间的夏季冷负荷，应根据各项热量的种类和性质以及房间的蓄热特性，分别进行计算。通过围护结构进入室内的不稳定传热量、透过外窗进入室内的太阳辐射热量、人体散热量以及非全天使用的设备、照明灯具的散热量等形成的冷负荷，宜按不稳定传热方法计算确定；不宜把上述热量的逐时值直接作为各相应时刻冷负荷的即时值。另一方面，应根据空气调节系统所服务房间的同时使用情况、空气调节系统的类型及调节方式，按各房间逐时冷负荷的综合最大值或各房间夏季冷负荷的累计值确定，并应计入新风冷负荷以及通风机、风管、水泵、冷水管和水箱温升引起的附加冷负荷。

空调系统冷负荷计算应同时考虑湿负荷。

（1）空调系统夏季冷负荷包括下列内容：

1）机房内设备的散热。电子信息设备和其他设备的散热量与产品的技术数据有关。

2）建筑围护结构的热量，按照围护结构的构造计算。

3）通过外窗进入的太阳辐射热，与外窗玻璃厚度和层数有关。

4）人体散热，与人的状态和人数有关。

5）照明装置散热。

6）新风负荷。

7）伴随各种散湿过程产生的潜热。

（2）空调系统湿负荷包括下列内容：

1）人体散湿。

2）新风湿负荷。

在施工设计计算时，一般用动态计算法估算以上负荷。即逐时计算 24h 的冷热负荷，和逐日、逐月计算冷热负荷。

在初步设计计算时可以用估算法。估算机房负荷时，工作人员的散热，可按正常工作来取值，即每人 116W 来计算；其余环境热负荷，包括辅助设备、照明设备发热及机房外部产热量等，根据实际情况，按每平方米 174W 来取值计算。这样，就可以得到机房热负荷的概算值。

这个热负荷概算值是否合理可根据经验进行校核。一般是从两个方面进行校核。一方面，单位面积的热负荷是否按电子信息机房所需情况取值。国外资料介绍，电子信息机房负荷按每平方米 350 ~ 600W 计算。而在我国，由于机器利用率一般为 60%，装机密度小，因此，一般对单层建筑取 200 ~ 350W，对多层建筑取 200 ~ 300W。另一方面，可以用单个房间的估算值来进行校核。

为了达到机房的洁净度要求，机房的换气次数最好为 30 ~ 50 次/h。一般为 15 ~ 30 次/h。

### 4.3.3　气流组织

主机房空调系统的气流组织形式，应根据电子信息设备本身的冷却方式、设备布置方式、设备布置密度、设备散热量、室内风速、防尘、防噪等要求，并结合建筑条件综合确定。当电子信息设备对气流组织形式未提出要求时，主机房气流组织形式、风口形式及送回风温差可按表 4-4 选用。

**表 4-4　主机房气流组织形式、风口形式及送回风温差**

| 项目 | 形式及温差 | | |
|---|---|---|---|
| 气流组织形式 | 下送上回 | 上送上回（或侧回） | 侧送侧回 |
| 送风口 | 1. 带可调多叶阀的格栅风口<br>2. 条形风口（带有条形风口的活动地板）<br>3. 孔板 | 1. 散流器<br>2. 带扩散板风口<br>3. 孔板<br>4. 百叶风口<br>5. 格栅风口 | 1. 百叶风口<br>2. 格栅风口 |
| 回风口 | 1. 格栅风口　2. 百叶风口　3. 网板风口　4. 其他风口 | | |
| 送回风温差 | 4 ~ 6℃，送风温度应高于室内空气露点温度 | 4 ~ 6℃ | 6 ~ 8℃ |

在有人操作的机房内，送风气流不宜直对工作人员。

风管不宜穿过防火墙和变形缝。必须穿过时，应在穿过防火墙和变形缝处设置防火阀。防火阀应具有手动和自动功能。穿过防火墙、变形缝的风管两侧各 2m 范围内的风管保温材料，必须采用非燃烧材料。

主机房应维持正压。主机房与其他房间、走廊的压差不宜小于 5Pa，与室外静压差不宜小于 10Pa。

主机房内空调系统用循环机组宜设置初效过滤器或中效过滤器。新风系统或全空气系统应设置初效空气过滤器和中效空气过滤器，也可设置亚高效空气过滤器。末级过滤装置宜设置在正压端。

设有新风系统的主机房，在保证室内外一定压差的情况下，送排风应保持平衡。

打印室等易对空气造成二次污染的房间，对空调系统应采取防止污染物随气流进入其他房间的措施。

分体式空调机的室内机组可安装在靠近主机房的专用空调机房内，也可安装在主机房内。

对机柜或机架高度大于1.8m、设备热密度大、设备发热量大或热负荷大的主机房，宜采用活动地板下送风、上回风的方式。采用活动地板下送风时，断面风速应按地板下的有效断面积计算。

传统的地板下送风的气流组织方式，已经无法满足高密度机柜的制冷需求。随着IT技术的发展，机柜功率越来越大，需要的配风风量也相应增加。但是，地板下送风存在两个瓶颈：地板下送风截面积和地板出风口的有效出风面积较小。为了解决地板下送风截面积小这个问题，目前地板铺高越来越高，普遍要求600mm以上。但地板出风口的面积已经达到了极限，又因为过孔率不可能达到100%，而要增加每个机柜拥有的地板出风口数量则必须增加机房区的面积，所以，地板下送风的气流组织方式，目前只能满足每机柜5kW以下的功率密度要求。

如果要在一个传统的地板下送风方式的机房中，满足5kW以上的高密度机柜的制冷需求，需要针对部分高功率密度机柜，单独配置区域性水平送风空调系统，建议同时将若干高密度机柜布置成为热通道封闭系统，与水平送风空调机共同组成高密度区。如果无法安装额外的空调机，并且现有空调机的总制冷量足够，则还可考虑采用空气分配单元（Air Distribution Unit，ADU）产品，以突破地板出风口的送风瓶颈。

ADU是机房气流组织的一种部件，用来将空调机产生的冷量（冷风）强制地配送到IT机柜处，用来解决传统送风方式的不足、尤其是高功率密度的应用需求。

目前，ADU产品线有两种产品：地板ADU和机柜ADU。

地板ADU由高过孔率的风口地板、强制送风风机和控制电路组成，其尺寸与标准地板相同。安装时，只需在高功率密度的机柜前替代原风口地板即可。但是，地板ADU对地板铺高有要求（最低要求为200mm）。

**1. 机柜门**

下送风机房机柜前后门的设计应符合最佳制冷效率的要求，有两种方式可选择：

1）前门完全密闭，不做通风孔；后门通风网孔大小为$\phi5$，后门通风率为30%～40%。这种方式，由机柜底部可调节的开口，在机柜内设备正面送冷风，由后门和机柜顶部散热。每个机柜需要侧门，侧门不带通风孔。冷风通道完全在机柜下方。

2）前后门底部起1/2密闭，不做通风孔，机柜上部1/2为通风散热部分，通风网孔大小为$\phi5$，通风率为30%～40%。这种方式中主要出风口在机柜的底部，同时可以在机柜列间通道开辅助送风口，在机柜内设备正面送冷风，由后门和机柜顶部散热。每个机柜需要侧门，侧门不带通风孔。冷风通道在机柜下方和机柜列间通道。

**2. 机柜面板及层板的设计**

机柜内数据设备与机柜前、后面板的间距宽度应不小于150mm。

机柜层板应有利于通风，为避免阻挡空气流通，层板深度应不大于600mm。多台发热量大的数据设备不宜叠放在同一层板上，最下层层板距离机柜底部应不小于200mm。把热负荷最大的设备安装在机柜中部位置，以便获得最大的配风风量。

机柜底部采用活动抽屉板，随设备多少，改动冷气入口大小。机柜底部后半部应堵住，阻止冷空气从底部向后面流去。

**3. 应用高密度机柜和刀片服务器的方法**

应用高密度机柜和刀片服务器有 6 种基本方法：

（1）分散负载。将负载超过平均值的机柜中的负载分散到多个机柜中。

（2）基于规则的散热能力转借。通过采用一些规则允许高密度机柜借用邻近的利用率不高的冷却能力。

（3）安装气流辅助装置。使用辅助散热设备为功率密度超过机柜设计平均值的机柜提供所需的散热能力。在有足够平均冷却能力，但存在高密度机架造成热点的场合，可以通过采用有风扇辅助的设备来改善机架内的气流，并可使每一机架的冷却能力提高到 3 ~ 8kW。

1）安装特制的（栅格式）地板砖或风扇增强计算机机房空调（CRAC）对机柜的冷空气供应。

2）安装特制的回流管道或风扇从机柜中排出热空气，使机器排出的热空气回流到空调设备。

（4）安装自给高密度设备。在功率密度接近或超过每机架 8kW 的场合，需要将冷空气直接供应到机架的每一层（而不是从顶部或底部），以便从上到下的温度保持一致。

（5）设定专门的高密度区。在房间内设定一个有限的专门的区域提供强散热能力，将高密度机柜限制在这一区域内。

（6）全房间制冷。为机房内每个机柜提供能够为期望达到的功率峰值提供电力和散热的能力。这种解决方案的结果会造成极大的浪费和极高的成本。此外，对每个机柜的整体机柜功率密度超过 6kW 的数据中心进行设计时，需要极复杂的工程设计和分析，因此，这种方法只有在极端情况下才是合理的。

**4. 节能措施**

空调系统设计应根据当地气候条件采取下列节能措施：

1）大型机房宜采用水冷冷水机组空调系统或地源热泵空调系统。

2）北方地区采用水冷冷水机组的机房，冬季可利用室外冷却塔作为冷源，并应通过热交换器对空调冷冻水进行降温。

3）空调系统可采用电制冷与自然冷却相结合的方式。

空调系统的噪声值超过规范的规定时，应采取降噪措施。

### 4.3.4 新风系统

机房新风系统的主要作用是：

1）给机房提供足够的新鲜空气，为工作人员创造良好的工作环境。

2）维持机房对外的正压差，避免灰尘进入，保证机房有更好的洁净度。

3）新风系统应能够滤除空气中的杂质和灰尘，并具有湿度预处理、消声与减振、保温防结露功能。

机房的新风量应取下列两项中的最大值：

1）按工作人员计算，每人 $40m^3/h$。

2）维持室内正压所需风量。

新风系统吸风口应远离含尘量较高、有腐蚀性气体的地方。

户外吸风机应设置防水、排水和遮挡设施。

### 4.3.5　设备选择

空调和制冷设备的选用应符合运行可靠、经济适用、节能和环保的要求。

用于电子信息设备机房的空调设备宜选择焓值低，风量大，送、回风焓差小的空调设备和处理方式，空调机送风量和制冷量之比宜为 1/3～1/2。

空调系统和设备应根据电子信息系统机房的等级、机房的建筑条件、设备的发热量等进行选择，并应按规范的要求执行。

空调系统无备份设备时，单台空调制冷设备的制冷能力应留有 15%～20% 的余量。

选用机房专用空调机时，空调机应带有通信接口，通信协议应满足机房监控系统的要求，显示屏宜有汉字显示。

空调设备的空气过滤器和加湿器应便于清洗和更换，设备安装应留有相应的维修空间。

高级电子信息机房的空调系统宜设置两个冷却塔提供冷却水，通过空气处理器（冗余容量增加了空气处理器的可靠性）向服务器室供应空调冷气。

### 4.3.6　空调区域保温

由于精密空调工作区域常年处于 22℃ 的恒温状态，而机房区周边环境的温度却处于四季变化的状态，这样就会和机房相邻区域产生较大的温差，而空气中的水分子会因为温差而产生大量结露，为防止结露破坏机房和其他区域，进行机房保温是一项非常重要的措施。空调采用下送风工作状态，因此对于机房地面（抗静电地板以下楼板面）的保温显得尤为重要。保温可采用先进、适用、性能良好的 PE 板在整个空调机组工作区域地面及部分周边地区密封铺设，采用聚氨酯固化发泡剂填充施工难度较高的死角处及 PE 板的连接缝处，使整体保温结构严实可靠，真正起到隔温、防结露作用。

## 4.4　空调系统施工验收

空调系统依据相关设计图样以及施工、验收规范的要求进行验收。

### 4.4.1　空调器的安装

分体式空调器基座或基础的制作应符合设计要求，并应在空调器安装前完成。

空调器安装应竖向垂直、横向水平、牢固稳定。空调器的基础台座应与建筑楼地面牢靠固定，空调器与金属台座间应垫隔振材料。

室内机组安装时，在室内机组与基座之间应垫牢靠固定的隔振材料。

室外机组的安装位置应符合设计要求，并应满足设备技术档案对空气循环空间的要求。

室外空调冷风机组安装在地面上时，应设置安全防护网。

连接室内机组与室外机组的制冷剂管，应按设备技术档案要求进行安装。制冷剂管为硬紫铜管时，应按设计位置安装存油弯和防振管。

空调设备管道安装完成后，应进行检漏和压力测试，并应做记录，合格后应进行清洗。

空调管道应采用耐热聚乙烯、保温泡沫塑料或玻璃纤维等材料进行保温。

### 4.4.2 其他空调设施的安装

空气调节系统其他设施应包括新风系统、管道防火阀、排烟防火阀、空调系统及排风系统的风口。

新风系统设备与管道应按设计要求进行安装，安装应便于空气过滤装置的更换，并应牢固可靠。

管道防火阀和排烟防火阀应符合国家现行有关消防产品标准的规定。

管道防火阀和排烟防火阀必须具有产品合格证及国家主管部门认定的检测机构出具的性能检测报告。

管道防火阀和排烟防火阀的安装应牢固可靠、启闭灵活、关闭严密。阀门的驱动装置动作应正确、可靠。

手动单叶片和多叶片调节阀的安装应牢固可靠、启闭灵活、调节方便。

### 4.4.3 风管、部件的制作与安装

**1. 镀锌钢板制作风管**

用镀锌钢板制作风管时应符合下列规定：

1）表面平整，不应有氧化、腐蚀等现象；加工风管时，镀锌层损坏处应涂两遍防锈漆。

2）油漆时，明装部分的最后一遍应为色漆，宜在安装完毕后进行。

3）风管接缝宜采用咬口方式。板材拼接咬口缝应错开，不得有十字拼接缝。

4）风管内表面应平整光滑，安装前应除去内表面的油污和灰尘。

5）风管法兰制作应符合设计要求，并应按现行国家标准验收规范执行；法兰应涂刷两遍防锈漆。

6）风管与法兰的连接应严密，法兰密封垫应选用不透气、不起尘、具有一定弹性的材料；紧固法兰时不得损坏密封垫。

**2. 普通薄钢板制作风管**

用普通薄钢板制作风管前应根据规范的规定除去油污和锈斑，并应预涂一遍防锈漆。风管支架、吊架的防腐处理应与普通薄钢板的防腐处理相一致，其明装部分应增涂一遍面漆。

**3. 风管加固**

下列情况的矩形风管应采取加固措施：

1）无保温层的边长大于630mm 的矩形风管。

2）有保温层的边长大于800mm 的矩形风管。

3）风管的单面面积大于1.2$m^2$。

**4. 风管连接**

金属法兰的焊缝应严密、熔合良好、无虚焊。法兰平面度的允许偏差应为±2mm，孔距应一致，并应具有互换性。

风管与法兰的铆接应牢固，不得脱铆和漏铆。管道翻边应平整、紧贴法兰，其宽度应一

致，且不应小于6mm。法兰四角处的咬缝不得开裂和有孔洞。

**5. 其他**

风管及其相关部件安装应牢固可靠，并应在验收后进行管道保温及涂漆。

各种管道应严格按设计施工。设计无规定时，各种管道应安装在同一水平高度上，不得叠放。

各种管道接缝处应采取密封措施，做到清洁、严密。

### 4.4.4　空调系统施工验收

空调系统施工验收内容及方法应按现行国家标准的有关规定执行，同时应提供空调系统测试报告。

## 4.5　给水排水

### 4.5.1　给水排水设计

给水排水设计应根据电子信息系统机房的等级，按规范的要求施行。

对机房给排水的要求如下：

1）电子信息机房内一般不设给水系统。如有给排水管道，应采用难燃烧材料对其保温。

2）进线间应防止渗水并设有抽排水装置。

3）进线间入口管道口所有布放缆线和空闲的管孔应采用防火材料封堵，并做好防水处理。

电子信息机房内安装有自动喷水灭火系统、空调机和加湿器的房间，地面应设置挡水和排水设施。

### 4.5.2　管道安装

管道安装应注意下列有关事项：

1）管径不大于100mm的镀锌管道宜采用螺纹连接，螺纹的外露部分应做防腐处理；管径大于100mm的镀锌管道应采用焊接或法兰连接。

2）弯制钢管时，弯曲半径应符合现行国家标准的有关规定。

3）管道支架、吊架、托架的安装，应符合下列规定：

① 固定支架与管道接触处应紧密，安装应牢固、稳定。

② 在建筑结构上安装管道支架、吊架，不得破坏建筑结构及超过其荷载。

4）水平排水管道应有3.5‰～5‰的坡度，并应坡向排泄方向。

5）对于给水排水管道应采取防渗漏和防结露措施。机房内的冷热水管道安装后应首先进行检漏和压力试验，然后进行保温施工。

6）穿越主机房的给水排水管道应暗敷或采取防漏保护的套管。管道穿过主机房墙壁和楼板处应设置套管，管道与套管之间应采取密封措施。给排水管道安装必须不渗、不漏。套管内的管道不得有接头。管道和套管间采用非燃、不起尘的材料密封。

7）对管道的保温应采用难燃材料，保温层应平整、密实，不得有裂缝、空隙。防潮层应紧贴在保温层上，并应封闭良好；表面层应光滑平整、不起尘。

8）机房内的地面应坡向地漏处，坡度应不小于3‰；地漏顶面应低于地面5mm。应采用洁净室专用地漏或自闭式地漏，地漏下应加设水封装置，并应采取防止水封损坏和反溢的措施。

9）机房内的空调器冷凝水排水管应设有存水弯。

10）采用水冷式空调设备时还应注意冷却塔、泵、水箱等供水设备的防冻、防火措施。

### 4.5.3 给水排水验收

给水管道应做压力试验，试验压力应为设计压力的1.5倍，且不得小于0.6MPa。空调加湿给水管应只做通水试验，应开启阀门、检查各连接处及管道，不得渗漏。

排水管道应只做通水试验，流水应畅通，不得渗漏。

施工交接验收时，施工单位提供的文件除应符合规范的规定外，还应提交管道压力试验报告和检漏报告。

# 第5章　电子信息机房布线

## 5.1　电子信息布线系统

电子信息机房的建立是为了全面、集中、主动并有效地管理和优化电子信息基础设施，实现信息系统的高可管理性、高可用性、高可靠性和高可扩展性，保障业务的顺畅运行和服务的及时传递。

电子信息机房内放置了核心的数据处理设备，是企业的大脑，信息线路作为其物理基础设施建设尤为重要，是网络建设成败的关键因素之一。如何为电子信息机房构建安全、高效、统一的信息物理基础平台，是电子信息机房布线的核心所在。

电子信息机房的布线系统，需要有效支持有源设备的更新换代。同时，电子信息机房需要能够支持高速率的数据传输和存储，对单体文件的容量要求也越来越大。这样，选择一套先进的布线系统是极其有必要的。它将确保在相当的一段时间内，无需更换或升级布线系统本身。

为了满足电子信息系统的需求，信息线路要具有以下特性：

（1）实用性：实施后的布线系统，需能够在现在和将来适应技术的发展，且实现数据通信和语音通信。

（2）灵活性：布线系统要能够满足灵活应用的要求，即任一信息点都能够连接不同类型的设备，如计算机、打印机、终端或电话、传真机。

（3）模块化：布线系统中，除去固定在建筑物内的线缆外，其余所有的接插件都是积木式的标准件，以方便管理和使用。

（4）扩充性：布线系统必须是可扩充的，以便将来有更大的发展时，很容易将设备扩展进去。

（5）标准性：须满足最新、最高的国际标准、国家标准（如国际标准：ISO/IEC 11801、欧洲标准：EN50173等）。

（6）经济性：在满足应用要求的基础上，尽可能降低造价。

## 5.2　机房通用布线系统的组成

目前一般采用通用布线系统（General Cabling System，GCS）（也称为综合布线系统）来连接各电子信息机房空间。

通用布线系统是一种能够支持数据、图像和语音信息的布线系统。通用布线系统采用开放式结构，它能支持电话及多种计算机数据系统，还能满足会议电视、视频监控等系统的需要，同时，需支持当前普遍采用的各种局部网络系统。通用布线系统采用星形拓扑结构，传输介质是铜缆和光缆，能够支持很高的传输速率和带宽。

**1. 通用布线系统的组成部分**

通用布线系统的主要构成为工作区、配线子系统、干线子系统、建筑群子系统等。图5-1所示为通用布线系统的构成，配线子系统中可以设置转接点（CP），也可不设置转接点。

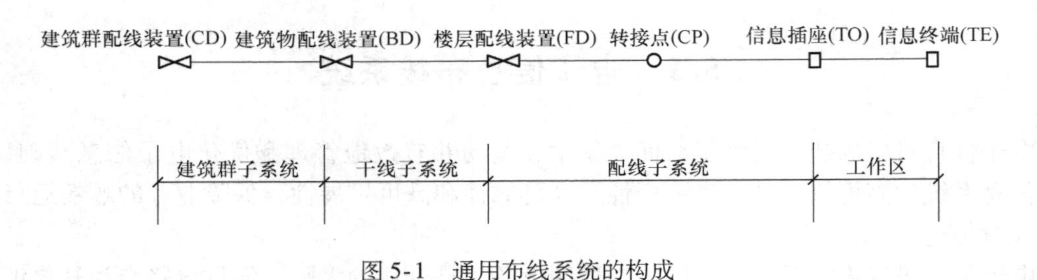


图5-1 通用布线系统的构成

**2. 电子信息机房布线空间**

电子信息机房通用布线空间包含主布线区、水平布线区、区域布线区和设备布线区，如图5-2所示。

（1）主布线区。主布线区（Main Distributed Area，MDA）包括主交叉连接（MC）布线设备，它是电子信息机房结构化布线系统的中心布线点。当设备直接连接到主布线区时，主布线区可以包括水平交叉连接（HC）的布线设备。主布线区的配备主要服务于电子信息机房网络的核心路由器、核心交换机、核心存储区域网络交换设备和电话交换机（PBX）设备。有时接入运营商的设备（如多路复用器MUX）也被放置在主干区域，以避免因线缆超出额定传输距离（或考虑电子信息机房布线系统及电子信息设备直接与电信业务经营者的通信实施互通）而建立第二个进线间（次进线间）。主布线区位于计算机机房内部，为提高其安全性，主布线区也可以设置在计算机机房的一个专属空间内。每一个电子信息机房应该至少有一个主布线区。主布线区可以服务一个或多个、或不同地点的电子信息机房内部的水平布线区或设备布线区。各个电子信息机房外部的电信间也为办公区域、操作中心和其他一些外部支持区域提供服务和支持。

（2）水平布线区。水平布线区（Horizontal Distributed Area，HDA）用来服务不直接连接到主布线区的设备。水平布线区主要包括水平布线设备，它为终端设备如局域网交换机、存储区域网络交换机和KVM交换机等服务。小型的电子信息机房可以不设水平布线区，而由主布线区来支持。但是，一个标准的电子信息机房必须有若干个水平布线区。一个电子信息机房可以有设置于各个楼层的计算机机房，每一层至少含有一个水平布线区，如果设备布线区的设备距离水平布线设备超过水平线缆长度限制的要求，可以设置多个水平布线区。在电子信息机房中，水平布线区为位于设备布线区的终端设备提供网络连接，连接数量取决于连接的设备端口数量和线槽通道的空间容量，设计时应该为日后的发展预留空间。

（3）区域布线区。在大型计算机机房中，为了获得在水平布线区与终端设备之间更高的配置灵活性，水平布线系统中可以包含一个可选择的转接点，叫做区域布线区（Zone Distributed Area，ZDA）。区域布线区位于设备经常移动或变化的区域，可以用机柜或机架，也可以用集合点（Consolidated Point，CP）完成线缆的连接。区域布线区也可以表现为连接多个相邻设备的区域插座。区域布线区不可存在交叉连接，在同一个水平线缆布放的路由不得超过一个区域布线区。区域布线区中不可使用有源设备。

（4）设备布线区。设备布线区（Equipment Distributed Area，EDA）是分配给终端设备安装的空间，可以包括计算机系统和通信设备、服务器和存储设备、刀片服务器和外围设备。设备布线区的水平线缆端接在固定于机柜或机架的连接硬件上。需为每个设备布线区的机柜或机架提供充足数量的电源插座和连接硬件，使设备缆线和电源线的长度减少至最短距离。

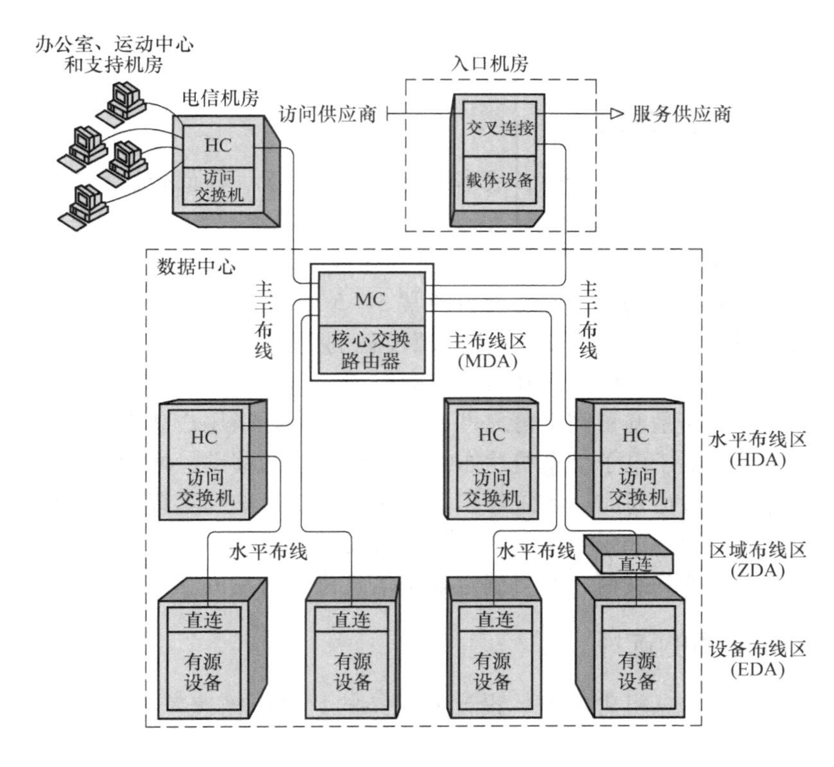


图5-2　电子信息机房内布线空间

## 5.3　电子信息机房布线规划设计

### 5.3.1　电子信息机房布线设计原则

电子信息机房布线设计原则为：

1）具备基于标准的开放系统。

2）综合考虑扩容需求的高性能和高带宽，预留充分的扩展备用空间。

3）支持10G（万兆）bit/s或更高速率的网络技术。

4）支持新型存储设备。

5）具有高质量，高可用性和可量测性。

6）具有冗余性。

7）具有高容量和高密度。

8）易于移动、增加和变更的灵活性和可扩展性。

9）采用交叉连接的管理模式，只需通过跳线完成移动、增加和变更，降低管理维护时间。

10）电子信息机房属于强制通风区域，布线建议采用 CMP/OFNP 防火等级线缆。

随着电子信息机房高密度刀片式服务器及存储设备的数量不断增多，电子信息机房还面临着网络性能、散热、空间、能耗等一系列严峻挑战。

通过对以上几个关键需求的分析，根据以上布线设计原则基本可以设计出满足用户目前及将来使用要求的电子信息机房。

### 5.3.2 布线系统的规划

首先在电子信息机房布线设计中，成本永远是关键因素。任何企业都希望通过尽可能低的拥有成本来支持最长期的业务发展。虽然布线系统的成本只约占电子信息机房总成本的5%，但它却是使用寿命最长的网络要素。通常，布线系统需要具有长达 10～15 年甚至更长的生命周期。而与之相对应的是，网络设备通常 3～5 年就需要进行更换。由此得出的结论是，布线系统的规划必须可以支持 2～3 代有源设备的更新换代。这不仅关系到用户整体费用的节省，也将利于节省更多的能源和可用资源。

其次，正常运行时间是衡量网络可靠性的重要指标，是指用户获得重要业务服务的时间量。70%的服务中断是由于电子信息机房布线系统维护时的移动、增加和变更而引起的。因此，电子信息设备管理人员对布线系统做出的决策将直接影响到实现网络中断时间最小化和业务连续性最大化的能力。如果明确了对正常运行时间的要求并确定了相关设备，就可以估算需要的带宽、功率和冷却载荷，并可确定电子信息机房所需的空间。

### 5.3.3 布线介质的选择

当前，大多数电子信息机房内整体设计所支持的数据传输速率为 1Gbit/s。但是，行业内的普遍共识是，传输速率会向 10Gbit/s 推进。这一演进，首先会发生在存储区网络（SAN）以及一些特殊的应用环境。可以肯定的是，在 3～5 年的时间里，支持 10Gbit/s 传输的链路会成为电子信息机房的主流。基于此种情况，ISO 以及 TIA 制定了关于光纤和铜缆支持 10Gbit/s 以太网传输的标准。

在选择布线系统传输介质时，需要在带宽、灵活性、可扩展性和成本等要素之间寻求平衡。充分考虑到应用的发展，选择最合适、具有前瞻性的传输介质成为最明智的选择。总之，如果需要建立可升级且生命周期更长的布线系统，理想的选择是安装支持高带宽应用的线缆，排除因要求提高而更换布线的风险。

常用布线介质的优缺点如下：

**1. 光纤电缆**

光纤是信息传输的最佳媒介，不仅在长距离、高速率传输方面有着铜缆系统无法比拟的优势，同时，与铜缆制造受制于原材料——铜这一稀有金属资源不同，光纤的制造不受原材料资源的限制。此外，与铜缆相比，光纤的尺寸更小，组网时也不用受到链路内连接器数量的限制，而且无需考虑由电磁干扰影响带来的问题。伴随着“光进铜退”的趋势，光纤系统在电子信息机房将扮演越来越重要的角色。

但光纤端口设备的价格依然昂贵，数倍于相同应用的铜缆设备，这成为光纤系统还无法完全取代铜缆系统的最主要原因。其次，光纤安装需要专业从业人员利用专用工具来进行，施工成本和要求都比较高。再次，光纤系统是无法支持新兴并且备受关注的以太网供电技术（POE）的。

国际标准推荐使用62.5/125μm多模光缆（OM1）、50/125μm多模光缆（OM2）、50/125μm多模万兆光缆（OM3）和8.3/125μm单模光缆（OS1）。

几种光缆的传输距离和带宽的参数见表5-1。

**表5-1 光缆的传输距离和带宽**

| 带宽/（bit/s） | 距离/m | | |
|---|---|---|---|
| | 300 | 500 | 2000 |
| 100M | OM1 | OM1 | OM1 |
| 1000M | OM1 | OM2 | OS1 |
| 10G | OM3 | OS1 | OS1 |

对于电子信息机房内的信息系统，目前推荐采用OM3激光优化光纤系统。这一系统可以利用垂直表面激光发射器（VCSEL）光源在850nm波长支持10Gbit/s的传输速率，距离可达到300m。一些厂商正在着手超越10Gbit/s的速率，甚至利用粗波分复用技术传输速率可达40Gbit/s。

**2. 铜缆**

虽然相比光纤系统，铜缆系统在传输距离以及信道连接器数量上受到限制，但是铜缆系统是所有设计、安装和使用人员最熟悉的。它可以通过低成本的方式实现高速率应用，从10/100/1000Base－T到10GBase－T，铜缆系统都可以很好地支持。此外，非屏蔽系统可以支持POE应用，在传输数据信号的同时为远端设备供电。

当2005年TIA颁布942标准时，6A类等级线缆的标准还不成熟。考虑到当时的市场情况，在此标准中，推荐使用6类或以上等级线缆。经过多年实践分析，6A类等级线缆是实现10Gbit/s传输要求最经济的链路配置方式，该系统采用了比6类等级线缆不高出两倍的成本，却提供10倍的传输能力，因此每千兆波特率的成本要低得多。尽管6类等级线缆也可以在短距离内支持10Gbit/s，但是它在抑制噪声能力以及传输性能上与6A类等级线缆相差甚远。

尽管市面上现有的10Gbit/s铜端口网络设备的价格昂贵，但是伴随着设备厂商的大量生产，市场的成熟，价格自然会降低，如同当初的千兆端口设备一样。值得关注的是，由于10Gbit/s传输要求的功率很高，早先的收发器每端口耗电量甚至达到了10～15W，所以在10GBase－T标准中规定了“低功率短距离传输模式”，将每端口功率消耗降至4W。重要的一点是，只有6A类或更高等级的线缆才可以在30m距离内支持这一模式。

目前万兆波特率（10Gbit/s）的铜缆解决方案已经出现。通用布线系统的6类铜缆信道提供了至少200MHz的综合衰减对串扰比及250MHz的整体带宽。

7类铜缆系统可以提供至少500MHz的综合衰减对串扰比和600MHz的整体带宽。7类布线系统将是一个基于4对独立线对屏蔽双绞线和新一代接插件（取代原有的RJ45接插件标准）的开放式系统，提供600MHz带宽。使用7类线缆和接插件组成的链路将被定义为F

级链路（Class F）。

6类线缆可以用于万兆以太网的传输，但距离受限，不能超过100m。这是因为高频信号容易出现串扰现象，而7类屏蔽线缆线对之间的屏蔽层使铜缆传输万兆以太网成为主流方式。

**3. 屏蔽还是非屏蔽**

不言而喻，屏蔽系统有着良好的抗电磁干扰和防止信息外泄的能力。对于支持万兆传输的6A类屏蔽系统，可以不用考虑外部串扰测试问题，这无疑将节省大量测试时间。目前，国内绝大多数用户考虑使用屏蔽系统的原因在于对信息安全的考虑。另外，屏蔽系统可以支持更高的带宽应用，最高可达到1.2GHz。

但是，屏蔽布线系统也有其发展的局限性。首先，屏蔽系统目前在全球范围内的接受度低，可能只占整个铜缆布线系统市场份额的5%。这意味着设计、安装人员都对其相对陌生，需要进一步培训。其次，由于要保证屏蔽系统的360°连续性屏蔽效果，屏蔽系统必须进行正确的安装与接地，施工难度高、耗费时间长。再次，由于金属保护层的存在，利用屏蔽系统支持POE Plus应用时，线缆产生的热量无法散出，会对其性能产生一定影响。

### 5.3.4 保护布线系统投资

除了选择合适的线缆介质类型之外，如何管理、保护布线系统，也对保证业务的连续性、延长布线系统的生命周期至关重要。

**1. 标签标志系统**

标签标志是布线系统管理的基础，也是电子信息机房的基本要素。好的标签标志系统将帮助网管人员快速查找相关信息，缩短移动、增加和变更布线系统的时间。良好的标签标志在为拥有者增加附加价值、提高美观度的同时，还可使工作更加高效、灵活和可靠。

**2. 路径和空间**

由于电子信息机房是一个高密度的计算环境，其中会存在大量的线缆。如果在设计之初不为这些线缆进行合理的路径和空间规划的话，随着电子信息机房的运行和扩展，线缆将失去控制，变得拥挤不堪，最终影响电子信息机房内的制冷能力，甚至无法维护，只好推倒重建。

理想方案为：合理利用电子信息机房内的有限空间，对铜缆、光纤和电力线缆进行良好的空间和路径规划，即将这三种类型线缆有效分离，便于实施和维护。而上走线还是下走线的选择，各有不同优缺点。建议最好是将长期固定不动的线缆，比如主干线缆和水平线缆采用架空地板下方走线方式，而将跳线（铜缆及光纤跳线）采用在机架上方走线方式。

不同的线缆，其线径各不相同。在设计走线路径时，必须考虑线缆路径填充率的问题。建议在设计时，路径填充率以35%～40%为益。

**3. 机柜和机架**

为了实现良好的线缆管理，帮助维护人员减少移动、增加和变更布线系统的时间，电子信息机房内应该选用带有线缆管理设计的机柜和机架产品。在机柜和机架内考虑垂直和水平线缆管理器和冗余长度线缆的收纳，维持线缆弯曲半径的同时，让线缆更加整齐有序；避免线缆的缠绕和堆积阻挡机柜和机架上冷热空气的流动，使有源设备有效地实现散热冷却。

#### 4. 智能物理层管理系统

智能物理层管理系统帮助网管人员了解网络的连通性，通过实时监测连接状况，可迅速识别任何网络的中断，并立即向系统管理员报告。这有助于快速排除故障和安全威胁，最大程度减少宕机时间。

此外，智能物理层管理系统数据库不断记录系统和物理层的资产移动和配置变更。这些信息可用于满足行业规定的报告要求或建立客户电子信息机房的服务水平协议，避免手工分析表可能存在的人工错误。

### 5.3.5 电子信息机房布线设计建议

电子信息机房布线设计建议如下：

1）主机房、辅助区、支持区和行政管理区应根据功能要求划分成若干工作区，工作区内信息点的数量应根据机房等级和用户需求进行配置。

2）承担信息业务的传输介质应采用光纤或6类及以上等级的对绞电缆，传输介质各组成部分的等级应保持一致，并应采用冗余配置。

3）当主机房内的机柜或机架成行排列或按功能区域划分时，宜在主布线架和机柜或机架之间设置布线列头柜。

4）A级电子信息机房宜采用电子布线设备对布线系统进行实时智能管理。

5）电子信息机房存在下列情况之一时，应采用屏蔽布线系统、光缆布线系统或采取其他相应的防护措施：

① 环境要求未达到本规范的要求时；

② 网络有安全保密要求时；

③ 安装场地不能满足非屏蔽布线系统与其他系统管线或设备的间距要求时。

6）敷设在隐蔽通风空间的缆线应根据电子信息机房的等级，按规范要求设计。

7）机房布线系统与公用电信业务网络互联时，接口布线设备的端口数量和缆线的敷设路由应根据电子信息机房的等级，并在保证网络出口安全的前提下确定。

8）缆线采用线槽或桥架敷设时，线槽或桥架的高度不宜大于150mm，线槽或桥架的安装位置应与建筑装饰、电气、空调、消防等工程协调一致。

9）电子信息机房的网络布线系统设计，还应符合相关规范规定。

## 5.4 电子信息机房布线的绿色节能

“绿色”已成为当今的时代主题，它包括减少一开始使用的能源和材料、提高楼宇的使用效率、延长楼宇的使用寿命、减少配件的更换和浪费等一系列行动。互联网应用的急剧增加和相伴而生的对带宽需求的增加，导致电子信息机房的数量、规模和密度也随之急剧扩大。电子信息机房在全球的增长已令企业开始关注数据存储、传输和处理过程中所用资源的效率和生产率。

### 5.4.1 电子信息机房发热处理

截止2010年，美国电子信息机房所消耗的电力已占到美国全部电力使用量的2%，预计到2020年，这一数字将激增到9%。在所消耗的电力中，有很大一部分是为了满足网络电子设备与建筑物设备运行的需要。电子设备会产生大量的热，这是电子信息机房所面临的主要问题之一。随着温度的升高，IT硬件的可靠性大幅降低。据估计，温度每升高10℃（18℉），电子设备的长期可靠性将降低50%。

电子信息机房运行所依赖的一些核心网络电子设备产生的热量正是导致其效率和寿命降低的因素。配件的频繁更换导致垃圾填埋场的废弃物增多，同时也提高了电子信息机房的运行成本。随着刀片服务器等高密度电子设备的使用越来越普遍，一台典型服务器的成本将低于支持其运行的散热成本。

为了控制空气流动，大多数电子信息机房都采用了分开冷通道（电子设备）和热通道（地下布线和无源布线）的模式。这种模式中，冷空气的送入和热空气的排除都受到很好的控制，使得散热设备的运行效率更高。值得指出的是，热量对无源布线（无论是UTP铜缆还是光缆）的影响，都要比对有源设备的影响小。

浪费在散热上的能源相当于浪费资源和金钱。由于气流管理效率低下，大型电子信息机房提供的散热量最高达到了设备所需散热量的270%。

为了减少这种浪费，应遵循下面几条关于热管理的布线黄金法则：

（1）使用通用布线系统避免气流阻塞。在无源系统中，使用通用布线系统将极大减少电缆用量，从而缓解通道拥挤和气流阻塞情况。空气流动的空间越大，热空气排除和冷空气循环所耗费的能源就越少。通用布线是指使用主干电缆将大量光缆或铜缆敷设至一个区域，然后再在电子设备区域分成若干小段电缆。

（2）合理设计和管理架空地板下的电缆。高压电缆敷设在冷通道的地板下，低压通信线缆放在机柜下或直接放在热通道地板下。

（3）减少天花板的数量，或只是在有源机柜上方放置天花板。

（4）结构化的考虑。当电缆盘中的一根电缆被正在传输信号的其他线缆包围时，很难拆除该电缆，因为不愿意冒通信中断的风险。系统操作员通常会决定在旧电缆上再敷设一根新电缆——这将造成气流通道堵塞，增加通风空调系统（HVAC）的工作负荷。使用主干电缆则无需扰动链路，在靠近电子设备的布线区就能完成全部配置，系统中断的风险非常有限，总体工作量也大为减少，因此应当优先考虑这种布线方式，采用开放式通风桥架。

（5）采用多芯光缆。和多根单双芯光缆相比，多芯光缆能提供更高的密度。

### 5.4.2　布线系统应满足未来的需求

一旦主干电缆敷设到位，它就成为系统主干，将持续运行很多年。电子设备和软件的更换周期一般是3~5年，布线系统的更换周期则长得多，因为将电缆穿入和拉出运行中的系统并非易事。这意味着目前安装的布线系统必须满足将来很长一段时间的需要。大多数电子信息机房在为10Gbit/s传输速率进行规划，OM3光缆和6A类铜缆布线能够在电子信息机房的典型距离上达到该速率。

对于以10Mbit/s/100Mbit/s/1000Mbit/s速度运行的电子信息机房，6类电缆似乎适合其需求。但是，如果要考虑在未来3~5年支持万兆波特率应用而进行网络升级，则应安装更高带宽的6A类或7类铜缆。这种铜缆能提供高性能传输，支持设备端如服务器和存储设施万兆波特率的传输连接。此外，正确考虑光缆芯数也至关重要。例如，在100GbE传输的方案中，使用10芯光缆作为发射信道，再使用另外的10芯光缆作为接收信道。对于系统设计者而言，这意味着电子信息机房内的很多位置至少必须拥有24芯光缆，才能确保有能力运行并行光缆。

据预测，大约70%的电子信息机房仅4年后就更换了布线系统。延长布线系统的使用寿命能使初期的IT采购决定变得更加容易，因为可以降低再次采购的成本。安装优质的布线系统将减少将来的材料浪费以及与电缆更换带来的麻烦和相应成本。

电子信息机房设计者在选择铜缆和光缆时，除了要考虑电缆所能提供的带宽外，还必须综合考虑初期电子设备投资与散热量和维护所带来的长期成本。

## 5.5 电子信息机房布线系统产品

针对企业级电子信息机房区别于普通商业建筑的一些特殊或更严格的需求，以安普布线为基础设计和开发的专利技术的高密度铜缆MRJ21双绞线布线系统、高密度的光纤MPO（最大能量的输出量）布线系统（如图5-3所示）以及电子信息机房线缆管理Hi－D系统，在减少系统停机时间和减小设备空间以及布线管理等方面提供了良好的电子信息机房解决方案。这种解决方案不但节省机柜、管道的空间，也能提升整个电子信息机房布线的密度和布线的安装效率。预端接的主干电缆、模块化的耦合器插盒以及集中的连接电缆提供了简单的即插即用的安装，同时减少了电子信息机房迁移过程中电缆的浪费，更加环保。高密度连接器在很小的空间提供更多的端口，其高可靠性提供真实的数据传输。

图5-3 MPO电子信息机房布线

结合安普布线AMPTRAC智能布线管理系统，安普布线电子信息机房的铜缆和光纤系统解决方案提供了一个智能的布线网络，实时地跟踪布线系统和连接器件并减少宕机时间。同时，安普布线还为电子信息机房布线提供高密度的线缆管理系统，系统具有高密度、美观整洁、方便散热等特点，支持水平和垂直两种管理方式，为电子信息机房有序、整齐的线缆管理提供可靠的解决方案。

### 5.5.1 高密度光纤系统产品

安普布线MPO（多芯光纤插件）高密度光纤连接系统，可以快速方便地安装高效电子信息机房和存储区域网络。顶端接光缆组件和接线盒的结合使安装易如反掌。在机架或墙壁安装的机箱中安装接线盒，拉好或布好干线光缆，然后把MPO连接器插入接线盒中，网络在几分钟内就可搭好并运转。不需要工具箱，没有消耗件，没有现场端接，不需要培训，使总开支达到最低。另外，由于光缆和接线盒全部在工厂端接和测试，所以用户所需的高性能是内嵌在产品中的。

**1. MPO 干线连接光缆**

MPO 干线连接光缆是一个具有工厂端接和测试的高密度插拔式 MPO 接头的光缆。每个接头有 12 芯光纤，最多可支持 72 芯光纤。可提供各种长度（10～300m）和光纤类型（OM1、OM2、OM3 或 OS1）。

**2. MPO 模块插盒**

MPO 模块插盒如图 5-4 所示，是 MPO 和标准接口（例如 LC、SC、MT－RJ）之间的转换。安装在 19inch（1inch＝2.45cm）布线板（每 1U 最多可安装 3 个模块插盒）或墙面安装布线箱中（最多可安装 6 个模块插盒）。每个模块插盒支持 12 芯或 24 芯光纤。每 1U 可安装 72 芯光纤。

图 5-4　MPO 模块插盒

**3. MPO 扇形光缆跳线**

MPO 扇形光缆跳线可连接光缆到各芯光纤。使用 MPO－MPO 连接器，可为 LC、双工 SC、MT－RJ 或 ST 型插头。这种跳线可减少布线板数量。

## 5.5.2　高密度铜缆布线系统产品

**1. 安普 MRJ21 连接系统**

安普 MRJ21 连接系统是一种高密度、高性能、模块化的铜缆布线系统。它使用配套的高性能 24 对电缆和连接器，可以支持多种应用，一条电缆最多甚至支持 12 个端口。MRJ21 连接系统支持所有即插即用环境，包括电子信息机房或开放的办公室环境等。在利用印制电路板安装方案的时候，MRJ21 连接系统比传统的模块化插头/接口可以实现高得多的端口密度，从而节省设备端口的成本。

MRJ21 连接系统提供可独立应用的铜缆布线平台，包括千兆以太网、IP 语音及以太网供电系统等。

MRJ21 连接器和电缆的尺寸很小，可以减少对线槽和空间的占用，在细小的空间中提供更高的端口密度。工厂中端接并经测试的模块盒及布线架为现场安装提供性能保障，并可以实现快速安装及变更，同时对系统移动、增加和变更的性能也可以提供保证。

其模块化的解决方案可以显著的节省安装时间，从 2 对线应用的 10/100Base－T 迁移到 4 对线应用的千兆以太网平台的时间也可以大大的节省，同时，升级也可以简单地通过插拔模块盒来完成，电缆仍旧被保留和使用。

模块盒和布线架将高性能的 24 对方案转换成合适的线序以支持 10/100Base－T、千兆以太网和其他的应用。

安普 MRJ21 连接系统可提供各种常见长度的电缆组件，通过插拔安装方法，使得系统实施更加迅速。

（1）MRJ21 连接电缆。MRJ21 连接电缆采用 48 针 MRJ21 连接器端接到 24 对高性能的信息电缆。这种电缆经过工厂端接和测试，各种长度（1～90m）和不同电缆外皮（PVC 和 Plenum）电缆都有，具有反极性保护。

（2）MRJ21 模块插盒。MRJ21 模块插盒用于实现 MRJ21 和 RJ45 接口之间的转换。6 端口模块插盒用于 1000Base－T（4 对工作线），12 端口模块插盒用于 10/100Base－T（2 对工作线）。还提供全集成的 19inch（1inch＝2.45cm）布线架，每 1U 可安装 48 个 RJ45 端口。

(3) MRJ21扇形电缆组件。MRJ21扇形电缆组件的应用针对性强，具有MRJ21到6个RJ45插头（1000Base-T，4对）、MRJ21到12个RJ45插头（10/100Base-T，2对），可用于楼宇“服务显示”和减少单独连接线的数量。

(4) 冷却性能好。目前，高密度计算系统例如1U服务器和整合式刀片服务器的加速应用大大提高了企业电子信息机房的电源消耗量和散热量，因此，需要采用智能布线的方式提高空间利用率和空气流通性，从而降低室内温度以达到冷却效果。过去，42U机架的总体平均耗电量约为2~7kW。与此相比，随着新一代刀片式服务器的应用，机架的平均耗电量大大增加，其最高热负载也相应提高到25kW。MRJ21连接系统通过智能布线系统保证了机房的冷却性。

(5) 高密度接线，高效电缆管理。为了满足各组织想在更小的电子信息机房环境空间内提供更多性能，同时达到降低耗电量目标的需求，安普布线为这些环境专门开发了集中式产品系列，该系列产品可在降低耗电量的同时，达到保证高密度性能、无缝移植及用户灵活性的设计目标。

产品具有以下优点：机架和活动地板内气流更加通畅；低耗电量；允许存在高性能价格比的低温和高温分区。

通过采用智能布线方式提高空间和空气流通性能，可以将冷却重点放在需要高散热量的区域，而不必浪费在冷却传统的无源电缆系统上。

通过采用预端接系统，能够提供灵活性的优点，使系统能够在数分钟内完成添加、移动和变更操作。

**2. 安普∑-Link链路**

安普∑-Link链路是一个工厂预端接的铜缆布线系统，它将几根端接完模块的铜缆绑定在一起，铜缆模块端口集成安装在一个基座中，再安装到专用的配线架上。

安普∑-Link预端接链路干线采用屏蔽6A、7A类或非屏蔽6类电缆，采取预绑定方式，长度为2~90m。可以端接的方法有：

1) 端接盒至端接盒；

2) 端接盒至模块盒；

3) 一端端接至模块盒，另一端没有端接。

安普∑-Link预端接链路产品特点为：

(1) 独特的设计特点：

1) 一个系统可以满足所有的性能等级（6类、6A类和7A类）。

2) 带有POF光缆的端口追踪。

3) 一体化的绑扎。

4) 适用安普XD高密度机架。

(2) 对安装成本有一定影响。

(3) 给数据中心的客户带来的优势有：

1) 快速的安装更改。

2) 高性能，高带宽。

3) 可重复使用。

用户可根据数据传输需求来设计系统。采用MRJ21系统可以满足1Gbit/s的高密度链接；采用∑-Link 系统可满足 10Gbit/s 的高密度链接。

与传统的布线解决方案相比，安普布线高密度接线系统有更多的优点：最高可节约 20% 的占位面积；维护时间降低 10% ~20%；耗电量最高可降低 5%；总体成本节约可高达 20%。

安普布线高密度的布线产品为电子信息机房大大节省了空间、安装时间，预端接的电缆更可重复使用多次，同时，电子信息机房电缆外皮采用更加环保的低烟无卤（LSZH）材料，提供更加绿色环保的电子信息机房布线系统。结合安普布线智能布线管理系统，使得电子信息机房中布线管理更加方便、快捷，节省人力、物力以及时间成本。

## 5.6 电子信息机房通用布线系统安装验收

### 5.6.1 通用布线系统安装

**1. 信息点安装**

信息点预设置可分为墙面安装、机柜安装和地面安装三方面。墙面安装和机柜安装可在墙面或机柜内预埋管道和接线盒（包括过渡盒）。而对地面安装，建议先在地板下预埋金属线槽。

**2. 信息线路敷设**

电源线路可同信息线路平行铺设，但间距应大于等于 30mm，这样可向每一个用户提供一个包括数据、话音、电源及照明电源出口的集成面板。

信息线路敷设的方式有多种，一般信息线路敷设在地板下或机柜顶部的金属线槽内。为确保线路的安全，金属线槽应有接地措施。

线缆敷设前应对线缆进行外观检查。线缆的布放应自然平直，不得扭绞，不宜交叉，标签应清晰，弯曲半径应符合表 5-2 的规定。

表 5-2 线缆弯曲半径

| 线缆种类 | 弯曲半径与电缆外径之比 |
|---|---|
| 非屏蔽 4 对对绞电缆 | ≥4 |
| 屏蔽 4 对对绞电缆 | 6 ~10 |
| 主干对绞电缆 | ≥10 |
| 光缆 | ≥15 |

在终接处线缆应留有余量，余量长度应符合表 5-3 的规定。

表 5-3 线缆终接余量长度 （单位：mm）

| 线缆种类 | 配线设备端 | 工作端 |
|---|---|---|
| 对绞电缆 | 500 ~1000 | 10 ~30 |
| 光缆 | 3000 ~5000 | |

管线具体走线位置选定时还有一个重要因素就是与电力线缆和高功率用电设备、大楼的其他各种管线必须隔开一定的距离，其中对绞信息电缆与电力电缆的最小净距应符合表 5-4 的规定，对绞信息电缆与其他管线的最小净距应符合表 5-5 的规定。

**表 5-4　对绞信息电缆与电力电缆的最小净距**

| 条　　件 | 范　　围 | | |
| --- | --- | --- | --- |
| | < 2kV · A（< 380V） | 2 ~ 5kV · A（< 380V） | > 5kV · A（380V） |
| | 最小净距/mm | | |
| 对绞信息电缆与电力线平行敷设 | 130 | 300 | 600 |
| 有一方在接地的钢管中 | 70 | 150 | 300 |
| 双方均在接地的钢管中 | 见注 | 80 | 150 |

注：双方均在接地的钢管中，且平行长度小于 10m 时，最小间距可为 10mm。表中信息电缆如采用屏蔽电缆时，最小净距可适当减小，并符合设计要求。

**表 5-5　对绞信息电缆与其他管线的最小净距**　　m

| 管线种类 | 平行净距/m | 垂直交叉净距/m |
| --- | --- | --- |
| 避雷引下线 | 1. 00 | 0. 30 |
| 保护地线 | 0. 05 | 0. 02 |
| 热力管（不包封） | 0. 50 | 0. 50 |
| 热力管（包封） | 0. 30 | 0. 30 |
| 给水管 | 0. 15 | 0. 02 |
| 煤气管 | 0. 30 | 0. 02 |

对绞线在与 8 位模块式通用插座相连时，应按色标和线对顺序进行卡接。

走线架、线槽和护管的弯曲半径不应小于线缆最小允许弯曲半径，敷设应符合现行国家标准的有关规定。同时走线架内敷设光缆时，对尾纤应用阻燃塑料设置专用槽道，尾纤槽道转角处应平滑、呈弧形；尾纤槽两侧壁应设置下线口，下线口应做平滑处理；光缆的尾纤部分应用棉线绑扎。走线架吊架应垂直、整齐、牢固。

在水平、垂直桥架和垂直线槽中敷设线缆时，应对线缆进行绑扎。对绞电缆、光缆及其他信号电缆应根据线缆的类别、数量、缆径、线缆芯数分束绑扎。绑扎间距不宜大于 1. 5m，间距应均匀，松紧应适度。垂直布放线缆应在线缆支架上每隔 1. 5m 进行固定。

配线机柜、机架安装应符合设计要求，并应牢固可靠，同时应用色标表示用途。

### 5. 6. 2　信息布线施工验收

信息布线系统验收应包括下列内容：

1）检查配线柜的安装及配线架的压接。

2）检查走线架、槽的规格，型号和安装方式。

3）检查线缆的规格、型号、敷设方式及标志。

4）进行电缆系统电气性能测试和光缆系统性能测试，各项测试应做详细记录，并应填写电气性能测试记录表。施工交接验收时，施工单位应提交电气性能测试记录表。

## 5. 7　电子信息机房布线实例

### 5. 7. 1　电子信息机房整体规划

电子信息机房是公司信息处理的“心脏”，是全公司的通信网络中心，为保证中心机房承担的各项任务 24h 不间断地正常运行，必须在满足基本功能的前提下，为高性能计算机系统提供安全、稳定、可靠的工作环境。因此，安全、先进、实用是设计的第一个原则。

某公司电子信息机房面积约 1700m$^2$。整个电子信息机房共设计有 OM3 多模光纤信息点 1500 个，万兆单模光纤信息点 1500 个，6 类信息点 2000 个（不含办公区、运转中心）。

中心机房区域划分为：通信机房（接入式）、网络中心机房、设备机房、UPS 室、介质室、配电室、监控室、操作室、钢瓶室、备件室、办公区、会议室、值班室等。电子信息机房各功能区的设计必须考虑各种应用系统的需要，预留充分的信息点，设计灵活的布线方式。在选择布线线缆时，应充分考虑计算机网络发展对线路带宽的需要，以便为未来发展留下发展的空间。通用布线必须遵照“统一规划，协调发展，适度规模，短期稳定，持续发展”的原则，在满足目前信息系统需求的同时，仍然具有较好的拓展性。

电子信息机房规划区域为进线间、主干布线区、水平布线区和设备布线区。

电子信息机房拓扑结构如图 5-5 所示。

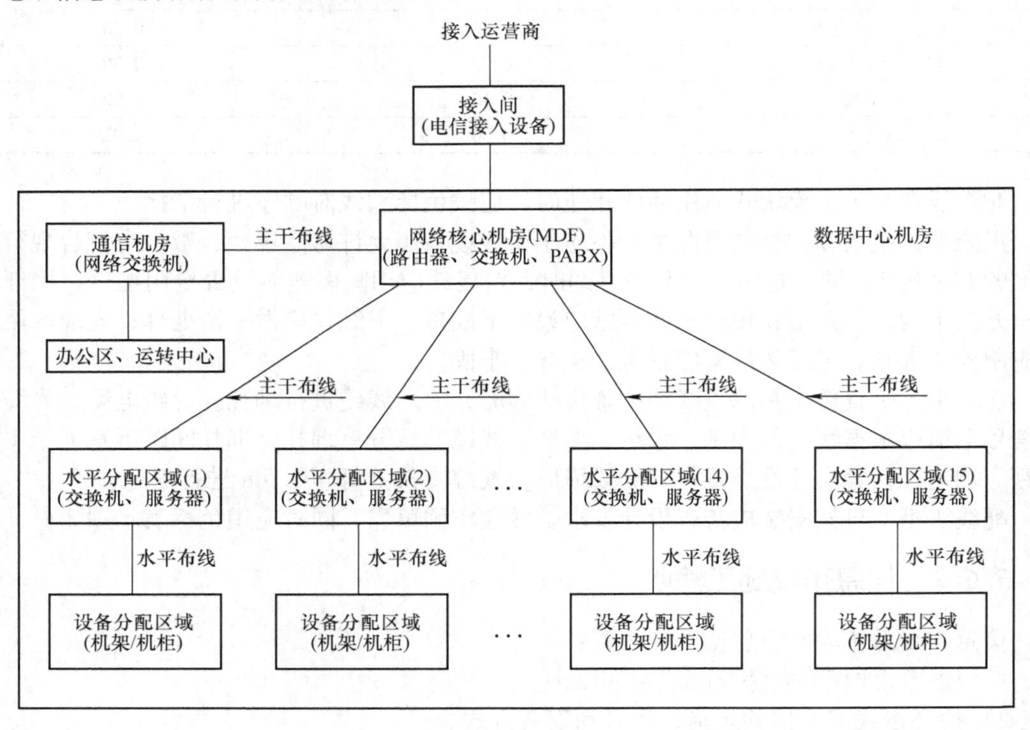


图 5-5　电子信息机房拓扑结构

## 5.7.2　进线间

进线间是电子信息机房布线系统和建筑布线系统之间的空间，也就是处于接入提供商和客户网络之间的系统。这个空间包括接入提供商所提供的划分硬件和设备。本项目进线间靠近电子信息机房。

## 5.7.3　电子信息机房

电子信息机房是通用布线系统信息布线的中心点。若设备直接连接到核心布线区，则这个区域需要设置在计算机机房内部；在多用户共同使用电子信息机房的情况下，网络核心机房应该使用专用的房间或区域用以保证其安全性。计算机机房的核心路由器、核心 LAN 交换机、核心 SAN 交换机和 PBX 设备将放置在网络核心机房，因为这个空间是整个电子信息机房布线系统的网络中心。接入提供商提供的设备通常放置在网络核心机房而不是进线设备间，以避免由于线路长度的限制而需要建立第二个进线设备间。

本项目电子信息机房由 15 个机柜组成，在管理区维护上经常进行机柜之间的直接光缆跳线，这给维护管理及跳线带来极大麻烦（机柜间跳线要掀开活动地板进行地板下光纤机柜间跳线）。本系统采用动态光纤布线架，在此 15 个机柜间互联一个 12 芯 MPO 带状光纤布线架接口，形成网状网格连接，这样可以方便地就近跳接就可以连接到其他管理区的机柜或机架光网络设备上了。每个部分采用 288 芯高密度标准 19inch 4U 光纤跳线架，用于光缆机柜内的端接。另外网络核心机房布 1 根 100 对三类语音电缆到通信机房。

### 5.7.4 水平布线区

本项目水平布线区共划分为 15 个分区，由 15 个主机柜组成。水平布线区每个主机柜区布置 1 根 48 对多模光纤、1 根 48 对单模光纤和 24 根 6 类双绞线至网络核心机房，主机柜下设 5 个设备布线机柜。

水平布线区包括水平交叉连接作为布线至设备布线区的布线点。水平布线区为设在设备布线区的终端设备所服务，它通常包含 LAN 交换机、SAN 交换机，键盘/视频/鼠标（KVM）切换设备。

### 5.7.5 设备布线区

设备布线区是布线给终端设备的空间，包括计算机系统和通信设备、交换机和刀片服务器或服务器和外围设备。

每个设备布线区的机柜配置一个 24 口快接式配线架，每个水平布线区的主机柜设置 5 个 24 口快接式配线架。为一些应用（如无线接入点，IP 摄像机和自动控制系统等）考虑的线缆也要规划并在此端接好。配线架之间的水平布线采用 6 类低烟无卤线缆。本项目设备布线区共有 100 个机柜组成。

### 5.7.6 结束语

本工程采用了综合布线领域中的较高端及先进技术产品，也完全满足最新的 EIA/TIA942 电子信息机房通用布线系统的标准，为整个网络系统的安全性、可靠性、宽带性、管理性、拓展性和先进性奠定了坚实的基础。

# 第6章 电子信息机房灾害防护与消防

## 6.1 电子信息机房灾害防护

电子信息机房防护系统的作用主要是为电子信息设备提高一个安全且可靠的运行场所。该场所既要保证电子信息系统的各个设备能可靠地运行，不因意外事故而导致停机甚至毁坏，还要保证操作人员和维修人员有一个安全、舒适的工作环境。

### 6.1.1 机房灾害的种类

根据国内外情况看，对计算机构成灾害的原因大致上可分为以下几类。

（1）天灾：洪水、地震、风灾、电击、火灾等。

（2）人灾：非法闯入、工作不慎等，如盗窃、电击、人为水灾、火灾等。

（3）事故：计算机故障等。

（4）干扰：静电干扰、磁干扰、电磁干扰等。

（5）其他：蚂蚁、老鼠及其他虫害，化学污染、腐蚀等。

### 6.1.2 机房灾害防范措施

针对以上各类主要灾害，一般采取如下防范措施。

**1. 非法闯入**

对于非法闯入现象，在机房建筑结构设计、平面设计中应考虑人流的进出路线，各类门的设置位置、开向等；采用出入口控制系统、视频监控系统、开门示警系统等安全保卫措施。

**2. 电击**

电击是指由于电流通过人体而造成的一种伤害。其危险主要来自带有危险电压的设备和零、部件。一般包括两个方面：一类是计算机本身；另一类是计算机机房内的电力设备。因此，为了防止电击的发生，在配电设计、施工时，应严格按照电气设备设计、安装的规范执行，做好接地工作、安全保护工作，以确保人身和设备的绝对安全。

**3. 电磁辐射**

在计算机系统中，如有某些设备可能会产生某些辐射，如红外线、无线电波、噪声、高强度的可见光、紫外线等，应采取相应的保护措施或采取必要的隔离措施。

**4. 化学危害**

化学危害主要指大气污染。机房通风设备应采用高效过滤设施，机房内建议设置空气净化器，过滤掉有害气体。机房内不允许存放任何化学剂、化学物品及易挥发的有害气体。

**5. 水害**

电子信息系统水害主要指机房中漏水产生的危害。机房应有防漏水措施：

1）有暖气装置的计算机机房，沿机房地面周围应设排水沟，应注意对暖气管道定期检查和维修。

2）位于用水设备下层的计算机机房，应在吊顶上设防水层。

3）机房应设漏水检测装置。以便及时发现问题，发出警报，以减少甚至避免伤害。

**6. 鼠虫害**

蚂蚁、老鼠等小动物的破坏是造成计算机设备出现故障的因素之一，其主要表现是，蹿入机房的鼠虫咬坏电缆、其分泌物或排泄物对设备产生损害，这类灾害所造成的系统故障难以查找，系统恢复工作往往也非常困难。

电子信息机房应采取防鼠害和防虫害措施。如在建筑上应尽量减少不必要的洞口，主要的通风管道内应安装金属网，所有线缆应尽量铺设在线槽、线管内，机房工程中应尽量避免使用木材，所使用的木材必须进行严格的检查、验收，并进行必要的灭虫处理。

在易受鼠害的场所，机房内的电缆和电线上应涂敷驱鼠药剂。

电子信息机房内应设置捕鼠或驱鼠装置。

**7. 静电危害**

静电产生的根本原因就是物体和物体之间的相互摩擦，即摩擦起电。

（1）在电子信息机房内与产生静电有关的因素主要包括以下几个方面。

1）机房内的相对湿度；

2）机房内的架高地板；

3）机房内的办公设施；

4）机房内工作人员的服饰。

（2）计算机静电故障的特点有：偶发性、随机性，重复性极差，并与家具、工作人员、地板、空气湿度等因素有密切关系。

（3）减少静电危害的措施：由于静电是摩擦产生的，故机房完全消除静电是不可能的。为把静电压限制在计算机能够承受的范围内，可将机房内部金属部分的可靠接地，使计算机的正常运行不至于受静电的影响而遭到破坏。

## 6.2　电子信息机房消防

从国内外的情况来看，火灾是计算机机房可能遇到的各种灾害中，发生次数最多、危害最大的灾害之一。电子信息机房的火灾防护十分重要，避免火灾破坏和通信中断最有效的方法，就是获得火灾的早期预警。应切实贯彻“以防为主，防消结合”的原则，而且立足于提高自身防火、灭火能力，以自救为主，以灭初期火灾为主，力争做到早发现、早报警、早扑灭。

信息机房设备的特点：

（1）易燃：通信设备包含大量塑料和纸质元件，这些易燃物质会迅速燃烧并产生热量、浓烟和腐蚀性气体。

（2）敏感：机房设备只能在很窄的温度、湿度范围内工作。烟雾、腐蚀性气体和水都会对设备造成损害。

### 6.2.1　建筑防火

**1. 电子信息机房的耐火等级和要求**

电子信息机房的耐火等级要求应符合现行国家标准的规定：

（1）C类安全机房和一般的已记录媒体存放间，其建筑物的耐火等级应符合《建筑设计防火规范》中规定的二级耐火等级。

与C类安全机房相关的其余基本工作房间及辅助房间，其建筑物的耐火等级不应低于《建筑设计防火规范》中规定的三级耐火等级。

（2）B类安全机房和重要的已记录媒体存放间，其建筑物的耐火等级必须符合《高层民用建筑设计防火规范》中规定的二级耐火等级。

（3）A类安全机房和非常重要的已记录媒体存放间，其建筑物的耐火等级必须符合《建筑设计防火规范》中规定的一级耐火等级。

（4）与A、B类安全机房相关的其余基本工作房间及辅助房间，其建筑物的耐火等级不应低于《建筑设计防火规范》中规定的二级耐火等级。

（5）A、B类安全机房应符合如下要求：

1）计算机机房装修材料应符合规范规定的难燃材料和非燃材料，应能防潮、吸音、不起尘、抗静电。

2）活动地板：

① 计算机机房的活动地板应是难燃材料或非燃材料。

② 活动地板应有稳定的抗静电性能和承载能力，同时具有耐油、耐腐蚀、柔光、不起尘等性能。具体要求应符合《计算机机房用活动地板技术条件》。

③ 异型活动地板提供的各种规格的电线、电缆进出口应做得光滑，防止损伤。

④ 活动地板下的建筑地面应平整、光洁、防潮、防尘。

⑤ 在安装活动地板时，应采取相应措施，防止地板支脚倾斜、移位以及横梁坠落。

**2. 防火分区**

当电子信息机房与其他建筑物合建时，应单独设置防火分区。

如主机室和机房可设置为两个防火分区。防火分区应采用耐火极限不低于0.5h的隔墙和门，吊顶的耐火极限不应低于0.2h，围护构件及门窗的允许压强不宜小于1.2kPa。

**3. 安全出口**

电子信息机房的安全出口不应少于两个，并宜设于机房的两端。门应向疏散方向开启，并应保证在任何情况下都能从机房内打开。

**4. 疏散指示**

走廊、楼梯间应畅通并有明显的疏散指示标志。

**5. 装饰材料**

主机房、基本工作间及第一类辅助房间的装饰材料应选用非燃材料或难燃材料。

**6. 易燃物品**

机房内所使用的纸、磁带和胶卷等易燃物品，要放置于金属制成的防火柜内。

### 6.2.2　灭火系统

**1. 气体灭火系统**

电子信息机房常用洁净气体灭火系统，包括七氟丙烷（HFC-227ea）灭火系统、烟烙尽（IG541）灭火系统和二氧化碳灭火系统等。

（1）七氟丙烷在常温下是气态，无色无味、不导电、无腐蚀、无环保限制，大气存留期较短。灭火机理主要是中断燃烧链，灭火速度极快，这对抢救性保护精密电子设备及贵重物品是有利的。七氟丙烷的无毒性反应浓度为9%，有毒性反应浓度为10.5%。七氟丙烷的设计浓度一般小于10%，对人体安全。

七氟丙烷灭火系统可采用全淹没灭火方式和组合分配系统，为确保其安全、可靠、有效的灭火功能，管网应尽可能均衡布置。

如采用七氟丙烷灭火系统，一个防护区的面积不宜大于100m²；容积不宜大于300m³。

灭火剂的喷射时间不宜大于7s。

（2）烟烙尽是氮气、氩气和二氧化碳以52∶40∶8的体积比例混合而成的一种灭火剂，它的三个组成成分均为大气基本成分。无色无味、不导电、有腐蚀性、无环保限制，在灭火过程中无任何分解物。烟烙尽的无毒性反应浓度为43%，有毒性反应浓度为52%。烟烙尽的设计浓度一般小于40%，对人体安全。

（3）二氧化碳的灭火机理是通过向一个封闭空间喷入大量的二氧化碳气体后，将空气中氧的含量由正常的21%降低到15%以下，从而达到窒息中止燃烧的目的。然而，二氧化碳的这种窒息作用对人体有致命危害，其最小设计灭火浓度34%大大超过了人的致死浓度，危险性极大，故在经常有人的场所不宜使用。如需使用，在气体释放前，人员必须迅速撤离现场。

**2. 自动喷水灭火系统**

自动喷水灭火系统是用水作为灭火介质来灭火的。目前常采用的自动喷水灭火系统有高压细水雾灭火系统和自动喷水灭火系统。

**3. 灭火系统的设置**

电子信息系统机房应根据机房的等级设置相应的灭火系统，并应按现行国家标准《建筑设计防火规范》、《高层民用建筑设计防火规范》和《气体灭火系统设计规范》的要求执行。

A级电子信息机房的主机房应设置洁净气体灭火系统。

B级电子信息机房的主机房，以及A级和B级机房中的变配电、UPS和电池室，宜设置洁净气体灭火系统，也可设置高压细水雾灭火系统。目前主要用二氧化碳或卤代烷灭火。

C级电子信息机房以及规范中规定区域以外的其他区域，可设置高压细水雾灭火系统或自动喷水灭火系统。自动喷水灭火系统宜采用预作用系统。

气体灭火系统的灭火剂及设施应采用经消防检测部门检测合格的产品。

自动喷水灭火系统的喷水强度、作用面积等设计参数，应按现行国家标准GB 50084—2001《自动喷水灭火系统设计规范（2005年版）》的有关规定执行。

电子信息机房内的自动喷水灭火系统，应设置单独的报警阀组。

电子信息机房内，手提灭火器的设置应符合现行国家标准《建筑灭火器配置设计规范》的有关规定。灭火剂不应对电子信息设备造成污渍损害。

A、B、C级电子信息机房除针对纸介质等易燃物质外，还禁止使用水、干粉或泡沫等易产生二次破坏的灭火剂。

**4. 气体灭火系统的安装**

气体瓶站应在专业技术人员监督之下进行安装和调试，全部设备均应固定在专用支架上，应能承受灭火剂释放时所产生的冲击，压力表的位置要便于观察，泄压口要避开操作人员方向。

管网采用镀锌无缝钢管，螺纹连接，管接头选用高压管件，整个管路采用支吊架固定，管道施工应符合国家规范《工业管道工程施工及验收规范》的规定。

气密性和连接强度试验可采用压缩空气或氮气进行，但应采取相应的安全措施。

进行气密性试验时，要缓慢升压，压力达到试验值后，应切断进气口，3min 内压降应小于等于 10% 。

进行连接强度试验时，应保压 1min，观察连接处，不得产生变形、裂纹和其他形式破坏。

**5. 灭火系统的操作控制**

灭火系统应具有自动、手动和机械应急操作三种启动方式。

当无人时采用自动控制，由两路火灾探测器同时报警后，通过火灾自动报警控制器自动启动灭火系统灭火。

当有人值班时，采用手动控制，人工确认火灾后按动手动按钮，通过自动报警控制盘启动系统灭火。

当自动和手动启动装置失灵而发生火灾时，应到气体储瓶间进行机械应急操作。

### 6.2.3 火灾自动报警系统

**1. 火灾自动报警系统的组成及火灾探测**

火灾自动报警系统由火灾探测器和报警控制器、报警器等组成。火灾探测器又有烟感探测器、温感探测器、复合探测器等。

在火灾探测器探测到火灾或由手动报警时，报警控制器会发出控制信号驱动报警器报警，同时控制灭火系统工作。

但是电子信息机房的火灾探测因为下列原因较为困难：

（1）设备包装：通信设备通常安装在机柜内，机柜内装有风扇、空调设备或者水冷系统以使温度保持在安全范围。这些机柜对于现场工作的烟雾探测器的传输时间产生的负面影响包括：

1）机柜会限制烟雾流动，延长烟雾离开火源到达安装在天花板上的探测器的时间。

2）内部风扇和空调系统会稀释和冷却烟雾，降低它的浮力。这将引起烟雾分层，使得现场工作的探测器额外延长反应时间。

（2）空调系统：烟雾的传输还可能被空调系统阻挡，空调系统通常使用每小时 15 ~ 60 次的换气率。这种换气率对现场方式工作的探测器有几方面的负面影响：

1）烟雾被稀释，因此需要很长时间才能达到触发探测器所需要的烟雾浓度级别。

2）空调系统的通风会把烟雾推入或推出探测器。

（3）电缆：经过防火剂处理，可以阻止火势蔓延，但其燃烧产物更具有腐蚀性。与以往相比，通信室内设备和空调系统有所增加，烟雾的传输和扩散更加困难。在这种情况下，传统烟感探测器难以实现有效探测。另外，人们常常认为传统探测器能够准确地找出火源的位置，但实践证明，由于空调系统、设备和房间设置的影响，传统探测器往往在火灾已经发生时才能产生警报。

**2. 火灾自动报警系统的设置**

电子信息机房应设置火灾自动报警系统，并应符合现行国家标准《火灾自动报警系统设计规范》的有关规定。

电子信息机房分为几个防护区，如主机房为第一防护区；配电间、电池间为第二防护区。一台气体控制器应能控制两个防护区。

A、B级安全机房应设置火灾报警装置。在机房内、基本工作房间内、活动地板下、吊顶里、主要空调管道中及易燃物附近部位应设置感烟、感温探测器。

凡设置二氧化碳或卤代烷固定灭火系统及火灾探测器的电子计算机机房，其吊顶的上、下及活动地板下，均应设置探测器和喷嘴。

主机房宜采用感烟探测器。当设有固定灭火系统时，应采用感烟、感温两种探测器的组合。

采用管网式洁净气体灭火系统或高压细水雾灭火系统的主机房，应同时设置两种火灾探测器，且火灾报警系统应与灭火系统联动。

机房内应设置警笛，机房门口上方应设置灭火显示灯，以便火灾报警时人员及时撤离。

手动报警按钮、紧急启停按钮及手动自动转换开关安装在防护区门外，离地高度为1.3～1.5m，便于工作人员操作。

灭火系统的控制箱（柜）应设置在机房外便于操作的地方，且应有防止误操作的保护装置。一般灭火控制器应安装在墙上，其底边距地（楼）面高度宜为1.3～1.5m，落地安装时，其底宜高出地平面0.1～0.2m，其靠近门轴的侧面距墙不应小于0.5m，正面操作距离不应小于1.2m。

灭火控制器应能将火灾报警信号、喷放动作信号及故障报警信号反馈至消防控制中心。

控制导线采用单芯阻燃电线ZR－BV1.0，信号传输用ZR－BV1.5电线，电线管保护要保证接地良好。

所有布线应采取穿金属管保护，并宜暗敷在非燃烧体结构内，如明敷时应外涂防火涂料保护。

火灾报警系统和自动灭火系统应与空调、通风系统联动。空调系统所采用的电加热器，应设置无风断电保护。

灭火控制器应在灭火设备动作之前，联动控制关闭机房的风门、风阀，并应停止空调机和排风机，切断非消防电源等。

凡设置洁净气体灭火系统的主机房，应配置专用空气呼吸器或氧气呼吸器。

## 6.3　消防系统的施工及验收

### 6.3.1　火灾自动报警系统

**1. 灭火控制器**

灭火控制器不得装在防护区内，应装在有人值班的地方（如值班室、消防中心等）或防护区门外，也可以装在气体贮瓶间门外，尽量不要装在气体贮瓶间内。安装时，其底边距地面高度宜为1.3～1.5m。靠近门轴的侧面距离不应小于0.5m，正面操作距离不应小于1.2m。

**2. 声光报警器和放气指示灯**

声光报警器和放气指示灯应安装在防护区门外的正上方的同一水平线上，间距一般是10mm。

消防警铃一般装在防护区门内的正上方，或防护区内显眼、无遮挡的位置，以便火灾时指示人员疏散。

手动控制按钮一定要装在防护区门外，非门轴的一侧，以免门打开时被遮挡，离地高度为1.3~1.5m。

**3. 火灾探测器**

火灾探测器应按设计图样分布定位而无需计算各探测器的间距，但数量不得小于图样标示。

点型火灾探测器的安装位置应符合下列规定：探测器至墙壁、梁边的水平距离，不应小于0.5m。探测器周围0.5m内，不应有遮挡物。探测器至空调器送风口边的水平距离不应小于1.5m；至多孔送风顶棚孔口的水平距离不应小于0.5m。梁突出顶棚的高度超过600mm时，被梁隔断的每个梁间区域至少应设置一个探测器，而当梁间的净距小于1m时，可不计梁的影响。

**4. 线管、线槽的走向**

根据各电器部件及联动设备定位来确定线管、线槽的最佳走向，并选定线管及线槽的规格。

**5. 线管和线槽的敷设**

线管、线槽的敷设应横平竖直，吊点或支点应分布均匀，距离不应大于1m。

线管或线槽接头处、接线盒两边0.2m内，走向改变或转角处应设置吊点或支点。

管路超过下列长度时，应在便于接线处装设接线盒：管子长度每超过45m，无弯曲时；管子长度每超过30m，有1个弯曲时；管子长度每超过20m，有2个弯曲时；管子长度每超过12m，有3个弯曲时。

管子入盒时，盒外侧应套锁母，内侧应装护口，在吊顶内敷设时，盒的内外侧均应套锁母。

线槽的直线段应每隔1.0~1.5m设置吊点或支点，在下列部位也应设置吊点或支点：线槽接头处；距接线盒0.2m处；线槽走向改变或转角处。

吊装线槽的吊杆直径不应小于6mm。线管、线槽敷设完工后，才可开始布线工作。线管、线盒、线槽应均匀涂刷防火漆。

**6. 配线**

导线在管内或线槽内，不应有接头或扭结。导线的接头，应在接线盒内焊接或用端子连接。穿线前应先检查电线有无断路、破损，以避免返工。接线口侧必须装防护套，以免损伤电线。电线在管内或线槽内不应有接头，接头应在接线盒内焊接。一般情况下防护区距离不含超过100m的情况，无需在中间驳线。各电器部件的外接导线应留有不小于15cm的余量，控制器的外接线应留有不小于20cm的余量。

导线敷设后，应对每回路的导线用500V的兆欧表测量绝缘电阻，绝缘电阻值不应小于20MΩ。

**7. 系统设备安装**

火灾探测器、手动控制器、声光报警器、放气指示灯、消防警铃等应安装牢固，不得倾斜，必要时采取加固措施，可用一个24V灯泡代替电磁阀接入作模拟动作。

探测器应水平安装，当必须倾斜安装时，倾斜角不应大于45°。如防护区装有天花板时，应把探测器装在天花板的正中以保持美观。探测器的确认指示灯应面向便于观察的主要入口方向。接线前应用万用表10k电阻挡检查各导线的绝缘情况。控制器应安装牢固，不得倾斜。安装在轻质墙上时，应采取加固措施。

引入控制器的电缆或导线，应符合下列要求：配线应整齐，避免交叉，并应固定牢靠；电缆芯线和所配导线的端部，均应标明编号并与图样一致；端子板的每个接线端，接线不得超过2根；电缆芯和导线，应留有不小于20cm的余量；导线应绑扎成束；导线引入线穿线后，在管口处应封堵。控制器的主电源引入线应直接与消防电源连接，严禁使用电源插头；外接导线，当采用金属软管作套管时，外接导线的长度不宜大于2m，且应采用管卡固定，其固定点间距不应大于0.5m；金属软管与消防控制设备的接线盒（箱），应采用锁母固定，并应根据配管规定接地；各导线的两端一定要编号，端子板的每个接线端的接线不得超过2根；各电器部件的接线应牢固，并注意铜丝线不得碰到接线盒，以免引起故障；各防护区的线要分清楚，不得搞乱；逐个防护区接线完毕后，再用万用表检查有无相互短路及对地短路现象。

**8. 接地**

线管、线槽、设备的金属外壳，金属支架均应连为一整体作保护接地。

火灾自动报警与消防联动控制系统施工及验收应符合现行国家标准《火灾自动报警系统施工及验收规范》的有关规定。

### 6.3.2 气体灭火系统

（1）准备工作。安装前应先确定灭火装置的放置方位，原则是应方便安装、维护，必要时应校核地板的荷载。

（2）安装储存罐体。

（3）安装储存装置。

（4）检查支吊架是否牢固。

（5）一般选用固定管卡支吊架，支吊架采用角钢。

（6）支吊架的制作技术要求：

1）管道支吊架的制作必须按照施工图中的大样图和给排水标准图集中的样图进行。

2）管道支吊架的焊接应遵守金属结构焊接工艺，焊接厚度不得小于焊件最小厚度，不能有漏焊。

3）支吊架制作完毕后，其外表面进行除锈，再涂防锈漆两遍。

（7）支吊架安装的技术要求：

1）安装前的准备工作——放线定位。具体方法为：根据设计图样要求定出支吊架位置；根据管道的设计标高，把同一水平直管段的两端的支架位置画在墙上或柱上；根据两点间的距离和坡度大小，算出两点的高度差，标在末端支架位置上，在两高差点拉一根直线，按照支架的间距在墙上或柱上标出每个中间支架的安装位置。

2）支吊架安装。将制作好的支吊架用膨胀螺栓固定在指定的位置上，支吊架的受力部件膨胀螺栓的规格为M8×4，材质与规格必须符合有关技术标准规定。

3）支吊架横梁应牢固地固定在墙、柱、板或其他结构上，横梁长度方向应水平，顶面应与罐体、管体中心平行。

气体灭火系统施工及验收应符合现行国家标准《气体灭火系统施工及验收规范》的有关规定。

### 6.3.3 自动喷水灭火系统

对自动喷水灭火系统的施工及验收应注意以下几点：

1）自动喷水灭火系统配水管道上不应设置其他用水设施。

2）配水管道可采用内外壁热镀锌钢管或复合铜塑、钢塑、铝塑材质的管材并考虑防冻措施。系统管道的连接，应采用丝扣连接或沟槽式连接件（卡箍）。

3）系统的最不利点应设置末端放水阀和压力表。

4）室内配水干管管径不应小于40mm；配水支管管径不应小于25mm；末端试水装置的连接管管径不应小于15mm。

5）系统进水管应安装单向阀。

6）系统最高点宜加设自动排气装置。

7）管道安装后应进行水压试验和冲洗，水压试验压力不应小于0.6MPa。

自动喷水灭火系统施工及验收应符合现行国家标准《自动喷水灭火系统施工及验收规范》的有关规定。

# 第7章　电子信息机房监控与电子信息设备管理

## 7.1　电子信息机房监控

随着计算机技术、通信技术的不断发展和普及，计算机系统及其配套设备数量日益增多，计算机机房已成为各大单位的重要组成部分，其数量及规模不断扩大。机房作为信息枢纽，科学管理尤为重要。

### 7.1.1　电子信息机房监控的要求

机房内的动力环境设备（电源、供配电、空调通风、消防、安全防范等）必须时时刻刻为计算机系统提供正常的运行环境。因为机房动力环境设备一旦出现故障，就会影响计算机系统的运行，造成数据传输或存储故障。当事故严重时，会造成机房内计算机设备报废、现场计算机长时间瘫痪，后果不堪设想。因此，为了保证计算机系统安全、可靠地工作，对机房里的动力、环境设备，主机系统，图像监控系统等进行综合管理就显得十分必要。科学地管理电子信息机房，才能保证机房内的网络和计算机等高级设备长期、可靠、稳定地运行。

机房动力环境设备集中监控系统是相关人员管理机房不可或缺的重要工具。电子信息机房监控系统的应用，有利于机房的科学管理，提高了机房保障系统的可靠性，使机房管理人员对设备管理更加方便、高效，有利于实现机房无人值守。

目前，用户对于电子信息机房管理的重点都集中在防黑客或非法入侵、计算机病毒、网络故障、数据备份等方面，往往忽略了机房的环境变化可能产生的不可预见的后果，如机房的温度、湿度过高，电力系统不稳定，机房安全措施不完善致使非核心工作人员进出机房操作等造成隐患或故障而引发机房事故，从而导致不必要的经济损失。

机房区所有供电电源的质量好坏将直接影响机房设备的安全，因此，采用智能电量监测仪对机房市电进线的供电参数实行监测非常重要。

机房区域有火灾报警和消防联动控制系统、安全防范设施，需要对其进行监控，以便及时发现灾情和采取必要措施。同时可防止人员非法进入机房。

机房内的地板底下有诸多的漏水水源，如空调机组的冲洗水回路、排水管等。由于环境区地上电力、信息线路、地线、电缆纵横交错，如不慎发生漏水而不能及时发现并清除，后果将不堪设想。正因为环境漏水危害大，又不容易发现，对房间环境内的漏水状态进行实时的监测是十分必要的。

对于机房内精密的电子设备，其正常运行对环境温、湿度有比较高的要求。计算机机房环境条件的好坏，对充分发挥计算机系统的性能、延长机器使用寿命、确保数据安全性以及准确性是非常重要的。

### 7.1.2 机房监控的内容

一般机房监控的内容如下：

1）空调通风设备；

2）电源及供配电系统；

3）机房环境（温、湿度）；

4）消防设备（火灾报警系统和消防联动控制系统）；

5）安全防范（出入口控制系统、入侵报警系统、视频监控系统）；

6）漏水（监测报警）。

### 7.1.3 机房设备监控系统的组成

机房监控设备由探测器、控制器和报警器等组成。探测器的信号输入控制器，控制器输出控制信号到报警器，报警器发出报警信号。

机房设备监控系统采用分布式计算技术，通过 TCP/l P 网络实现对数量众多地域分散的各个机房中的设备进行集中监控，当检测到设备运行参数异常或设备故障时启动报警（支持电话、短信息、邮件、多媒体语音、声光等多种报警方式）处理流程，支持联动逻辑，即故障产生时自动启动关联控制流程，实现对设备的保护，并具备设备信息管理功能、故障诊断分析功能。

**1. 探测器**

探测器有温、湿度探测器、气压探测器、漏水探测器等。

**2. 控制器**

控制器可处理开关量和模拟量输入信号，并能通过输出通道对现场设备进行控制。由于采用通信接口和探测器内嵌式结构，控制器具有良好的适用性，可根据应用场合配置不同的内嵌式变送器模块，如交流电压、交流电流、直流电压、直流电流等。一般空调、柴油发电机、不间断电源系统等设备自身配带监控系统，控制器可和它们组成网络，交换信息。

**3. 报警器**

设备出现异常时，报警器会发出报警信号。报警方式有语音、灯光等形式。

### 7.1.4 机房监控系统产品

**1. 机房监控系统整体性能**

机房监控系统具体有以下优秀的性能：

（1）通用性：监控系统的设计符合国际工业监控与开放式系统设计标准。

（2）可靠性：监控系统具有良好的电磁兼容性和电气隔离性能，不影响被监控设备的正常工作。

监控系统具有专家诊断功能，对通信中断、软件故障能够诊断出故障并及时报警；监视各智能设备各部件的运行状态和工作参数；监控系统提供一年的历史曲线和事件发生记录，便于查询。

监控系统可以承受 365 天 ×24h 连续工作的压力，均采用工业级产品，可靠性极高。

监控系统网络通信协议符合国际网络协议标准，操作系统选用实时多任务管理的 Windows XP 操作系统，标准开放式的数据库接口，可支持各种类型的数据库，可满足从集中监控中心（CSC）到现场监控单元（FSU）的三层结构管理。

（3）兼容性：支持世界各著名厂家提供的智能设备，实现完美的监控。目前系统兼容设备的品牌有：STULZ、LIEBERT、RC、HIROSS、CanataI 等环境精密空调器；MGE、EX-IDE、SICON、LIEBERT、IMV 等 UPS。

（4）安全性：系统拥有强大的自检功能，可以对系统与各设备的状态和各设备的故障状态进行全面及时的检测；同时也对软件数据库、动态库等进行全面的自检。

该系统具有强大的多媒体技术，对各种设备的报警提供专家处理提示，报警形式丰富，包括屏幕报警、警铃报警、多媒体语音、短消息系统及信息报警系统等。

该系统具有强大的报警处理功能，可区分 10 级报警级别，报警事件发生时，系统按事件级别排队报警，显示处理，并将系统界面自动切换到相应的报警画面。

还具有强大的管理功能。对任一事件都针对环境的具体情况给出相应的处理提示，指导值班人员解决问题。软件系统的设计对系统管理和维护人员进行多级权限分类以区分限制各级别用户对系统的访问和操作能力。

同时，强大的网络管理功能，亦可根据用户需要全面监控主机、服务器、路由器等工作状态、数据流量、网络负荷。

严格的密码管理，确保系统运行安全。

可与视频监控等系统联动，直接在监控主机上实现事件录像、回放，并有火警自动开门功能。

系统具有防潮、防雷、防静电、防干扰等抗干扰功能，符合国际电工标准。

系统及设备出现故障不影响被监控的其他设备正常工作和功能控制，具有最好的安全隔离功能。

（5）开放性：在联网监控中，集中监控中心可挂接 256 个区域管理中心和现场监控单元，实际应用中不存在容量限制问题。

系统采用通用数据库，提供开放的数据接口。

对用户提供协议和接口的设备可以方便地连接。

（6）实时性：系统提供逐点传送（巡回传送）、有值变化传送、系统自动选择三种方式来传送数据，并根据实际需求选择恰当的方式，可以最大的提高系统的实时性。做到 1s 内完成本地数据采集，3s 内完成本地到区域和集中监控中心的所有命令响应、执行。

系统的低资源占用减少了大量的响应时间。

（7）可维护性：系统运行时可进行在线运行状态诊断和监测，能及时发现系统各功能单元故障情况，便于系统故障的维护处理。

软件系统的设计采用模块化结构和规范化标志，保证软件的可维护性要求。

系统软件通过设备组态、策略组态和页面组态的一体化实现系统的组建、维护和扩充。

（8）可扩充性：系统软硬件设计采用模块化可扩充结构及标准化模块结构，便于系统适应不同规范和功能要求的监控网络系统；由于系统采用设备配置、策略配置、软件模块配置模式构建，可在线平滑扩容、升级软硬件，保证系统的无间断安全运行的同时，不对其他站点、设备产生任何影响。

**2. 机房监控系统部件**

为有效进行监控管理，环境集中监控系统和数字录像系统对监控主机、操作系统、网络带宽等提出如下要求。

（1）机房监控系统的组成。机房监控系统由以下几部分组成。

1）监控主机：采用高可靠、高稳定的计算机。监控主机与各网络设备完成实时数据采集和控制，同时提供网络服务，便于工作站远程浏览访问各种信息。

2）操作系统：采用通用的、稳定性较好的 Windows XP 操作系统。Windows XP 是 Microsoft 公司推出的基于 Client/Server 结构的企业级操作系统，它是一个业界最具发展前途的多用户多任务网络操作系统。在性能上，可以与 UNIX 相比拟，但在使用、管理等方面都比 UNIX 更具优势。

3）数据库软件：采用通用的、稳定性好的 ACCESS 数据库。

4）监控软件：采用环境集中监控系统，该系统采用完全一致的显示界面。可以管理各种网络设备、智能设备及出入口控制（门禁）等，扩展性好；显示和处理完全分离，稳定且高效；提供基于 Web 的远程访问功能，所有操作可以在远程桌面上完成，使用方便，便于随时随地了解系统运行状态。

5）硬件设备：除监控主机外，系统配备了标准的智能模块、协议转换模块、信号处理模块、多设备驱动卡、串口服务器、监测传感器等智能设备。为了增强系统的功能，用户可根据需要选择配置多媒体声卡、智能电话语音卡、短信报警模块、视频卡等设备。

6）网络要求：系统提供逐点传送（巡回传送）、有值变化传送、系统自动选择三种方式来传送数据。在不需要传输视频信号的情况下，所需的网络带宽很小，约在 20～200Kbit/s，符合 TCP/IP 协议的网络均可。如传输视频信号，则每路视频信号所需要的带宽为 256Kbit～2Mbit/s（视画质和录像帧数而定）。

7）系统拓扑结构：系统由监控主机、计算机网络、智能模块、协议转换模块、信号处理模块、多设备驱动卡及智能设备等组成。为了增强系统的功能，用户可根据需要选择配置多媒体声卡、智能电话语音卡、短信报警模块、超级视频卡等设备。

图 7-1 所示为常见机房监控系统结构。

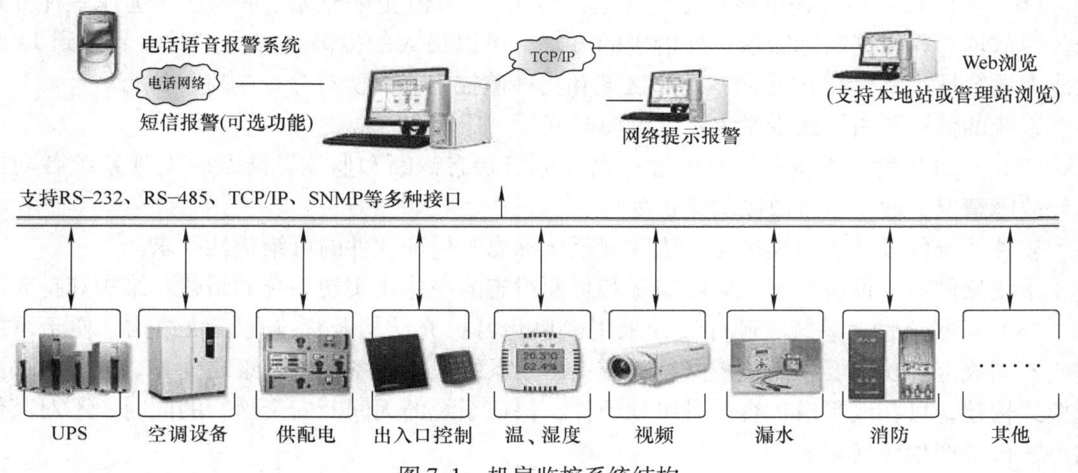


图 7-1　机房监控系统结构

如图 7-1 所示，监控主机设置可放置在操作室内。监控管理者可随时查看各设备运行状况，获取报警信息，亦可通过监控主机的浏览器监控到自己环境的实时情况。

（2）各监控子系统功能说明如下。

1）空调通风系统监控。在机房区，通常配置精密空调器。通过空调器自带通信接口，系统可实时、全面诊断空调状况，监控空调器各部件（压缩机、风机、加热器、加湿器、去湿器、滤网等）的运行状态与参数，并可远程修改空调器的参数（温度与湿度），并实现空调器的远程开关机。在厂家提供的通信协议基础上即可对各种参数如回风温度、回风湿度、温度设定值、湿度设定值、空调运行状态、风机运转状态、压缩机运行状态、加热器加热状态、加湿器加湿状态、风机过载报警、除湿器溢水、加热器故障、气流动故障、过滤器堵塞报警、温湿度过高/过低报警、制冷失效、加湿电源/缺水故障、压缩机低/高压报警等进行监测。系统一旦监测到有报警或参数越限，将自动切换到相关的运行画面。越限参数将变色，并伴随有报警声音，有相应的处理提示。对重要参数，可作曲线记录，用户可通过曲线记录直观地看到空调机组的运行品质。空调机组即使有微小的故障，也可以通过系统检测出来，及时采取措施防止空调机组进一步损坏。对严重的故障，可按用户要求加设各种报警方式实现多种报警。

2）电力系统监控。在相关区域安装智能电量检测仪（安装在配电柜面板上），可对机房的总输入电源柜电量进行检测。智能电量检测仪是集三相相电压、相电流、线电压、线电流、有功、无功、视在功率、频率、功率因数、电度等参数于一体的智能仪表。该表带有报警功能和通信接口，即可单独使用，亦能与计算机相连，将采集的参数送到计算机上，使用户能非常方便地读取配电的电流、电压，了解供电质量。用鼠标点击主画面的配电图标的配电参数菜单，即可查看所监测配电线路的参数，相应的参数存有历史曲线，可点击该参数下挂的历史曲线菜单查看历史曲线图。机房因电源问题引发的故障通常都能通过电量检测仪和设备历史曲线分析出故障原因，甚至可预防很多故障的发生。

对 UPS 监控可以将电量检测仪连接至其通信接口，实时地监测输入/输出相电压、输出电流、输出频率以及整流器、逆变器、旁路、负载等各部分的运行状态与参数。

通过蓄电池监控仪可对前端机房内所有的 UPS 电池进行监控，每个蓄电池监控仪能精确测量 34 节电池的电池电压、充放电电流、标示电池温度等。蓄电池监控仪可通过自带的智能通信接口及通信协议，在监控本地站统一实时监管。

蓄电池监控仪对用户关心的参数，可作曲线记录。用户可查询一年内的曲线，并可显示选定某天的最大值、最小值，使管理人员对蓄电池的状况有全面的了解。

如果某参数超出设定范围，系统即发出多媒体语音报警，并启动短信报警功能。状态指示灯交替闪烁显示报警，在事件窗内可看到哪个参数越限，点击该事件，显示界面自动切换到相应画面上。

通过分析有关参数的历史曲线，机房管理员能清楚地知道供电电源的质量是否可靠、完好，为合理地管理机房电源提供了科学的依据。

3）机房环境监测。对于机房内精密的电子设备，其正常运行对环境温、湿度有比较高的要求。计算机机房环境条件的好坏，对充分发挥计算机系统的性能、延长机器使用寿命、确保数据安全性以及准确性是非常重要的。

在电子信息机房的各个重要部位，应装设温、湿度传感器或温、湿度一体化传感器，它可记录温、湿度曲线供管理人员查询，一旦发现温、湿度越限则启动报警装置；也可安装气压传感器，以检测房间气压。温、湿度传感器及气压传感器可提醒管理人员及时调整空调机组的工作设置值或调整机房内的设备分布情况，同时系统记录下的曲线可供机房管理人员参考，以方便根据当地各季节的温、湿度状况适时调整，及时防范因温、湿度问题造成不必要的设备损坏。在问题发生后可根据历史曲线轻松找到问题所在，方便解决问题。

系统还可以将一段时间内机房里的温、湿度值通过历史曲线直观地表现出来，以方便管理人员事后进行分析查看，为今后管理提供依据。

4）火灾自动报警和消防联动控制。机房安装了气体灭火装置，同时在机房中加装了感烟及感温探测器，并将探测器的干接点变化信号送到监控主机，实时监测各监测点的消防报警情况。通过系统软件可实现消防报警及联动功能，当发生火警时，可联动空调机组等设备断电，同时拨打电话通知管理人员。这样，即便无人值守，也可以确定消防工作状态。

5）漏水监控。目前，漏水检测主要有两种方式：点式传感检测和分布式传感检测。

点式传感检测决定于环境情况及传感点的分布，泄漏可能扩展非常大才能被检测到，其可靠性得不到保障。分布式传感检测即用特种绳将水源包围，可以真正意义上做到防患于未然，把泄漏危害降到最低程度。

可以根据用户的要求及场地设备的布置情况，选用测漏系统。推荐采用分布式传感检测系统，两者比较如图7-2所示。

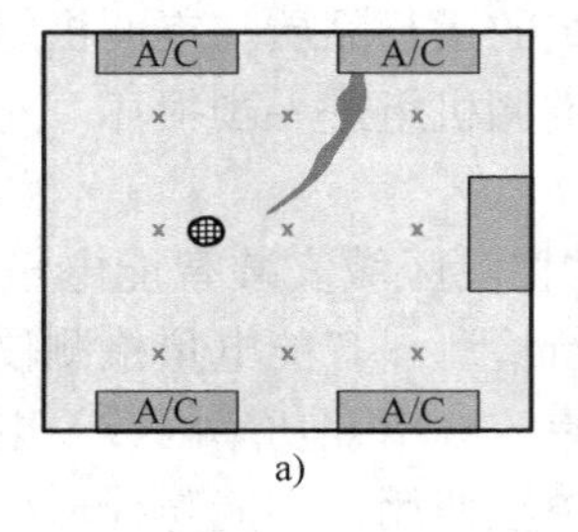

a)

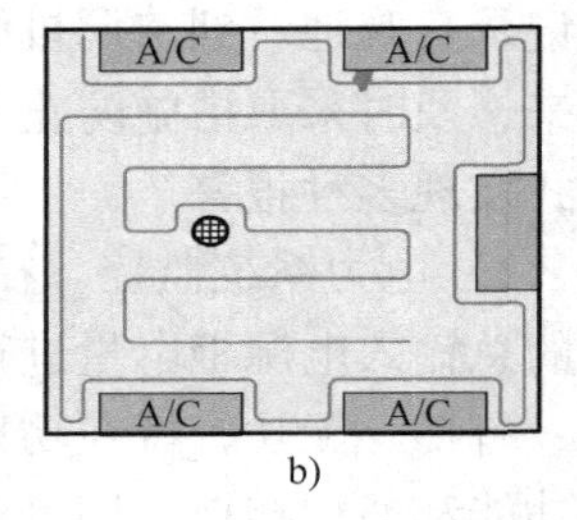

b)

图7-2　点式传感检测系统与分布式传感检测系统
a）点式传感检测系统　b）分布式传感检测系统

分布式传感系统本身包括漏水控制器、漏水感应线及其他辅助设备，系统可检测感应线上任何点的漏水位置。感应线缆为高分子感应材料制成，具有抗腐蚀性和抗酸碱性；系统功能完善，并具有对感应线断线报警功能。

安装分布式漏水传感器可将精密空调器及其进出水管侧面、环境潜在泄漏区域围起来，一旦漏水，则在相应漏水感应线的漏水位置显示报警颜色，可确保在第一时间报警，管理员可从监控主机上知道发生漏水，方便找到漏水处，及时排除隐患。

**3. 机房监控系统的特点**

（1）监控设备软件的功能及特点。

1）稳定可靠：软件平台基于工控标准的中文组态监控软件设计，经过严格测试并通过专业机构检测。

2）专家诊断功能：实时检测UPS、空调机组等智能设备的工作状态和各运行参数。一旦发现设备存在隐患或出现故障，系统即通过多种方式报告管理人员，并根据机房的具体情况给出相应的处理建议，指导值班人员解决问题。

3）完全Web化的远程管理功能：通过Web浏览器，获得授权的管理人员可通过Intranet或Internet对系统进行远程管理，也可远程对系统进行参数设置，修改后立即生效，无需重启系统，实现真正的远程管理。

4）强大的视频采集和远传功能：系统支持移动报警及录像联动，报警方式灵活定义，一旦检测到有人活动或探头报警，即触发录像过程，把整个过程记录下来，便于查看。系统同时支持视频传输，可以在Internet的任意位置通过浏览器观看流畅的实时视频，并可方便地控制摄像头的转向和调焦，给人以亲临现场的感觉。视频流采用H.264压缩方式，数据量小、视频效果好；其网络传输采用多播方式，允许多台计算机同时上网浏览，占用带宽极小。

5）强大的数据管理功能：具有强大的数据存储功能。系统能够记录最多20年的重要参数（电压、电流、温度、湿度等）的历史曲线，一年以上的各种报警事件，一年以上的用户登录和系统事件记录，并可生成报表打印。

6）完整的权限管理功能：因系统内置完整的网络支持，用户可以在网络的任意位置监控机房运行，其安全性尤其重要。可以规定每个用户可以浏览的内容以及该用户可以执行的操作，并且每一次连接都有详细记录，便于核查。系统可查看远程连接的用户的情况（IP地址、已连接时间等），并可根据需要切断其连接。并且每一次连接、登录以及对设备的操作都有详细记录。

7）综合集成：真正的机房集中管理平台。提供一体化管理，完全支持智能设备监控管理、网络设备监控管理、视频监控、门禁监控等，并且实现各种信息的无缝集成。所有实时信息的显示、报警查询、系统配置、视频等，都通过同一套系统管理。还可灵活地扩展系统功能或定制用户界面，便于用户使用和升级，节省投资成本。

8）支持各种设备：内置上百种智能设备协议，使用相同协议的设备可以直接接入，无需任何编程，保障系统可靠性。提供简洁明了的接口，便于扩展新的协议。

9）丰富的报警方式：支持语音报警、Web端语音报警、电话语音报警、短信报警、E-mail报警和网络报警，对所有报警都有相应的记录；支持短信查询设备、系统参数和状态。灵活的报警功能，可根据具体情况设置用户接收报警的值班时间、报警类型、报警级别，并具有报警合并、已结束报警自动停止和不停止发送功能。

10）支持二次开发：提供亲切友好的集成开发环境、完成各种监控或仿真系统的组态工作，实现真正的客户化。允许插入各种控件，并控制其动作，以扩展系统功能。支持完整的VBScript语言，提供丰富的内部函数接口及完整的编程界面，并有极大地扩展系统功能。

支持SNMP协议，支持对有SNMP接口的智能设备的监测。本系统可视为一种性能价格比较高的网络设备管理系统。在需要时可进一步升级至对外提供SNMP接口，支持SNMP的Get和Set操作，可纳入网管系统。

11）多地点分布式系统：一台远程管理站可以与多个现场监控站相联，而且系统容许有多个远程管理站，每个管理站可以管理不同的内容，如一个管理站仅仅管理站点1和2，另一台管理站管理站点1、2、3、4。这样使多个机房的管理更为方便并且成本较低。

12）丰富多彩的用户界面：全按用户的意图设计界面，并能将图片、曲线、动画、控件等组态到显示界面上，最大限度满足个性化设计，界面形象逼真，给人以身临其境的感觉。支持实时和历史曲线，并且完全集成在同一界面下，也同样支持远程访问。可以定制菜单、工具栏和各种显示图标，各种功能模块完全按用户意愿组织。支持各种图形格式，可以插入各种图形资源，使监控界面丰富多彩。提供各种矢量图元，便于组态各种监控界面。

13）查询及定时管理功能：可以通过短信查询监控信息。具备定时设置功能，如空调等智能设备的定时开关机功能等；定时发送功能，系统自动发送设备的状态给指定用户，使用户在任意时间（定时）了解到设备和系统的实时运行情况，保障监控中断不疏漏。

14）使用非常方便：提供成块复制、粘贴、撤消还原等编辑功能。可以自动生成完整安装，打包所有设置及资源文件。通过鼠标即可完成所有现场巡视和控制工作，用户仅需少量培训，即可熟练使用。

（2）监控设备硬件的功能及特点。

1）环境适应特性：采用工业级硬件产品，模块化构成，有足够的机械强度，安装固定方式可靠并具有防震、抗震能力。经过常规运输、储存和安装后不产生破损变形等现象。

2）具有可靠的抗雷击和过载保护装置，符合 ITU—T. K. 20 相关规定。

3）良好的电磁兼容性：在保证不受任何工作状态的影响下不影响其他监控设备的工作。

4）优秀的电气隔离性能：不会降低被监控设备的交直流隔离度、直流供电与系统的隔离度。

供电符合交流 200V/50Hz 供电标准。

设备外壳都有良好的接地部件，可以抵抗和消除噪声干扰。

适应温度为 -10～50℃、湿度为 20%～95% 的室内外空气环境。

5）可靠性和扩展性：采用国际上通用的计算机系统和具有 RS485/232 标准接口的专用设备，具有较高的稳定性和可靠性。

RS485 主方式可实现 255 个设备集连，拥有实际应用中最高的扩展性，能根据应用中的要求通过增加硬件来扩充系统的容量。

硬件模块化构成系统，具有灵活多样的构成模式和较强的外部通信能力。

（3）机房监控系统报警方式。机房监控系统可以提供多种报警方式，一旦发现异常事件，系统即自动执行预定的控制策略，同时启动报警装置。报警可以有多种方式，如窗口、语音提示、电话语音、电子邮件、短信等，如图 7-3 所示。

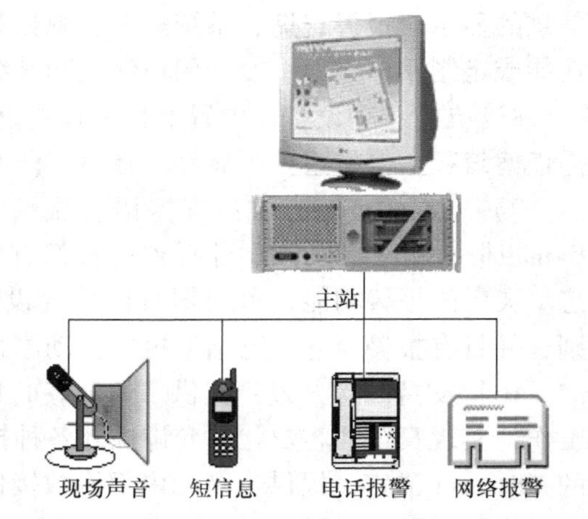


图 7-3　机房设备监控系统报警

使用时，可以选择其中一种或多种报警方式。当有多个报警信号同时产生时，系统通过事件等级，排队报警事件，并逐一报警，其中的电话号码、手机号码、电子邮件等由用户设置。

报警具备灵活定义功能，可以分别设置设备的报警方式以及相关管理人员。比如可以设定以下报警方式：精密空调器故障通过电话语音方式通知精密空调管理人员并发送电子邮件给主管人员，而消防报警可通过手机短信方式通知消防管理人员并发送电子邮件给主管人员。这种方式大大增加了管理的灵活度。

另外，该系统具有网络报警功能，方便实用，具体说明如下：

当设备发生报警事件时，设备环境监控系统可通过局域网及时向环境管理人员的计算机发送报警信息，便于管理人员及时处理报警信息，如图 7-4 所示。

此时，管理人员可打开 IE 浏览器查看报警设备的具体参数和状态，从而做出相应的决定。

图 7-4　机房设备监控系统报警信息

网络报警方式与短信报警、电话报警方式相比较，其特点是实时性好，无需支付额外的费用，缺点是管理人员离开计算机就接收不到报警信息。网络报警方式作为辅助报警功能，还是很实用的。

在报警时，系统同时提供专家处理意见，如果发生故障，而维护人员又不能及时赶到处理故障，则为了最大程度的减少客户的损失，在发生报警的同时提供专家处理意见，将用户的损失减小到最少。

## 7.2　电子信息设备远程集中控制管理

### 7.2.1　一般信息设备控制管理存在的问题

**1. 安全管理问题**

IT 管理员在机房内进行管理操作，服务商在机房内调试系统，甚至主机用户也需要进入机房，因此机房内人机混杂，不利于安全管理。

**2. 可用性和效率问题**

业务系统要求数据机房有高度的可用性和安全性，对系统正常运行时间要求很高。各种平台的服务器、网络设备、存储、电源等数量的增加以及分散放置，使得管理难度和成本加大。

不仅是服务器，网络设备（路由器、交换机，负载均衡设备等）也会遇到故障，导致设备不可用或宕机，用户只有通过重启或重新设定才能恢复正常工作。异地机房需要配置网管人员，否则一旦出现问题，需要电话遥控和出差处理。

**3. 人员管理问题**

机房工作人员工作强度大；在现场待命或出差前往现场会浪费宝贵时间。

平时机房里有 2 ~ 3 个工程师负责网络的管理和维护工作，一旦出现问题，要寻找和判断其原因就免不了要在不同的服务器之间来回穿梭。如果大家都能聚集在一个屏幕面前，共同会诊所有服务器的状态，应该方便且有效。

### 7.2.2　电子信息设备远程集中控制管理系统

电子信息设备远程集中控制管理系统又称为 KVM 切换系统。KVM 是键盘（Keyboard）、显示设备（Video）、鼠标（Mouse）的简称，这是目前市场上通用的叫法。KVM 切换系统，就是用一套或数套键盘、鼠标、显示器在多个不同操作系统的多台主机之间切换，实现一个用户使用一套键盘、鼠标、显示器去访问和操作一台以上主机的功能，为机群系统的管理设备。通过 KVM 系统可实现信息系统和网络的高可管理性，提高管理人员的工作效率，提高机房安全级别，节约机房面积，降低网络服务器系统的总体拥有成本（TCO）。

使用这样的系统的优点是不必花钱买同结点机一样多的键盘、鼠标、显示器，同时节省空间和能源，也不必在车间、嘈杂的现场和机房重地内部进行操作。通过 KVM 系统能够看到所有需要观察的节点机启动信息，能进行基本输入输出系统（BIOS）操作并可对计算机进行底层设置而不占用任何计算机资源，不在计算机中增加任何硬件设备和软件。

### 7.2.3 信息设备远程集中控制管理的优越性

**1. 提高物理安全性**

信息设备远程集中控制管理可使设备管理人员在任何地点、任何时间，全面掌握关键设备的运行状况，以便更快速地反应，从而提高设备的不间断工作时间。

**2. 提高人工效率**

信息设备远程集中控制管理可提供“无人机房”的先进管理方式。

“无人机房”不但使网络管理和集成服务商可以在专门的网络管理控制中心进行从而减少人员编制和费用支出（节省时间、空间与电力消耗），而且可使员工工作满意度更高。设备管理、软件调试工作可做到人机分离；提供周到的日志服务；还提供了统一、集中的访问权限管理，管理员可以按照用户权限分配专门的账号给网络管理人员和集成服务商技术人员，做到“专门设备，专门管理，问题故障，有据可查”。其完整的控制能力（达到 BIOS 层级以及电源控制）使员工工作效率更高，工作环境更好。

**3. 缩短解决故障的时间，提高系统的可用性**

信息设备远程集中控制管理系统可以允许网管人员在任何时间、地点接入管理系统，遇到系统故障及网络故障均可以快速地进行硬件级别的修复，极大地降低了解决故障的时间。

**4. 节省空间**

信息设备远程集中控制管理系统创建了一个典型的 IDC（数据中心）应用环境：数据中心拥有数十台各种服务器（包括 SUN、IBM、HP 等品牌），分别承担数据库、电子邮件、客户管理、数据通信等功能，加上网络设备等，机房里面已经被设备占去了大部分的空间，即留下服务器主机，把服务器的外设（显示器、键盘、鼠标等）去掉，只保留一套外设控制所有的服务器，从而节省了不少空间。

**5. 其他**

（1）信息设备远程集中控制管理系统采用包含数字式传输切换器与集中管理软件的全面的解决方案，可以协助用户管理网络作业中心、近端与远程数据中心，以及联结企业并执行运作的卫星 IT 作业中心。

数字式解决方案可以通过单一的网页浏览器接口，为整个企业基础架构提供极为安全的访问、控制及管理。这类解决方案利用机架型传输切换器的强大功能，提供远程管理软件的便利。多名使用者可以通过许多种连接的选项，安全访问及控制多重服务器与平台。

（2）采用随插即用的架构，IT 人员可以运用现有的网络基础架构，随时随地通过网页浏览器，以整合的方式访问企业内部几乎每一台 IT 设备。

（3）结合传输切换器与集中管理软件，为多个数据中心提供控制与管理的功能。无论是地区性还是全球性的管理，数据中心人员都可以从单一画面使用单一 IP 地址，完全控制企业里的多个数据中心。

### 7.2.4 信息设备远程集中控制管理系统的特点

**1. 灵活性与统一性**

系统具有很好的灵活性和统一性，满足随时需要增加或减少服务器数量的要求。方案图易读、易理解；对于工程人员来说，布线逻辑简单；而对于管理员来说，维护工作轻松。

**2. 模块化，安装快捷**

中心管理平台为 1U 高度，小巧的外形不会给机房的空间消耗增加任何额外的负担，模块化的设计使更动系统配置所要付出的人力和时间降到了最低点。不论是添加还是减少一台计算机服务器，所有的工作只涉及一个计算机接口模块（CIM）和一根 5 类双绞线，在布局良好的机房中，完成这项工作甚至不需要 1min 的时间，提高了工作效率，网络或数据中心得到了有效的管理，从而提高了这些系统的稳定性和安全性。

**3. 具有系统安全性，管理功能强大**

KVM 切换系统传输的键盘、鼠标、显示器信号均经过加密处理（某些厂家只针对鼠标、键盘型号进行加密）。系统本身拥有网络接口和电源接口的冗余，保证系统可靠的工作。整套 KVM 切换系统只需要使用唯一 TCP/IP 通信端口，用户可以自由定义这个端口号，更好的配合了用户防火墙的工作。

用户可以非常便捷地使用最容易记忆的名字去命名自己的服务器。同时，“分组管理”的权限分配方式可以把服务器和管理员分成不同的小组，小组成员可多可少，不受限制，重要的是实现了每个管理员只看到他需要看到的那部分服务器。

系统允许多个管理员使用自己习惯的用户名和密码登录到切换系统。当管理员操作完毕但忘了退出的时候，系统将在一段时间后为管理员弥补这个疏忽，自动退出 KVM 切换系统，从而降低遭遇外侵入的风险。

**4. 维护工作简便**

KVM 切换系统保证了设备的最大可靠性，避免出现针对软件的大量调试工作。整套 KVM 切换系统结构简单，各个系统一目了然，并且整个系统由纯硬件组成，智能化的自动识别功能，能让系统自动发现已连接的设备。使维护量降到最低程度。

**5. 扩展潜力大**

KVM 切换系统除了以上的优势以外，良好的系统扩展性也满足了潜在的扩容需求。企业的机房必然会随着业务量的增长而扩大，这个时候系统的扩容能力就成了关键，谁也不希望最初的投资没有升值的潜力。

KVM 切换系统具备相当的灵活性及良好的扩容性，便于项目分期进行，扩容后系统结构几乎不变，仅需在原有设计的基础之上增加管理系统设备。在任何时候，无论是增加要被管理的设备数量还是增加用户终端数，均可以通过线性增加或改变相应的设备实现（热插拔），不影响系统的正常工作。

当服务器超过目前管理系统设计容量时，只需要增加一台接入设备，使这台设备再接入用户的网络就可以完成扩容工作。

**6. 其他特点**

KVM 切换系统传输产品还应包含以下一些特点：

（1）接口：要求可以支持各类服务器接口，如 SUN、PS2、USB 以及串行接口（RS232 信号）类型等。

（2）不需要在被控服务器上安装任何软件。

（3）系统支持基于多种硬件平台、多种操作系统的服务器，如 NT 或 UNIX 之上的 SUN、HP、DELL、COMPAQ、IBM、联想等，并在多种平台间“无缝”切换。用户可设置不同权限，管理相应权限的服务器。当操作人员的位置、职责权限变化或当设备位置变动或增加时，不需要对布线系统做结构化的调整，只需简单地通过软件的操作来调整（分组、鼠标拖拉等）。

（4）系统内每台设备独立工作，若某一台设备出现故障，不影响整个系统工作，只需替换上备份设备即可。

（5）如果设备掉电或出现故障，仍能保证服务器鼠标、键盘、显示器处于激活状态，换上备份设备后只需连上线缆，即可重新管理服务器，而不影响服务器的正常工作。

（6）具备在屏显示所连接的服务器名字功能。

（7）允许多个用户实时且互不干扰地访问不同的连接设备。

（8）数据库可提供有关日志和报表以利于管理和决策。

（9）支持 3 种系统操作模式（独占模式、视频共享模式和主机共享模式）。

（10）所提供的系统可以通过专用接口和基于 Windows 的软件对其进行管理和维护。

（11）系统在升级时，具备简便、快速的特点。

### 7.2.5 信息设备远程集中控制管理系统的组成

**1. 信息设备远程集中控制管理系统的硬件**

（1）整套系统由 1 台变换传输设备、32 个计算机接口模块组成。

（2）远程集中控制管理系统连接在 TCP/IP 网络上，只要能连接网络的地方就可以进行对主机直接的远程管理。

（3）机房内，各种接口类型主机与交换传输设备之间通过计算机接口模块和主机接口线缆连接（根据不同的类型的主机而采用不同的计算机接口模块，以达到完美匹配）。

（4）整个系统共有 2 个远程用户、1 个本地用户可进行访问。

（5）网络介质类型：所有信号通过 5 类线传输。

（6）可使用 PC 键盘、SUN 键盘或 USB 键盘作为操作平台。

**2. 信息设备远程集中控制管理系统软件**

（1）能够支持多种操作系统。

（2）交换传输设备作为验证中心，通过提供统一的友好操作介面，经由一个 IP 地址、网络或数据中心的管理人员就可以非常容易地对服务器和其他网络设备进行访问、监视、故障诊断和解决等操作。

（3）由交换传输设备提供统一的访问控制列表和支持，例如 RADIUS（Remote Authentication Dial In User Service，远程用户拨号认证系统）、LDAP（Lightweight Directory Access Protocol，轻量目录访问协议）等的企业级认证、授权以及账号管理等协议，使管理更加简单的同时，更能让交换传输设备容易地集成到已经存在的认证体系中。

（4）机房的所有主机设备被集中管理在一个平台上；无论操作人员在何地方，在能连接网络的前提下，只需要知道交换传输设备的地址，就可以访问整个 KVM 系统内的每个设备；

（5）所有的数字信号都采用业界最先进的 SSL（Secure Sockets Layer，安全套接层）128 位 RSA（一种以发明者名字命名的加密算法）公用密钥、128 位私有密钥加密、保证数据的绝对可靠和安全（可保证对所有的显示器、键盘、鼠标信号进行加密）。

（6）集中的安全策略、访问权限、权限以及用户定义的视图。

（7）每台交换传输设备都有一个本地控制口，在 TCP/IP 网络无法访问时，可以通过本地控制口操作。

（8）管理员对系统设备的操作（不论远程还是本地方式访问）都可以被系统日志充分记录下来，以方便事后监督。

（9）所有远程集中控制管理系统都不需要在客户端安装任何软件。客户端直接使用计算机自带的网页浏览器（IE 等）就可以实现访问管理工作，真正做到客户端免维护。

（10）当服务器数目发生改变时，增加 KVM 切换器和相应计算机接口模块（CIM）即可，不需改变 KVM 系统结构。

图 7-5 所示是信息设备远程集中控制管理系统传输切换器的外形。

图 7-5　信息设备远程集中控制管理系统传输切换器

**3. Dominion KX 系统**

Dominion KX 多平台、多用户数字矩阵式 KVM 切换设备是一种企业级数字 KVM 切换系统，集智能化、模块化、可扩充性于一体。每一台 KX 设备可满足两位远程管理员通过各自的键盘、鼠标、显示器同时管理 32 台主机。KX 系统使用标准的 TCP/IP 协议进行数据传输，同时拥有强大的用户认证以及数据加密功能。因此，可以实现远程和本地灵活的服务器控制。

计算机接口模块（CIM）内置发送器，一端直接连接每台电脑，另一端通过 5 类双绞线输出到 KX 系列切换器服务器端口，并且内置检测程序，可以自动检测所连接服务器的信号类型，其信号仿真技术可以模拟服务器正常运行所需要的键盘、鼠标信号。当遇到 KX 设备意外掉电或 5 类双绞线脱落的情况时，此项技术可确保服务器继续正常运行，从而维护了服务器运行的稳定性和数据的安全性。计算机接口模块有多种规格可选，以适应不同种类的机型，实现多平台兼容操作。

Dominion KX 系统作为一款企业级的 KVM 系统，有一套固化管理软件，这套软件使用 Windows 界面，保证了良好的人机交流性能。软件通过网络与系统连接，拥有用户管理、系统升级、系统管理等强大的功能。

图 7-6 所示为 Dominion KX 系统拓扑图。

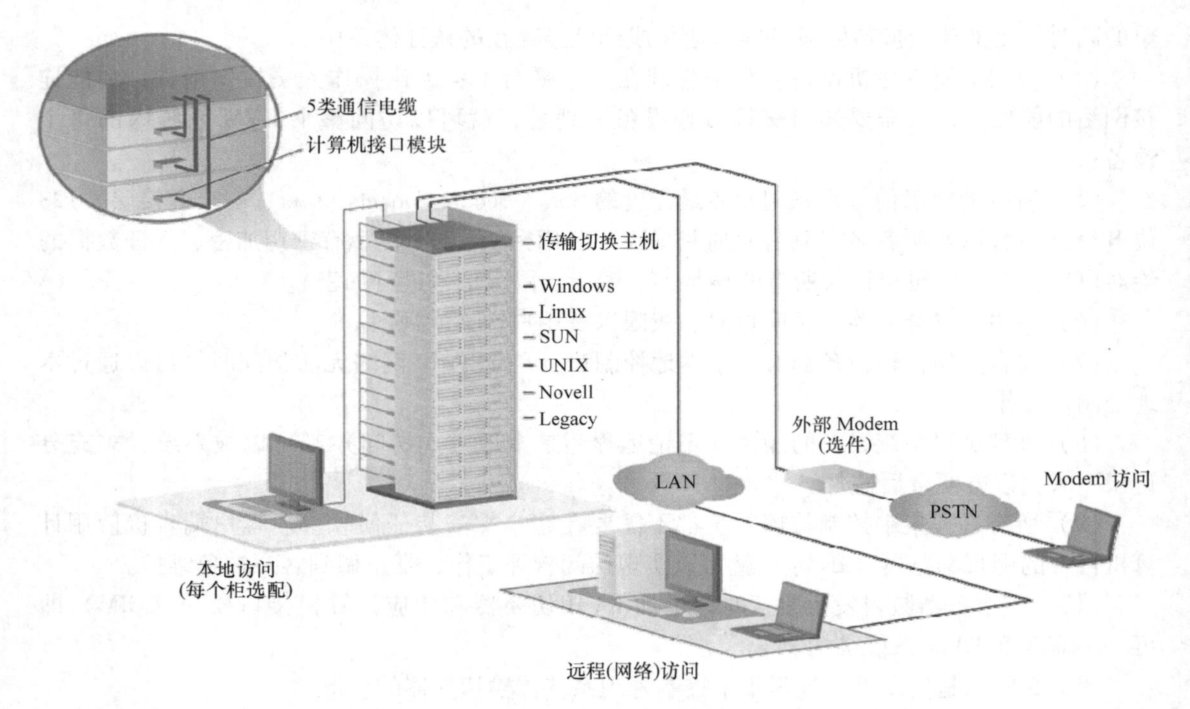


图 7-6 信息设备远程集中控制管理系统

## 7.3 机房安全防范系统

安全防范系统一般由视频安防监控系统、入侵报警系统和出入口控制系统组成，各系统之间应具备联动控制功能。

### 7.3.1 视频安防监控系统

视频安防监控系统是应用光纤、同轴电缆在其闭合的环路内传输电视信号，并从摄像到图像显示构成独立完整的视频系统。它能实时、形象、真实地反映被监控对象，不但极大地扩大了人眼的观察距离，而且拓展了人眼的机能。视频安防监控系统可以在恶劣的环境下代替人工进行长时间监视，让人能够看到被监视现场实际发生的一切情况，并通过录像记录下来。

**1. 视频安防监控系统的组成**

视频安防监控系统由前端设备部分、传输部分、终端控制部分组成。

（1）前端设备部分。前端设备是安装在现场的摄像装置，包括各类摄像机、镜头、防护罩、支架，它的任务是将现场的图像信号转换成电信号。

视频监控系统中的各摄像机采用集中供电方式，每个摄像机从系统配电箱引一路电源。系统采用独立的稳压电源集中供电，以保证设备的安全运行和良好的同步性能。从稳压电源设备输出的电源，由系统配电箱向现场设备和中央监控设备统一供电。

（2）传输部分。传输部分实现视频信号和控制信号的传输。

如系统是模拟信号，则采用专业视频电缆传输视频信号；如系统是控制信号，则采用多芯电缆传输。如果视频信号为数字化信号，则可以采用通用布线系统传输。

（3）终端控制部分

终端控制部分主要由16路嵌入式数字硬盘录像机组成。它集视频多画面分割、切换显示、数字视频移动报警、报警联动、图像压缩/恢复、数字硬盘录像/回放、资料备份/还原、智能搜索、远程登录访问/控制等多功能与一体。现场监视、硬盘录像和资料备份、智能回放、远程登录访问等5种功能可同步进行，智能自动化程度高，大大减少了手工操作，从而实现无人值守的目的。

如一种硬盘录像机的功能特点为：

1）采用高性能数字信号处理器（DSP）实现H.264视频编码压缩。

2）支持视频环通输出。

3）支持事件压缩功能。

4）本地信号量报警，支持E-mail联动发送报警信息及截图，支持PTZ（镜头平移、转动、缩放）联动。

5）支持DDN（Digital Data Network，数字数据网络）、SNTP（Simple Network Time Protocol，简单网络时间协议）功能。

6）支持多种解码器协议。

7）支持通过网络设置参数、预览图像及云台控制。

**2. 视频安防监控系统指标**

1）图像水平清晰度：彩色≥480线。

2）图像画面的灰度≥8级。

3）系统的各路视频信号，在监视器输入端的电平值为$1V_{p-p} \pm 3dB$。

4）系统在低照度使用时，监视画面达到可用图像，其系统信噪比不低于25dB。

5）系统图像质量的随机信噪比≥38dB。

6）图像质量按五级标准评定，要求图像质量不低于四级。

7）系统接地电阻值≤1Ω。

8）系统其他各项性能指标均以国家标准为准。

**3. 视频安防系统防护区域**

根据计算机中心机房的实际情况确认防护范围为：在主机房内、通道出入口。

根据布防要求，在有需要的场合使用彩色固定和半球摄像机，吸顶安装。

### 7.3.2 入侵报警系统

入侵报警系统由各种入侵探测器组成，如用红外线、微波工作的入侵探测器，玻璃破碎探测器。当有非法入侵时探测器发出信号输入控制器，控制器发出报警信号，使警号、警灯等报警。

### 7.3.3 出入口控制系统

机房出入口控制系统由读卡器、电子锁、报警器、按钮、出入口控制器等组成。

只要持卡者进门（或双向读卡出门）时将卡片接近读卡机，合法卡信号通过控制器传给电锁，电锁自动打开，非法卡被禁止访问。出门时只要按动出门按钮，电锁自动打开。当非正常或暴力开门时输出报警信号，将报警信号传送到控制器内，系统以图像和声音信号报警。

如一种出入口控制器的功能：

1）出入口控制、考勤、收费一体机；可独立控制8个点。

2）支持多种开门方式：支持刷卡开门，支持卡+密码开门，支持PIN+个人密码开门，支持时段内外控制。

3）可灵活设置多个时段组，含一周7天及30个节假日的设定；每天进行多个时间段的开/闭设定。

4）可针对不同持卡人进行不同的设定。

5）具有掉电保护功能，不会丢失数据，内部自带锂电池支持实时时钟。

## 7.4 机房监控设备的设计

### 7.4.1 一般规定

（1）电子信息机房应设置环境和设备监控系统及安全防范系统，各系统的设计应根据机房的等级，按现行国家标准《安全防范工程技术规范》和《智能建筑设计标准》的要求执行。

（2）环境和设备监控系统宜采用集散或分布式网络结构。系统应易于扩展和维护，并应具备显示、记录、控制、报警、分析和提示功能。

（3）环境和设备监控系统、安全防范系统可设置在同一个监控中心内，各系统供电电源应可靠，宜采用独立不间断电源系统电源供电，当采用集中不间断电源系统供电时，应单独回路配电。

### 7.4.2 环境和设备监控系统

环境和设备监控系统宜符合下列要求：

1）监测和控制主机房和辅助区的空气质量，应确保环境满足电子信息设备的运行要求。

2）主机房和辅助区内有可能发生水患的部位应设置漏水检测和报警装置；强制排水设备的运行状态应纳入监控系统；进入主机房的水管应分别加装电动和手动阀门。

3）机房专用空调机组、柴油发电机、不间断电源系统等设备自身应配带监控系统，监控的主要参数宜纳入设备监控系统，通信协议应满足设备监控系统的要求。

4）A级和B级电子信息机房主机的集中控制和管理宜采用KVM切换系统。

### 7.4.3 视频监控系统

电子信息机房可设置多台摄像机安装在各个设施的重要位置。摄像机对共用场地区域、服务器机房、走廊、公用区域、入口、货台以及建筑外部进行视频监视。甚至在架空地板下都可安装摄像机。通过视频监控系统，把现场的图像摄取并记录下来，一旦发生情况，监控室的值班人员可以及时有效地进行处理。通过数字硬盘录像机可把图像保存，并可一周7

天、一天24小时进行录像，以便事后查看。

### 7.4.4　出入口控制系统

电子信息机房可设出入口控制系统，采用卡控制门。

紧急情况时，出入口控制系统应能接受相关系统的联动控制而自动释放电子锁。

### 7.4.5　入侵报警系统

为防止非法入侵电子信息机房，可设入侵报警设备。如在室内设置入侵探测器，在窗上设置玻璃破碎探测器。

### 7.4.6　防雷接地

对室外安装的安全防范系统设备应采取防雷电保护措施，电源线、信号线应采用屏蔽电缆，避雷装置和电缆屏蔽层应接地，且接地电阻值不应大于10Ω。

## 7.5　机房监控和安全防范系统的施工验收

### 7.5.1　系统设备

所有设备在安装前应进行技术复核。

（1）设备与设施的安装应按设计确定的位置进行，并应符合下列规定：

1）应留有操作和维修空间。

2）环境参数采集设备应安装在能代表被采集对象实际状况的位置上。

读卡器、开门按钮等设施的安装位置应远离电磁干扰源。

信号传输设备和信号接收设备之间的路径和距离应符合设计要求，设计无规定时应满足设备技术档案的要求。

（2）摄像机的安装应符合下列规定：

1）应对摄像机逐个通电、检测和粗调，并应在一切正常后进行安装。

2）应检查云台的水平与垂直转动角度，并应根据设计要求确定云台转动起始点。

3）摄像机与云台的连接线缆的长度应满足摄像机转动的要求。

4）摄像机初步安装后，应进行通电调试，并应检查其功能、图像质量、监视区范围，应在符合要求后固定。

5）摄像机安装应牢固、可靠。

（3）监视器的安装位置应符合设计要求，并应符合下列规定：

1）监视器安装在机柜内时，应有通风散热措施。

2）监视器的屏幕不得受外来光线直射。

3）监视器的外部调节部分应便于操作。

（4）控制箱（柜）、台及设备的安装应符合下列规定：

1）控制箱（柜）、台安装位置应符合设计要求，安装应平稳、牢固，并应便于操作和维护。

2）控制箱（柜）、台内应采取通风散热措施，内部接插件与设备的连接应牢固可靠。

3）所有控制、显示、记录等终端设备的安装应平稳，并应便于操作。

（5）设备接地应符合设计要求。设计无明确要求时，应按产品技术文件要求进行接地。

### 7.5.2 配线与敷设

线缆敷设应按设计要求进行，并应符合规范的规定。

同轴电缆的敷设应符合现行国家标准 GB 50198—1994《民用闭路监视电视系统工程技术规范》的有关规定。

电力电缆、走线架（槽）和护管的敷设应符合现行国家标准 GB 50303—2002《建筑电气安装工程施工质量验收规范》的有关规定。

传感器、探测器的导线连接应牢固可靠，并应留有适当余量，线芯不得外露。

电力电缆应与信号线缆、控制线缆分开敷设，无法避免时，应对信号线缆、控制线缆进行屏蔽。

### 7.5.3 系统调试

系统调试应由专业技术人员根据设计要求和产品技术文件进行。

**1. 系统调试前的准备**

系统调试前应做好下列准备：

1）应按国家标准的要求检查工程的施工质量。

2）应按设计要求查验已安装设备的规格、型号、数量。

3）通电前应检查供电电源的电压、极性、相序。

4）对有源设备应逐个进行通电检查。

**2. 环境监控系统**

环境监控系统的功能检测及调试应包括下列内容：

1）机房正压、温度、湿度的测量。

2）查验监控数据准确性。

3）检测漏水报警的准确性。

**3. 场地设备监控系统**

场地设备监控系统功能检测及调试应包括下列内容：

1）检测采集参数的正确性。

2）检测控制的稳定性和控制效果，调试响应时间。

3）检测设备连锁控制和故障报警的正确性。

**4. 安全防范系统**

安全防范系统调试应包括下列内容：

（1）机房出入口控制系统调试应包括下列内容：

1）调试卡片阅读机、控制器等系统设备，应能正常工作。

2）调试卡片阅读机对开门、关门、提示、记忆、统计、打印等的判别与处理。

3）调试出入口控制系统与报警等系统间的联动情况。

（2）视频监控系统调试应包括下列内容：

1）检查、调试摄像机的监控范围、聚焦、图像清晰度、灰度及环境照度与抗逆光效果。

2）检查、调试云台及镜头的遥控延迟，排除机械冲击。

3）检查、调试视频切换控制主机的操作程序、图像切换、字符叠加。

4）调试监视器、录像机、打印机、图像处理器、同步器、编码器、译码器等设备。

5）对于具有报警联动功能的系统，应检查与调试自动开启摄像机电源、自动切换音视频到指定监视器及自动实时录像；检查与调试系统叠加摄像时间、摄像机位置的标志符及显示稳定性、打开联动灯光后的图像质量；

6）检查与调试监视图像与回放图像的质量，在正常工作照明环境条件下，应能辨别人的面部特征。

（3）入侵报警系统调试应包括下列内容：

1）检测与调试探测器的探测范围、灵敏度、误报警、漏报警、报警状态后的恢复及防拆保护等功能与指标；

2）检查控制器的本地与异地报警、防破坏报警、布防与撤防等功能。

系统调试应做记录，并应出具调试报告，同时由调试人员和建设单位代表确认签字。

### 7.5.4 竣工验收

验收应包括下列内容：

1）设备、装置及配件的安装。

2）环境监控系统和场地设备监控系统的数据采集、传送、转换、控制功能。

3）入侵报警系统的入侵报警功能、防破坏和故障报警功能、记录显示功能和系统自检功能。

4）视频监控系统的控制功能、监视功能、显示功能、记录功能和报警联动功能。

5）出入口控制系统的出入目标识读功能、信息处理和控制功能、执行机构功能。

系统检测应按规范进行，并应填写《监控与安全防范系统功能检测记录表》。

施工交接验收时，施工单位提供的文件除应符合规范的规定外，还应提交《监控与安全防范系统功能检测记录表》。

# 第8章　电子信息机房电力和照明

## 8.1　电子信息机房电力系统

在智能建筑中有多种电子信息系统，如办公自动化系统、建筑物自动化系统、通信系统等。各种电子信息系统对供电（电力）要求各自不同，具有一定的多样性和复杂性，但是它们之间也有共性的一面。

电子信息机房电力系统指供给各种电子信息设备、空调通风设备、照明设备、监控设备、安全防范设施的电源系统，包括电源装置、配电装置及电力线路。对电子信息机房电力系统的基本要求是安全可靠、经济合理、技术先进。

**1. 用电负荷等级**

电子信息机房用电负荷等级及供电要求应根据机房的等级，按现行国家标准《供配电系统设计规范》的要求执行。

用电负荷等级按照有关规范分为二级：一级、二级负荷和一级负荷中的特别重要负荷。电子信息机房是一级负荷中的特别重要负荷。

消防控制室、火灾报警系统按照相应建筑物的要求，按一级或二级负荷要求供电。

电子信息系统供电电源的级别应该与建筑物电气设备最高供电级别相同或高于最高供电级别。

**2. 供电方式**

一般供电方式有三种：一级负荷由两个电源供电；二级负荷由二回线路供电（指两条电缆线路同时供电，且可以采用同一电源）；一级负荷中的特别重要负荷应配置应急电源。

如果备用电源自动投入方式或柴油发电机组应急自启动方式仍不能满足要求，则电子信息机房应配置不间断电源系统（UPS）。

**3. 供电质量**

供电质量对电子信息系统的正常运行具有十分重要的意义。

供电质量主要是指供电的瞬变性能指标，通常包括电压偏移波动、频率偏移波动、谐波及电压波形畸变、三相不平衡、电磁干扰等。其中谐波（Harmonics）是电力系统供电质量的重要影响因素。谐波是对周期性非正弦波电量进行傅立叶级数分解后，除了与电网基波频率相同的分量外的一系列非电网基波频率的分量。

供电谐波主要是因供配电系统电源质量不高或用电设备产生的。用电设备如整流器、变频器、电焊设备、气体放电类电光源、空调器等都会产生谐波。

谐波除了对发电、输电设备有危害外，还影响各种电气设备的正常工作。在智能建筑计算机中心、自动控制中心、管理中心，谐波的干扰会造成计算机死机，影响办公自动化设备、通信设备、安全防范设备的工作和管理。

供电质量要求主要包括以下几个方面的要素，这些要素根据电子信息系统的性能、用途和运行方式（是否联网）等情况可以划分为 A、B、C 三级，见表 8-1。

**表 8-1　供电质量要求**

| 项目等级 | A | B | C |
|---|---|---|---|
| 稳态电压偏移范围（%） | ±5 | ±10 | -15~10 |
| 稳态频率偏移范围/Hz | ±0.2 | ±0.5 | ±1 |
| 电压波形畸变率（%） | 3~5 | 5~8 | 8~10 |
| 允许断电持续时间/ms | 0~4 | 4~200 | 200~1500 |
| 三相电压不平衡度（%） | 0.5 | 1 | 1.5 |

## 8.2　电子信息系统电源

### 8.2.1　电源设备

电子信息设备电源系统应按设备的要求确定，并应提供稳定可靠的电源。

电子信息系统设备的电源一般有交流电源、直流电源、应急电源（Emergency Power System，EPS）、不间断电源（Uninterrupted Power System，UPS）、自备发电设备。

**1. 交流电源**

一般供配电系统电源应采用城市电压等级 220V/380V，频率为工频 50Hz 或中频 400Hz ~ 1000Hz 的供电系统，一般为 TN—S 或 TN—C—S 系统。

**2. 直流电源**

直流电源在电子信息设备供电中也得到应用。直流电源一般由蓄电池提供。

**3. 不间断电源**

电子信息系统中计算机的供电电源常用不间断电源，它的切换时间为几毫秒（ms），不会造成数据丢失，不间断电源的外形如图 8-1 所示。

图 8-1　不间断电源

不间断电源由整流器、逆变器和蓄电池等组成。

不间断电源分为后备式和在线式两种：

（1）后备式不间断电源以交流电源为平时电源，当交流电源掉电后以电池/逆变器作为供电电源。

（2）在线式不间断电源平时以电池/逆变器作为电源，当逆变器故障时以交流电源作为供电电源。

**4. 应急电源**

应急电源由整流器、逆变器和蓄电池等组成。

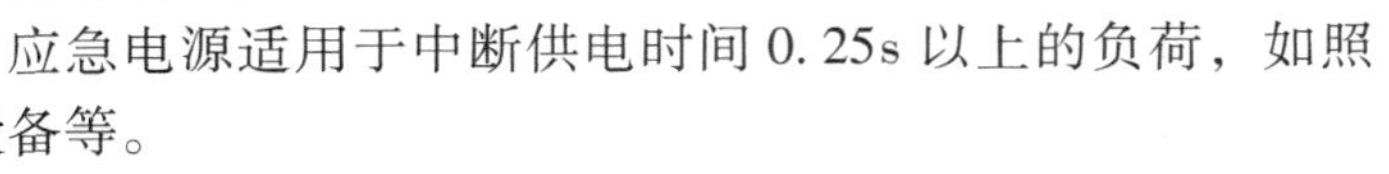

应急电源适用于中断供电时间 0.25s 以上的负荷，如照明设备等。

图 8-2 所示为应急电源外形。

**5. 自发电设备**

后备自发电设备常采用柴油发电机；如果燃气源可靠，也可采用燃气发电机。

图 8-3 所示为发电机外形。

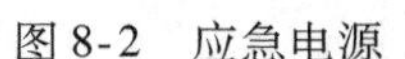

图 8-2 应急电源

图 8-3 发电机

电子信息系统的电源容量按电子信息设备的要求确定。供配电系统应为电子信息系统的可扩展性预留备用容量，按照重要性电源的标准，扩展余量可以为 20% ~30%。

## 8.2.2 配电系统

一般电子信息机房采用三相五线制供电，三相额定电压为 380V，单相额定电压为 220V，供电频率为 50Hz。

机房配电系统经机房配电柜向主机电源、外部设备、辅助设备、空调器、照明、新风设备等提供、电压、频率及额定容量符合要求的交流电。

双路电源经自动切换开关送至机房动力配电柜。动力配电柜供空调器、新风设备、照明、维修插座、辅助设备等用电及备用。UPS 电源从 UPS 主机逆变整流输出到 UPS 输出配电柜，给计算机及外围设备、监控系统、计算机机柜及其他必须采用不间断电源的设备供电。

**1. 配电线路**

电子信息系统应设专用可靠的供电线路。户外供电线路不宜采用架空方式敷设。当户外供电线路采用具有金属外护套的电缆时，在电缆进出建筑物处应将金属外护套接地。

电子信息机房应由专用配电变压器或专用回路供电，变压器宜采用干式变压器。

电子信息机房容量较大时，宜设置专用电力变压器；容量较小时，可采用专用低压馈电线路供电。

电子信息设备的配电应按设备要求确定，其低压配电系统不应采用 TN—C 系统。

图 8-4 所示为 TN—S 供电系统，图 8-5 所示为 TN—C—S 供电系统。

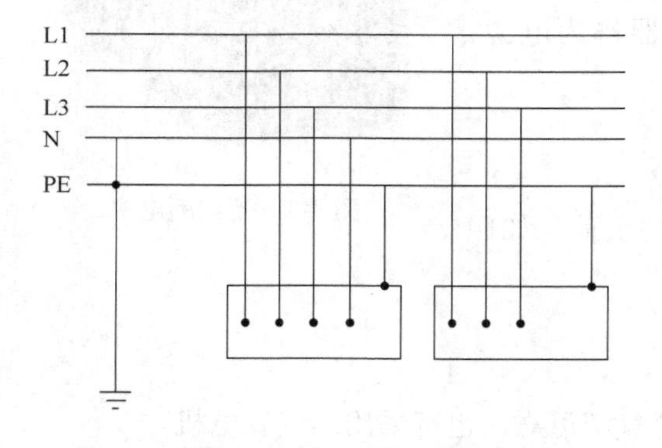


图 8-4 TN—S 供电系统

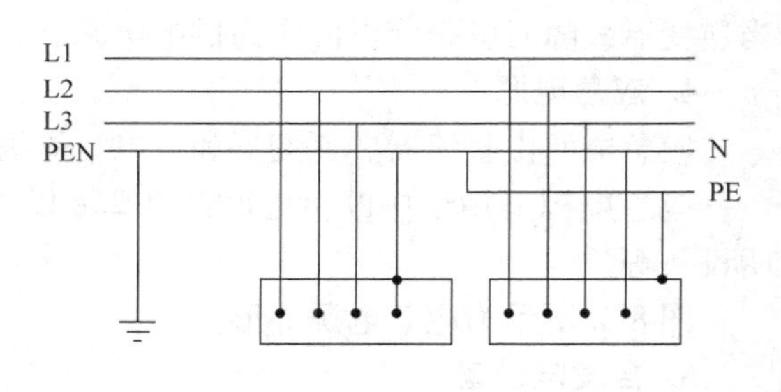


图 8-5 TN—C—S 供电系统

**2. 不间断电源**

为提高计算机设备的供配电系统可靠性，电子信息设备应由不间断电源系统（UPS）供电。在下列各种情况中，UPS是必不可少的。

1）对供电可靠性要求较高，采用备用电源自动投入方式或柴油发电机组应急自启动方式仍不能满足要求时；

2）一般稳压、稳频设备不能满足要求时；

3）需要保证顺序断电安全停机时；

4）计算机系统实时控制时；

5）计算机系统联网运行时。

不间断电源供电方式采用集中或分散方式，可按照终端的分布情况和管理要求来定。分散方式可靠性较好，可以减小误操作的可能性，且单个UPS故障不影响整个网络运行。

不间断电源系统的供电电源最好取自于独立的电源变压器或变压器的独立绕组，且应有自动和手动旁路装置。

确定不间断电源系统的基本容量时应留有余量，基本容量可按下式计算

$$E \geqslant 1.2P$$

式中 $E$——不间断电源系统的基本容量（不包含备份不间断电源系统设备）（kW/kV·A）；

$P$——电子信息设备的计算负荷（kW/kV·A）。

电子信息系统宜采用封闭式蓄电池。使用半封闭式或开启式蓄电池时，应设专用房间，且房间墙壁、地板表面应做防腐蚀处理，并设置防爆灯、防爆开关和排风装置。

UPS电池容量计算公式为

$$C = PT/U\eta K$$

式中 $C$——所需配置的电池容量（A·h）；

$P$——负载功率（W）；

$T$——备用时间（h）；

$U$——电池组额定电压（V）；

$\eta$——电池逆变效率（%）；

$K$——电池放电系数，当电池备用时间 $<3$h 时，$K=0.6\sim0.7$；当电池备用时间为 $3\sim5$h 时，$K=0.8$；当电池备用时间为 $5\sim10$h 时，$K=0.85$；当电池备用时间 $>10$h 时，$K=1$。

**3. 后备发电设备**

A级电子信息机房应配置后备柴油发电机系统，当市电发生故障时，后备柴油发电机应能承担全部负荷的需要。

后备柴油发电机的容量应包括不间断电源系统、空调和制冷设备的基本容量及应急照明和关系到生命安全等需要的负荷容量。

并列运行的柴油发电机，应具备自动和手动并网功能。

柴油发电机周围应设置检修用照明和维修电源，电源宜由不间断电源系统供电。

市电与柴油发电机的切换应采用具有旁路功能的自动转换开关。自动转换开关检修时，不应影响电源的切换。

**4. 配电**

电子信息机房的建设必须建立一个良好的供电系统，在这个系统中不仅要解决电子信息设备（主机、网络、主控、计算机、终端等设备）用电的问题，还要解决保障电子信息设备正常运行的其他附属设备（机房空调、照明系统、安全消防系统等）的供配电问题。

电子信息设备的配电应采用专用配电箱（柜），专用配电箱（柜）应靠近用电设备安装。专用配电箱内保护和控制电器的选型应满足规范和设备的要求。

用于电子信息系统机房内的动力设备与电子信息设备的不间断电源系统应由不同回路配电。

配电线路的中性线截面积不应小于相线截面积；单相负荷应均匀地分配在三相线路上。专用配电箱须设置电流、电压表以监测三相负荷的不平衡度，三相负荷不平衡度应小于20%。

专用配电箱应有充足的备用回路，用以计算机系统的扩容。重要设备采用放射式专用回路供电。

专用配电箱进线断路器应设置分励脱扣器，以保证在紧急情况下，能切断所有用电设备电源。消防报警系统应与动力配电柜联动，当消防报警信号被确认后，可用消防控制系统中的手动应急按钮关掉动力配电柜及空调设备配电柜；市电应与UPS、应急照明系统联锁。

从电源室到电子信息系统电源系统的配电盘使用的电缆，除应符合规范中配线工程中的规定外，其载流量应减少50%。

电子信息系统用的配电盘应设置在电子信息机房内，并应采取防触电措施。

在电子信息机房应设置应急电话和应急断电装置。

当电子信息机房内设置空调设备时，应受机房内电源切断开关的控制。机房内的电源切断开关应靠近工作人员的操作位置或主要出入口。

**5. 配电线路**

电子信息机房活动地板下部的供配电线路宜采用铜芯屏蔽导线或铜芯屏蔽电缆。

敷设在隐蔽通风空间的低压配电线路应采用阻燃铜芯电缆，电缆应沿线槽、桥架或局部穿管敷设；当配电电缆线槽（桥架）与通信缆线线槽（桥架）并列或交叉敷设时，配电电缆线槽（桥架）应敷设在通信缆线线槽（桥架）的下方。

电子信息机房活动地板下部的电源线应尽可能地远离计算机信号线，避免并排敷设，并应采取相应的屏蔽措施。

活动地板下作为空调静压箱时，电缆线槽（桥架）的布置不应阻断气流通路。

电子信息设备的电源连接点应与其他设备的电源连接点严格区别，并应有明显标识。

电子信息机房内的照明线路宜穿钢管暗敷或在吊顶内穿钢管明敷。

技术夹层内宜设置照明装置，并应采用单独支路或专用配电箱（柜）供电。

图8-6所示为一个电子信息设备的配电系统图。注意其终端配电线路用熔断器作保护，并配置了浪涌保护器。

**6. 提高供电质量**

为了提高电网的供电质量，电子信息机房的供配电系统设计应该注意以下事项：

1）供电质量应该符合设备要求和有关技术规范的规定。要求电压稳定、谐波含量少。供电电源应采取过电压保护等保护措施。如设置防雷和谐波吸收装置。

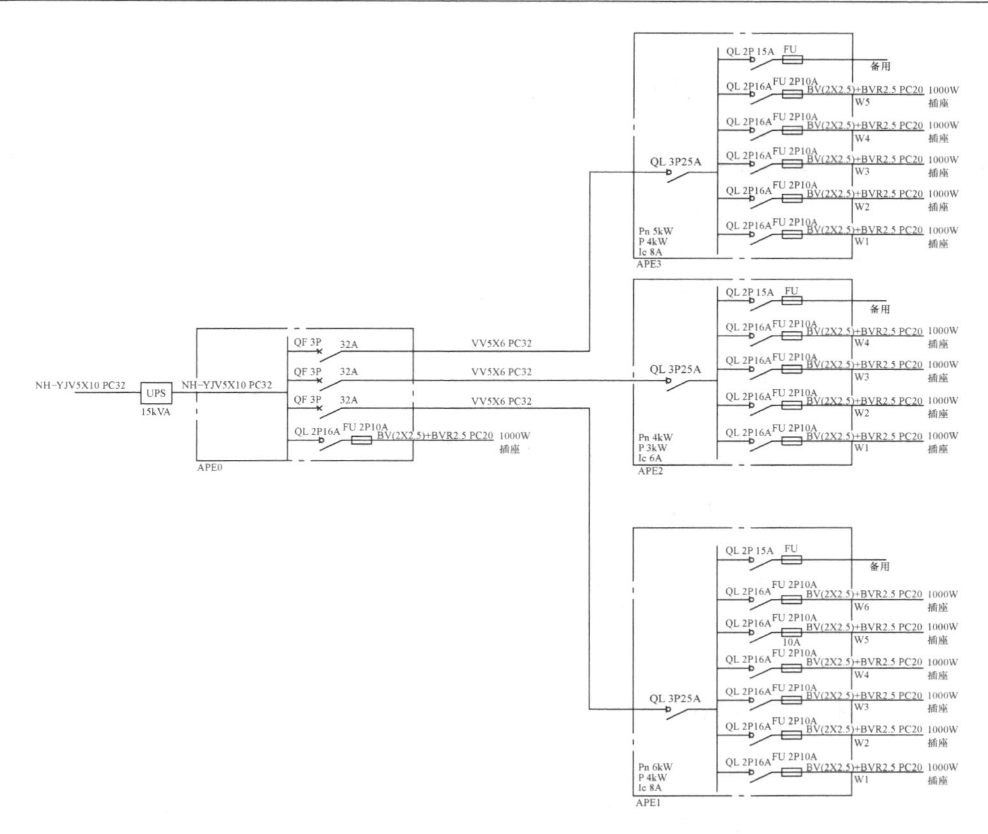


图 8-6　配电系统

2）电子信息设备专用配电箱（柜）宜配备浪涌保护器、电源监测和报警装置，并应提供远程通信接口。当输出端中性线与 PE 线之间的电位差不能满足电子信息设备的使用要求时，宜配备隔离变压器。

3）电子信息系统电源系统应限制接入非线性负荷，以保持电源的正弦性。

4）计算机电源设备应靠近主机房设置。

## 8.3　其他机房的供电

### 8.3.1　程控数字用户变换机系统的供电

程控数字用户交换机系统供电电源的负荷等级，应与本建筑工程中的电器设备的最高负荷分类等级相同。

程控数字用户交换机系统整流电源采用的交流电一般为单相 220V（或三相 380V），频率为 50Hz。交换机机体允许的电源电压应平稳，应在 220V/380V ±22V/38V 的范围内，频率为 50Hz ±2.5Hz，线电压变形畸变率应小于 5%。电话站的交流电源可由低压配电室或邻近的交流配电箱，从不同点引入两路独立电源，一用一备，末端可自动切换。当有困难时，也可引入一路交流电源。

当机房内通信设备有交流不间断和无瞬变供电要求时，应采用不间断电源供电，其蓄电池组可设一组。

为确保交换机系统的可靠供电，一般均配备直流蓄电池，交换机本机整流器在对本机供电的同时以浮充方式对蓄电池充电。程控数字用户交换机工作允许的直流供电范围一般为-56.5~-44V，衡重杂音电压小于2.4mV，当系统中电压掉至-40.5V时，系统将停止工作。因此，蓄电池容量（A·h）应根据主机柜数量及当地可能的交流停电时间等因素综合确定。通信设备的直流供电系统，应由整流配电设备和蓄电池组组成，可采用分散或集中供电方式供电。当直流供电设备安装在机房内时，宜采用开关型整流器和阀控式密封铅酸蓄电池。

交流电源引入方式宜采用暗管配线TN系统。引入交流电源当为TN系统时，宜采用TN—C—S供电方式。

直流配电屏（盘）应装于蓄电池室一侧，交流配电屏（盘）应靠近交流电源引入端。

### 8.3.2 通信设备间的供电

通信设备间供电一般采用不间断电源（UPS）。

通信设备间应提供不少于两个220V、10A的带保护接地的单相电源插座。但不作为设备供电电源。

### 8.3.3 广播扩声设备的供电

广播扩声设备的交流电源配置如下：

（1）有一路交流电源供电的工程，宜由照明配电箱专路供电。当功放设备容量在250W以上时，应在广播控制室设电源配电箱。

（2）有两路交流电源供电的工程，宜采用二回路电源在广播控制室互投供电。

（3）体育场（馆）、剧院、厅堂等重要公共活动场所的扩声系统，应从变配电所内的低压配电屏（柜）供给两路独立电源，于扩声控制室配电箱（柜）内互投。配电箱（柜）对扩声用功放设备采用单相三线制（L+N+PE）放射式供电。

（4）扩声设备的电源应由不带晶闸管调光负荷的照明变压器供电。当照明变压器带有晶闸管调光设备时，应根据情况采取下列防干扰措施：

1）晶闸管调光设备自身具备抑制干扰波的输出措施，使干扰程度限制在扩声设备允许范围内。

2）引至扩声控制室的供电电源干线不应穿越晶闸管调光设备的辐射干扰区。

3）引至调音台或前级控制台的电源应插接单相隔离变压器。

（5）交流电源电压偏移值一般不宜大于±10%。当电压偏移不能满足设备的限制要求时，应在该设备的附近装设自动稳压装置。当引至调音台（或前级信号处理机柜）、功放设备等交流电源的电压波动超过设备规定时，也应加装自动稳压装置。

（6）广播用交流电源容量一般为终期广播设备的交流电源耗电量的1.5~2倍。

### 8.3.4 火灾自动报警系统的供电

火灾自动报警系统应设有主电源和直流备用电源。

（1）火灾自动报警系统的主电源应采用消防专用电源，直流备用电源宜采用火灾报警控制器的专用蓄电池或集中设置的蓄电池。

（2）当直流备用电源为集中设置的蓄电池时，火灾报警控制器应采用单独的供电回路，并应保证在消防系统处于最大负载状态下不影响报警控制器的正常工作。

## 8.4　机房的照明

### 8.4.1　电子信息机房的照明

电子信息机房照明质量的好坏，不仅会影响计算机操作人员和软硬件维修人员的工作效率和身心健康，而且还会影响计算机的可靠运行。为使计算机装置的显示屏画面清晰，其照度不可过亮，否则会使反差减弱。

主机房和辅助区一般照明的照度标准值宜符合表 8-2 的规定。

**表 8-2　主机房和辅助区一般照明照度标准值**

| | 房间名称 | 照度标准值/lx | 统一眩光值 UGR | 一般显色指数 Ra |
|---|---|---|---|---|
| 主机房 | 服务器设备区 | 500 | 22 | 80 |
| | 网络设备区 | 500 | 22 | |
| | 存储设备区 | 500 | 22 | |
| 辅助区 | 进线间 | 300 | 25 | |
| | 监控中心 | 500 | 19 | |
| | 测试区 | 500 | 19 | |
| | 打印室 | 500 | 19 | |
| | 备件库 | 300 | 22 | |

支持区和行政管理区的照度标准值应按现行国家标准《建筑照明设计标准》的有关规定执行。

主机房和辅助区应设置备用照明，备用照明的照度值不应低于一般照明照度值的 10%；有人值守的房间，备用照明的照度值不应低于一般照明照度值的 50%；备用照明可为一般照明的一部分。

电子信息机房应设置通道疏散照明及疏散指示标志灯，主机房通道疏散照明的照度值不应低于 5lx，其他区域通道疏散照明的照度值不应低于 0. 5lx。

电子信息机房内不应采用 0 类灯具；当采用 1 类灯具时，灯具的供电线路应有保护线，保护线应与金属灯具外壳做电气连接。

### 8.4.2　电话交换机房的照明

电话交换机房的照明要求见表 8-3。

程控数字用户交换机及配线设备应避免阳光直射，以防止长期照射引起老化变形。

### 8.4.3　电光源和灯具

眩光限制等级的确定见表 8-4。

表 8-3 电话交换机房的照明要求

| 序号 | 名　称 | 照度标准/lx | 计算点高度/m | 备　注 |
| --- | --- | --- | --- | --- |
| 1 | 用户交换机室 | 100—150—200 | 1.4 | 垂直照度 |
| 2 | 话务台 | 75—100—150 | 0.8 | 水平照度 |
| 3 | 总配线架室 | 100—150—200 | 1.4 | 垂直照度 |
| 4 | 控制室 | 100—150—200 | 0.8 | 水平照度 |
| 5 | 电力室配电盘 | 75—100—150 | 1.4 | 垂直照度 |
| 6 | 电池槽上表面、电缆进线室、电缆室 | 30—50—74 | 0.8 | 水平照度 |
| 7 | 传输设备室 | 100—150—200 | 1.4 | 垂直照度 |

表 8-4 眩光限制等级

| 眩光限制等级 | 眩光程度 | 适用场所 |
| --- | --- | --- |
| Ⅰ | 无眩光 | 主机房、基本工作间 |
| Ⅱ | 有轻微眩光 | 第一类辅助房间 |
| Ⅲ | 有眩光感觉 | 第二、三类辅助房间 |

确定机房照度等级以及眩光限制等级以后，参照表 8-5 可以进行电光源的选择：

表 8-5 电光源的选择

| 光源种类 | 光源平均亮度 $L/(\times 10\text{cd/m}^2)$ | 眩光限制等级 | 遮光角 |
| --- | --- | --- | --- |
| 管状荧光灯 | <20 | Ⅰ | 20° |
| | | Ⅱ、Ⅲ | 10° |
| 透明玻璃白炽灯 | >500 | Ⅱ、Ⅲ | 20° |

电子信息机房一般用天棚暗装照明，最好是反光照明，并适当利用天然光。

电子信息机房应进行合理的照明配置。在有计算机终端设备的办公用房，应避免在屏幕上出现人和杂物的映像，宜限制灯具下垂线 50°角以上的亮度不应大于 200cd/m$^2$。

主机房和辅助区内的主要照明光源应采用高效节能荧光灯，荧光灯镇流器的谐波限值应符合现行国家标准《电磁兼容限值谐波电流发射限值》的有关规定。灯具的布置要考虑节能设计，并应采取分区、分组的控制措施。

荧光灯管的优点是效率高、寿命长、节约能源。可采用阳极电光铝双抛隔栅双管荧光灯具，要求该灯具具有辐翼型配制曲线，使被照面照度均匀。

荧光灯管要求用细管荧光灯 T8 系列（直径 26mm）取代过去的荧光灯 T12 系列（直径 36mm)，可节能 10%。嵌入式灯具要在吊顶上嵌入安装。按规定，灯具的重量大于 3kg 时，其重量要由混凝土板承担，在灯具的 4 角设 4 个吊点，吊链可用螺栓调节长度，将灯安装水平。灯具安装完毕后可在下面拆装、更换灯管等。

图 8-7 所示为一种格栅灯具。

一般选用 3×28W 进口阳极电光铝反光片嵌入式格栅灯具，规格为 600mm×1200mm，单套安装，均匀分布。其中若干套用做应急照明，由 UPS 供电。

目前半导体（发光二极管，LED）照明发展很快。它的能耗很小，用在同样照明效果的情况下，耗电量是白炽灯的万分之一，不到荧光灯管的二分之一。用半导体灯管，完全可以代替荧光灯管。图8-8所示为一种半导体灯管。

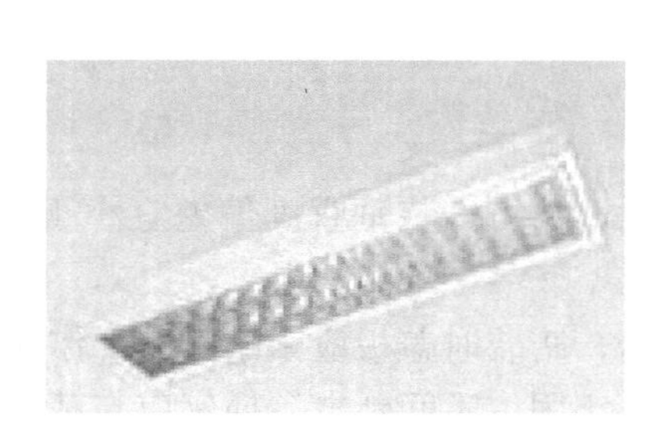

图8-7 格栅灯具

图8-8 半导体灯管

为确保作业面视觉良好，工作区照明排列要与工作台人员的方位要求相同，尽量避免灯光从作业面至眼睛直接反射，损坏对比度，降低能见度。

辅助区的视觉作业宜采取下列保护措施：

（1）视觉作业不宜处在照明光源与眼睛形成的镜面反射角上。

（2）辅助区宜采用发光表面积大、亮度低、光扩散性能好的灯具。

（3）视觉作业环境内宜采用低光泽的表面材料。

（4）工作区域内一般照明的照明均匀度不应小于0.7，非工作区域内的一般照明照度值不宜低于工作区域内一般照明照度值的1/3。

在机房门口及休息室出口处应放置疏散指示灯。

电气设备安装于墙面时，离地面的高度要求见表8-6。

**表8-6 电气设备安装于墙面时离地面的高度**

| 电气设备 | 抗静电地板以上（线缆直接上柜） |
| --- | --- |
| 开关 | 1400mm |
| 插座 | 300mm |
| 应急灯电源 | 吊顶下 |

### 8.4.4 插座

电子信息系统采用机房专用插座。可选用16A、250V 插座，安装在地面双位喷塑插座箱，外接防雷插座，引至机房设备。

墙插建议选用3+2孔插座。

### 8.4.5 照明线路

照明及插座线路宜采用电线管穿塑料铜芯线，并安装可靠接地线，防止电磁污染。

所有控制电缆必须穿电线管，电线管连接要牢固、可靠接地。

地板下电缆、电线敷设采取全封闭方式，以减少事故隐患，保障计算机设备安全、可靠运行。

## 8.5　机房供配电系统的施工验收

### 8.5.1　电气装置

电气装置的安装应牢固可靠、标志明确、内外清洁。安装垂直度偏差宜小于1.5‰；同类电气设备的安装高度，在设计无规定时应一致。

电气接线盒内应无残留物，盖板应整齐、严密，暗装时盖板应紧贴安装工作面。

开关、插座应按设计位置安装，接线应正确、牢固。不间断电源插座应与其他电源插座有明显的形状或颜色区别。

隐蔽空间内安装电气装置时应留有维修路径和空间。

特种电源配电装置应有永久的、便于观察的标志，并应注明频率、电压等相关参数。

落地安装的电源箱、电源柜应有基座。安装前，应按接线图检查其内部接线。基座及电源箱、电源柜安装应牢固，电源箱、电源柜内部不应受额外应力。接入电源箱、电源柜的电缆的弯曲半径宜大于电缆最小允许弯曲半径。电缆最小允许弯曲半径要求见表8-7。

**表8-7　电缆最小允许弯曲半径**

| 序号 | 电 缆 种 类 | 最小允许弯曲半径 |
|---|---|---|
| 1 | 无铅包钢铠护套的橡胶绝缘电力电缆 | 10D |
| 2 | 有钢铠护套的橡胶绝缘电力电缆 | 20D |
| 3 | 聚氯乙烯绝缘电力电缆 | 10D |
| 4 | 交联聚氯乙烯绝缘电力电缆 | 15D |
| 5 | 多芯控制电缆 | 10D |

注：D表示电缆直径。

不间断电源及其附属设备安装前应检查电压、电流及输入输出特性等参数，并应在符合设计要求后进行安装。安装及接线应正确、牢固。

蓄电池组的安装应符合设计及产品技术文件要求。蓄电池组的重量超过楼板载荷时，在安装前应按设计采取加固措施。对于含有腐蚀性物质的蓄电池，安装时应采取防护措施。

柴油发电机的基座应牢靠固定在建筑物地面上。安装柴油发电机时，应采取抗振、减噪和排烟措施。柴油发电机应进行连续12h负荷试运行，无故障后可交付使用。

电气装置与各系统的联锁应符合设计要求，联锁动作应正确。

电气装置之间应连接正确，应在检查接线连接正确无误后进行通电试验。

### 8.5.2　配线及敷设

线缆端头与电源箱、电源柜的接线端子应搪锡或镀银。线缆端头与电源箱、电源柜的连接应牢固、可靠，接触面搭接长度不应小于搭接面的宽度。

电缆敷设前应进行绝缘测试，并应在测试合格后敷设。机房内电缆、电线的敷设，应排列整齐、捆扎牢固、标志清晰，端接处长度应留有适当余量，不得有扭绞、压扁和保护层断裂等现象。在转弯处，敷设电缆的弯曲半径应符合表8-7的规定。电缆接入配电箱、配电柜时，应捆扎固定，不应对配电箱产生额外应力。

隔断墙内穿线管与墙面板应有间隙，间隙不宜小于10mm。安装在隔断墙上的设备或装置应整齐固定在附加龙骨上，墙板不得受力。

电源相线、保护地线、零线的颜色应按设计要求编号，颜色应符合下列规定：

1）保护接地线（PE线）应为黄绿相间色。

2）中性线（N线）应为淡蓝色。

3）L1相线应用黄色，L2相线应用绿色，L3相线应用红色。

正常均衡负载情况下，保护接地线（PE线）与中性线（N线）之间的电压差应符合设计要求。

电缆桥架、线槽和保护管的敷设应符合设计要求和现行国家标准《建筑电气工程施工质量验收规范》的有关规定。在活动地板下敷设时，电缆桥架或线槽底部不宜紧贴地面。

### 8.5.3　照明装置

吸顶灯具底座应紧贴吊顶或顶板，安装应牢固。

嵌入安装灯具应固定在吊顶板预留洞（孔）内专设的框架上。灯具宜单独吊装，灯具边框外缘应紧贴吊顶板。

灯具安装位置应符合设计要求，成排安装时应整齐、美观。

专用灯具的安装应按现行国家标准《建筑电气工程施工质量验收规范》的有关规定执行。

### 8.5.4　施工验收

**1. 施工验收时应检查的内容**

（1）电气装置、配件及其附属技术文件是否齐全。

（2）电气装置的型号、规格、安装方式是否符合设计要求。

（3）线缆的型号、规格、敷设方式、相序、导通性、标志、保护等是否符合设计要求，已经隐蔽的应检查相关的隐蔽工程记录。

（4）照明装置的型号、规格、安装方式、外观质量及开关动作的准确性与灵活性是否符合设计要求。

**2. 施工验收时应测试的内容**

（1）电气装置与其他系统的联锁动作的正确性、响应时间及顺序。

（2）电线、电缆及电气装置的相序的正确性。

（3）电线、电缆及电气装置的电气绝缘电阻应达到表8-8的要求。

表 8-8 电气绝缘电阻

| 序号 | 项目名称 | 最小绝缘电阻值/MΩ |
| --- | --- | --- |
| 1 | 开关、插座 | 5 |
| 2 | 灯具 | 2 |
| 3 | 电线电缆 | 0.5 |
| 4 | 电源箱、电源柜二次回路 | 1 |

（4）柴油发电机组的启动时间，输出电压、电流及频率。

（5）不间断电源的输出电压、电流、波形参数及切换时间。

检验及测试合格后，可进行施工交接验收，并应填写《供配电系统验收记录表》。

# 第9章　电子信息机房防雷及接地

## 9.1　防　　雷

雷电是发生在大气层中的声、光、电物理现象，它具有极大的破坏性，其电压可高达数百万伏，瞬间电流可高达数十万安培，给人类生活及生产带来了巨大影响。雷电可能危及人类生命，引起火灾、爆炸、建筑物倒塌、森林大火，特别对电力、广播电视、航空航天、邮电通信、国防建设、交通运输、石油化工、电子工业、银行金融等领域产生严重危害。近年来，随着高层建筑设施的大量涌现，特别是大量的数据设备和精密仪器的广泛应用，雷电损害造成的事故数量逐年上升。雷击放电产生高达数万伏甚至数十万伏的冲击电压，可烧毁发电机、变压器等电气设备；损坏电路，降低电子设备的使用寿命；严重的将烧毁设备，导致火灾或爆炸等事故。建筑物智能化系统大部分是电子信息设备，集成电路的工作电压和工作电流很小，雷电足以造成其损坏。

电子信息机房担负着服务、网络通信和信息储备等重要任务，为保障通信线路的安全及网络设备的正常运行，系统不能因为雷击造成停顿，有必要事先做好机房的防雷、避雷工作，防患于未然，以避免不必要的损失。因此应该充分注意它们的防雷。

### 9.1.1　建筑物防雷

建筑物防雷分为第一类、第二类、第三类防雷建筑物，相应采取不同防雷措施。

建筑物电子信息系统的雷电防护等级按防雷装置的拦截效率划分为A、B、C、D四级。可按雷击风险评估或建筑物电子信息系统的重要性确定雷电防护等级。

电子信息系统防雷可分为外部防雷和内部防雷。外部防雷主要是防直击雷。内部防雷主要是防雷击电磁脉冲、防雷电波入侵、防反击和防生命危险。

防雷击电磁脉冲包括电源线路防雷保护、信号线路防雷保护。

建筑物外部防雷装置有接闪器、避雷引下线、接地体、均压环。

（1）接闪器。在屋顶设置接闪器如避雷针、避雷带。将接闪器的金属构件接地。

（2）避雷引下线。避雷引下线要尽量利用建筑物的结构钢筋。对避雷针及其引下线要进行限流和分流。避雷引下线数量应该多，可以增加分流效果。

（3）接地体。采用建筑物基础作为接地体或采用人工接地体。

（4）均压环。在建筑物中间部位设置均压环，可以改善分流效果。

### 9.1.2　电子信息系统防雷

当电子信息系统在建筑物防雷接地情况良好时，还应该注意雷击电磁脉冲（感应雷）对电子设备的危害。

经实际运行经验验证，由电源系统耦合进入的感应雷击造成设备的损坏占雷击灾害损失

60%以上。因此，对电源系统的避雷保护措施是整个防雷工程中必不可少的一个环节。要防止外输电线路的感应雷电波和雷电电磁脉冲的侵入，在其进入大楼电源系统之前将其泄放入地。

众所周知，网络通信设备的接口芯片抗过电压冲击的能力很差，一般集成电路极限电压均在几十伏，极易遭受感应雷袭击。而根据美国通用电气公司的试验结果，只需 $7\times10^{-6}$T 的磁感应强度就能使网络系统瘫痪，而 $2.4\times10^{-4}$T 的磁感应强度就使计算机的元器件永久性损坏。电磁脉冲轻则使部分通信线路中断，重则使整个网络瘫痪。

雷击电磁脉冲的入侵途径主要有：

1）避雷针及其引下线。

2）设备的供电线路。

3）天线及其馈线。

4）计算机或电话网络线路。

5）接地不良造成雷电反击。

因此，防止雷击的方法应该注意采取全面有效的措施，一般应采用综合防雷措施。并应按照物体可能遭到雷击的情况，将建筑物划分为不同的防雷区（LPZ）。同时，需针对不同的设备选用相应的数据通信信号避雷器作为通信线路上防感应雷电压波的保护措施。

电子信息系统防雷应防护直击雷、感应雷、雷电波入侵，采用屏蔽、等电位联结、合理布线、共用接地、浪涌保护器等措施进行综合防雷。

## 9.2 防雷击电磁脉冲

防雷击电磁脉冲主要是采用屏蔽、等电位联结和电源浪涌保护器进行综合防雷。

### 9.2.1 屏蔽

屏蔽主要是指在建筑物和房间外部设屏蔽，以减少电磁干扰。对重要机房，如大型计算机机房或有重要电子设备的机房，应该采取屏蔽措施。可以用建筑物钢筋和金属支架或金属框架对建筑物进行屏蔽；可以利用建筑物钢筋混凝土内的钢筋联结起来，构成六面体形成屏蔽；要求高的可以采用金属网等进行屏蔽，有的要求双层屏蔽。穿入屏蔽的金属物应就近与其做等电位联结。

### 9.2.2 等电位联结

等电位联结主要减少雷电流所造成的电位差。等电位联结的做法如下。

**1. 总等电位联结**

总等电位接地端子板通过2根以上主钢筋与接地体和接地网格联结。在场地面积较大的情况下可以设置数个等电位接地端子箱，相互用铜排或扁钢联结，成环形或带形，铜排或扁钢每隔5m与接地系统联结。在建筑物内部将分开的装置、导电物体等进行等电位联结，可以将建筑物钢筋混凝土内的结构钢筋和金属管道、金属设备、电缆桥架、金属门窗、金属地板等联结。

由于工艺要求或其他原因，被保护设备不会正好设在两防雷区界面处而是设在其附近，在这种情况下，当线路能承受所发生的过电压时，电源避雷器可安装在被保护设备处，而线路的金属保护层或屏蔽层宜先于界面处做一次等电位联结。

电子信息机房内的电子信息设备应进行等电位联结，等电位联结方式应根据电子信息设备易受干扰的频率及电子信息机房的等级和规模确定，可采用星（S）型、网（M）型或星网（SM）混合型。

采用 M 型或 SM 混合型等电位联结方式时，主机房应设置等电位联结网格，网格四周应设置等电位联结带，并应通过等电位联结导体将等电位联结带就近与接地汇流排、各类金属管道、金属线槽、建筑物金属结构等进行连接。每台电子信息设备（机柜）应采用两根不同长度的等电位联结导体就近与等电位联结网格连接。

等电位联结网格应采用截面积不小于 $25mm^2$ 的铜带或裸铜线，并应在防静电活动地板下构成边长为 0.6 ~ 3m 的矩形网格。

等电位联结带、接地线和等电位联结导体的材料和最小截面积，应符合表 9-1 的要求。

**表 9-1　等电位联结带、接地线和等电位联结导体的材料和最小截面积**

（单位：$mm^2$）

| 名　　称 | 材料 | 最小截面积 |
|---|---|---|
| 等电位联结带 | 铜 | 50 |
| 利用建筑内的钢筋做接地线 | 铁 | 50 |
| 单独设置的接地线 | 铜 | 25 |
| 等电位联结导体（从等电位联结带至接地汇集排或至其他等电位联结带、各接地汇集排之间） | 铜 | 16 |
| 等电位联结导体（从机房内各金属装置至等电位联结带或接地汇集排；从机柜至等电位联结网格） | 铜 | |

注：各材料长度应满足电磁屏蔽的性能要求。

**2. 局部等电位联结**

局部等电位联结是指在每个楼层竖井内或配电箱内设置局部等电位端子板，各个房间的设备及其附近的金属管道和构件保护接地可以接到局部等电位端子板。

### 9.2.3　浪涌保护器

电源线路一般由建筑物配电中心供至各楼层配电箱，后再接机房的用电设备。信号线路从户外引入机房；机房内部信号线路由中心交换机分出与服务器和其他网络设备相连。

浪涌保护器如图 9-1 所示，用于限制暂态过电压和分流电涌电流，可以分别设置在电源、天线和信号线路。浪涌保护器必须能承受预期通过的雷电电流。浪涌保护器可以采取单级和多级保护。目前浪涌保护器的常用保护元件有气体放电管、氧化锌压敏电阻、齐纳二极管和雪崩二极管。

图 9-1　浪涌保护器

电子信息系统线路在建筑物直击雷防护区和非直击雷防护区与第一防护区交界处应装设适配的浪涌保护器。

**1. 电源浪涌保护**

进出电子信息机房的电源线路不宜用架空线路，宜用埋地电力电缆引入。

应在电源进户处、总电源、分电源等处加入电源浪涌保护器。为了避免雷电由交流供电电源线路入侵，可在建筑物的变配电所的高压柜内的各相安装避雷器一级保护，在低压柜内安装阀式防雷装置作为二级保护，以防止雷电侵入建筑物的配电系统。为谨慎起见，可在建筑物各楼层的供电配电箱中安装电源避雷器作为三级保护，并将配电箱的金属外壳与建筑物的接地系统可靠联结。

按照电子信息系统雷电防护等级安装相应的电源浪涌保护器：

A 级宜采用 3 ~4 级电源浪涌保护器进行保护；

B 级宜采用 2 ~3 级电源浪涌保护器进行保护；

C 级宜采用 2 级电源浪涌保护器进行保护；

D 级宜采用 1 级或 1 级以上电源浪涌保护器进行保护。

如某工程电源 3 级浪涌保护的做法：

（1）电源 1 级浪涌保护。按照第二类建筑物雷电防护等级首次雷击参数要求，依据雷电分流理论，可分配到电源线路系统的最大雷电电流为 10/350μs 波形、通流容量 75kA。则对于 TN（保护接零）系统每线可分配 10/350μs 波形、通流容量 15kA。因此作为系统电源进线端的第一级防雷，需使用 10/350μs 波形、通流容量大于 15kA/线的电源浪涌保护器将数万伏的感应雷击过电压限制到 4kV 以下。

通常将配电系统第一级防雷保护设计为：使用 10/350μs 波形、通流容量 25kA/线，8/20μs波形、通流容量 100kA/线的 B 级电源浪涌保护器将感应雷击过电压限制到 2kV 以下。所有接线用 16$mm^2$ 多股铜线连接，地线用 25$mm^2$ 多股铜线连接，选用一级电源防雷模块。

（2）电源 2 级浪涌保护。按照第二类防雷建筑物雷电防护等级二次雷击参数要求，依据雷电分流理论，可分配到电源线路系统的雷电电流为 8/20μs 波形、通流容量 75kA。对于 TN 系统，每线可分配 8/20μs 波形、通流容量 18.75kA，考虑到保护的裕度，作为配电系统电源第二级防雷，需使用 8/20μs 波形、通流容量 40kA/线的电源浪涌保护器将 4kV 的线路残余感应雷击过电压限制到 2kV 以下。

（3）电源 3 级浪涌保护。依据建筑物配电线路设计的实际情况，考虑到机房设备的重要性，将配电系统三级防雷保护设计为：使用 8/20μs 波形、通流容量 20kA/线的电源浪涌保护器将感应雷击过电压限制到 15kV 以下。

机房内机柜、设备外壳等大金属物件用 4$mm^2$ 专用接地线和等电位铜排进行连接，要求用两根接地线，在机柜对称的两个角落焊接引出到等电位铜排。所有机柜的等电位连接线单独出线。

总之，只有将直击雷、感应雷、接地网、防雷器选择及配合、连接线及等电位联结等因素考虑到系统防雷之内，充分利用电磁兼容的分区防雷，消除地电位反击等综合环节，就可以将机房防雷工作做好，使雷灾的可能性降至最低。

图 9-2 所示为 TN 系统电源浪涌保护器的接法。

**2. 信号浪涌保护器**

信号电涌保护器是在信息线路上进行浪涌保护的器件，其主要接入位置为：

1）在计算机网络引入线路处加入计算机信号浪涌保护器。

2）在各种通信天线如微波、电视、卫星通信、电视摄像机等处加入信号浪涌保护器。

3）在通信设备、调制解调器、程控交换机、用户电话等处加入电话信号浪涌保护器。

图9-3所示为计算机浪涌保护器的外形。

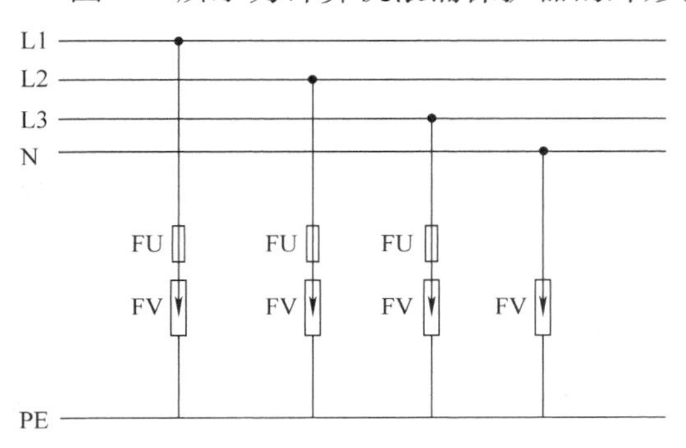


图9-2　TN系统电源浪涌保护器接法
FU—熔断器　FV—浪涌保护器

图9-3　计算机浪涌保护器

## 9.3　接　　地

电子信息机房的接地系统对电子信息设备的正常稳定运行起着关键作用。不正确的接地方式，可能会造成机房电子信息设备不能正常工作。

电子信息机房的防雷和接地设计，应满足人身安全及电子信息系统正常运行的要求，并应符合现行国家标准《建筑物防雷设计规范》和《建筑物电子信息系统防雷技术规范》的有关规定。

### 9.3.1　电子信息机房接地的类型

电子信息设备的接地类型一般有直流接地、交流接地、安全保护接地、屏蔽接地、防静电接地等。

**1. 直流接地**

电子信息系统的直流地（DC Ground）又称为逻辑地。为了使电子信息设备正常工作，机器的所有电子线路必须工作在一个稳定的基础电位上，就是零电位参考点。在设计直流地时要注意消除各电路电流经一个公共地线阻抗时所产生的噪声电压。

电子信息系统的直流地是数字电路和系统的基准电位，但不一定是大地电位。如果把接地系统经一低阻通路接至大地上，则该地线系统的电位即可视为大地电位，被称为接大地。如该地线系统不与大地连接，而是与大地严格绝缘，则称为直流地悬浮。

**2. 交流工作接地**

电子信息系统交流工作地（AC Ground）按电子信息系统内的交流设备和电子信息系统配套的交流设备分别连接。

**3. 安全保护接地**

机房内各类电气设备的绝缘损坏，会对设备和操作、维修人员的安全构成威胁。为了保证设备和人身的安全，而把机房内所有电气设备的外壳以及电动机、空调器等辅助设备的机体与地做良好的连接，称为安全保护接地（Safety Ground）。

安全保护地的作用：

1）在绝缘被击穿时保护人身和设备的安全。

2）在绝缘未被击穿时也保护人身安全的作用。

**4. 防静电接地**

防静电接地（Anti-Static Grounding）是电气设计中容易但又不允许被忽视的组成部分，在生产和生活中有许多静电导致设备故障的事例。电子信息系统的电子元件大多容易受到静电的伤害。

电子信息机房内所有导静电地板、活动地板、工作台面和座椅垫套必须进行静电接地，不得有对地绝缘的孤立导体。防静电接地可以经限流电阻及自己的连接线与接地装置相连。在有爆炸和火灾隐患的危险环境，为防止静电能量泄放造成静电火花引发爆炸和火灾，限流电阻值宜为1MΩ。

### 9.3.2　接地系统技术要求

根据规范的规定：电子信息系统直流工作接地要求电阻值≤1Ω；电子信息系统交流接地电阻值≤4Ω；安全保护接地电阻值≤4Ω；防雷接地电阻值≤10Ω。

微波站直流工作接地，应从接地汇集线上就近引接。微波站通信设备及供电设备正常不带电的金属部分、通信设备所防雷保安器的接地端，均应作保护接地。工频接地电阻应不大于10Ω。

数字通信设备的机架保护接地应防止通过布线引入机架的随机接地。大楼顶的微波天线及其支架应与避雷接地线就近连通。严禁采用中性线作为交流保护地线。综合通信大楼的接地电阻值不宜大于1Ω。

电信建筑防雷接地装置的冲击接地电阻不应大于10Ω，对综合接地（联合接地）应满足工作接地电阻要求。

电子信息机房防静电接地电阻值不应大于10Ω。

## 9.4　接地体、接地方式与接地系统

### 9.4.1　接地体

接地体有自然接地体和人工接地体。

（1）自然接地体。接地装置优先利用自然接地体，即利用建筑物基础钢筋，基础钢筋可以和桩基钢筋连接在一起。

（2）人工接地体。在无法利用自然接地体的情况下，可采用人工接地体。埋于土壤内的人工垂直接地体可采用角钢、圆钢或钢管。水平接地体可以采用扁钢或圆钢。

人工接地体大多为金属，但由于金属本身的特性，腐蚀的接地体阻值很容易升高，对设

备的正常运作有很大影响，故建议采用非金属低电阻接地模块作为接地极。非金属接地体本身为非金属，不腐蚀，与土壤的侵合力很好，不易与土壤产生接触电阻。采用人工接地体的具体做法为：针对机房做一独立地体，然后并入大楼地网组成联合接地，机房地线与联合地网相连。

### 9.4.2 接地方式

接地方式有共用接地（Common earthling）和独立接地方式。

（1）共用接地系统是将部分防雷装置、建筑物金属构件、低压配电保护接地线、等电位联结带、设备安全保护接地、屏蔽接地、防静电接地及接地装置等连接在一起的接地系统。

防雷接地、保护接地及各电子信息设备接地利用同一接地体。

共用接地系统接地装置的接地电阻必须按接入设备中要求的最小值确定。

（2）独立接地系统是对功能性接地有特殊要求需单独设置接地线的电子信息设备，接地体应与其他接地线体分开。

### 9.4.3 等电位联结

需要保护的电子信息设备必须采取等电位联结与接地保护措施。

电子信息机房内应设等电位联结网络。局部信息系统的金属部件，如箱体、壳体、机架、机柜的外壳，金属管道、线槽、屏蔽线的外壳，信息设备防静电接地、安全保护接地、浪涌保护器的接地等均应以最短距离与等电位联结网络的接地端子连起来。

电子信息机房的电力线路、电力设备等电位联结用的总接地带、总接地母线、总等电位联结带，也可做共用的等电位联结带。

电子信息设备、电子信息线路可设立环形等电位联结带，实现机房设备的等电位联结。

机房静电地板下应加做环形等电位联结带，以起到等电位联结作用。在机房区域内的地板下可以40mm×4mm的紫铜带设环形等电位联结带，并将环形等电位联结带至少两处连接到机房所在楼层的电信间内的共用接地装置上；机房内的静电地、安全保护地等直接连接到环形等电位联结带上。

信息系统的金属部件，如箱体、壳体、机架、机柜的等电位联结，在机房分别形成网形（M形）等电位联结结构或星形（S形）等电位联结结构。

环形等电位联结带与机房的直流逻辑地线接通，另外机房UPS供电系统电源插座及信号地均在最近的距离内与环形等电位联结带直线相连，避免因电位差而损坏设备。

在直击雷非防护区或直击雷防护区与第一防护区交界处应设总等电位联结端子板，每层楼设置楼层等电位联结端子板，电子信息设备机房设置局部等电位联结端子板。共用接地装置应与总等电位联结端子板连接，并通过接地干线与楼层等电位联结端子板连接，由此引到设备机房，与局部等电位联结端子板连接。图9-4所示为总等电位联结。

接地干线应采用截面积为16mm$^2$或以上的铜导体。

### 9.4.4 接地系统

电子信息机房必须有良好的接地装置以及良好的接地系统。在电子信息机房的共用接地系统是以建筑物基础接地为接地装置，以钢筋笼栅形成暗装的法拉第笼为接地系统的骨架，并将各种已与此笼栅做了等电位联结的设备金属外壳、金属管道、电气和信号线路的金属护套、桥架等连接到一起，构成了多种大小不同的接地（等电位联结）网络。在垂直方向上，最下层为大楼基础地，向上是各个楼层的楼层地，在楼层内设有机房等电位联结装置（环形或接地线）。信息系统首先接到机房等电位联结装置上，然后由此引向楼层等电位联结装置，再经大楼接地骨架接到最底层的总等电位联结装置上，如图9-5所示。

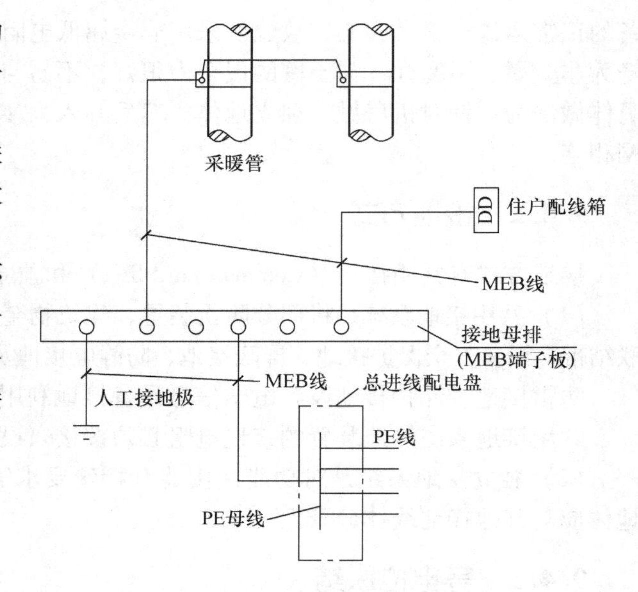


图9-4　总等电位联结示意图

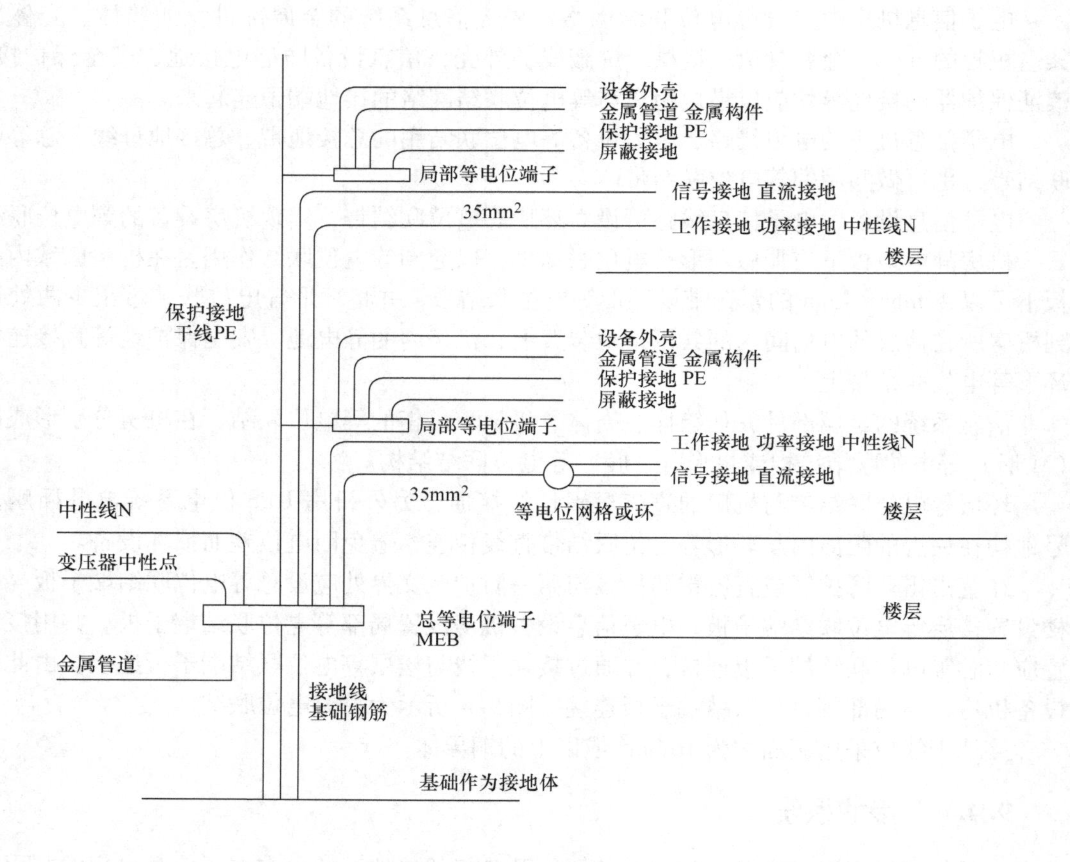


图9-5　接地系统

## 9.5　机房接地施工验收

电子信息机房应进行防雷与接地装置和接地线的安装验收。

施工验收依据有关设计图样以及《电子信息机房施工及验收规范》、《建筑物电子信息系统防雷技术规范》、《电气装置安装工程施工及验收规范》来施工验收。

### 9.5.1　防雷与接地施工

防雷与接地装置施工重点注意事项如下：

（1）浪涌保护器安装应牢固，接线应可靠。安装多个浪涌保护器时，安装位置、顺序应符合设计和产品说明书的要求。

（2）正常状态下外露的不带电的金属物必须与建筑物做等电位网联结。

（3）接地装置焊接应牢固，并应采取防腐措施。接地体埋设位置和深度应符合设计要求，引下线应固定。

（4）接地电阻值无法满足设计要求时，应采取物理或化学降阻措施。

（5）等电位联结金属带可采用焊接、熔接或压接。金属带表面应无毛刺及明显伤痕，安装应平整、连接牢固，焊接处应进行防腐处理。

（6）接地线：

1）接地线不得有机械损伤；穿越墙壁、楼板时应加装保护套管；在有化学腐蚀的位置应采取防腐措施；在跨越建筑物伸缩缝、沉降缝处，应弯成弧状，弧长宜为缝宽的1.5倍。

2）接地端子应做明显标记，接地线应沿长度方向用油漆刷成黄绿相间的条纹进行标记。

3）接地线的敷设应平直、整齐。转弯时，弯曲半径应符合规范的规定。接地线的连接宜采用焊接，焊接应牢固、无虚焊，并应进行防腐处理。

### 9.5.2　机房接地系统测试

（1）机房接地系统测试主要有以下几个参数：

1）机房接地系统的接地电阻值；

2）机房配电箱的中性线对地电压值。

（2）系统测试方法：

1）测试接地电阻：使用数字接地电阻测试仪，测量机房防静电地板下等电位网、机房内不带电的金属物体、设备的金属外壳等的接地电阻值，测得的数值应小于设计值。

2）测试中性线对地电压值：使用数字万用表测量机房市电配电箱、UPS输出配电箱内中性线与地线的电压差，测得的数值应小于2V。

### 9.5.3　防雷接地验收

#### 1. 验收检测

验收检测应包括下列内容：

1）检查接地装置的结构、材质、连接方法、安装位置、埋设间距、深度及安装方法是否符合设计要求。

2）对接地装置的外露接点应进行外观检查，已封闭的应检查施工记录。

3）验证浪涌保护器的规格、型号是否符合设计要求，检查浪涌保护器安装位置、安装方式是否符合设计要求或产品安装说明书的要求。

4）检查接地线的规格、敷设方法及其与等电位金属带的连接方法是否符合设计要求。

5）检查等电位联结金属带的规格、敷设方法是否符合设计要求。

6）检查接地装置的接地电阻值是否符合设计要求。

**2. 验收**

验收检测项目合格后，可进行施工交接验收，并应填写《防雷与接地装置验收记录表》。

施工交接验收时，施工单位提供的文件应符合规范的相关规定。

# 第10章　电子信息机房的电磁屏蔽

## 10.1　电磁兼容性和电磁环境

### 10.1.1　电磁兼容性

电磁兼容性（Electro Magnetic Compatibility，EMC）是指一个运行的电气系统或设备不对外界产生难以忍受的电磁辐射，同时不受外界电磁干扰，即电磁辐射最小与最强的抗电磁干扰能力。

在智能建筑中各种电子、电气设备运行时会产生各种电磁波，这种电磁波对于电子设备和人体造成了一定的影响。严重时会干扰电子设备的正常工作，对于人员的健康造成一定危害。

要求智能建筑中各种电子、电气设备能够符合电磁兼容性标准。

### 10.1.2　电磁环境

民用建筑电磁环境可以分为一级和二级：

（1）一级电磁环境。在该电磁环境下长期居住或工作，人员的健康不会受到损害。

（2）二级电磁环境。在该电磁环境下长期居住或工作，人员的健康可能受到损害。

**1. 电磁干扰源**

智能建筑的内部和外部存在各种电磁干扰（Electro Magnetic Interference，EMI）源影响了它的电磁环境。

建筑物内部和外部的电磁干扰源有：

（1）自然干扰源。自然干扰源包括大气噪声和天电噪声。大气噪声指雷电和局部电磁干扰源；天电噪声包含太阳噪声和宇宙噪声。雷电会对各种电气设备造成损害和干扰。

（2）人为干扰源。人为干扰源分为功能性和非功能性干扰源。如：配电设备开关在分、合闸时会产生强烈的电磁干扰；电力线在工作时产生强烈的电磁干扰；射频设备在工作时产生的电磁波辐射；电气设备中的非线性元器件，使线路产生谐波造成干扰；工作场所静电对电子设备的干扰；射频辐射和微波辐射的影响。

**2. 电磁干扰的传播**

电磁干扰的传播途径主要有传导干扰和辐射干扰。

（1）传导干扰（Conducted Emissions）。传导干扰是通过导体的电磁干扰。耦合的形式为电耦合、磁耦合或电磁耦合。

（2）辐射干扰（Radiated Emissions）。辐射干扰是空间传播的电磁干扰，分为近场区和远场区。近场区的干扰形式为电感应、磁感应；远场区的干扰形式是辐射。

### 10.1.3 防电磁干扰方法

电子信息系统的设计应考虑建筑物内部的电磁环境、系统的电磁敏感度、系统的电磁干扰与周边其他系统的电磁敏感度等因素，以符合电磁兼容性要求。

民用建筑物内不得设置可能产生危及人员健康的电磁辐射的电子信息系统设备，当必须设置这类设备时，应采取隔离或屏蔽措施。

电子信息系统防电磁干扰的方法有：

1）合理选择场地。电子信息系统的场地应远离干扰源，它的背景场强应低于一定的数值。

2）信息系统低压配电设备宜采用 TN—S 系统。

3）进入智能建筑物的线路最好用暗敷设。如果采用架空敷设，就要采取防雷措施。

4）合理敷设建筑物内部的线路。电源和信息线路应该分别敷设在不同的桥架和竖井内。并保持一定距离。金属桥架应该良好地接地。

5）采取良好的接地措施，如采用共用接地。

6）对于非线性负荷，应该设置专用线路，同时电源采取滤波措施。

7）对于电磁干扰非常敏感的设备，应该采取屏蔽措施。

8）电子信息线路应该避开避雷引下线。

9）对有防辐射要求的计算机机房，在安全区边界由计算机辐射而产生的电磁场强度不应大于有关标准的规定。

## 10.2 电磁屏蔽

电磁屏蔽的方法目前主要采用电磁屏蔽室和屏蔽门、滤波器、波导管、截止波导通风窗等屏蔽件。

### 10.2.1 电磁屏蔽室

简单说来，电磁屏蔽室就是一个钢板房子，冷轧钢板是其主体屏蔽材料。它包括六面壳体、门、窗等一般房屋要素，只是要求严密的电磁密封性能，并对所有进出管线作相应屏蔽处理，进而阻断电磁辐射出入。

目前电磁屏蔽室有钢板拼装式、钢板焊接式、钢板直贴式及铜网式四大类。

钢板拼装式电磁屏蔽室为厚度为 1.5mm 钢板模块拼装而成，生产、安装工艺较简单，适用于小面积、屏蔽效能要求一般的工程。可拆卸移建，但移建后屏蔽效能明显降低。

钢板焊接式电磁屏蔽室采用 2 ~ 3 mm冷轧钢板与龙骨框架焊接而成，屏蔽效能高，适应各种规格尺寸，是电磁屏蔽室的主要形式。

钢板直贴式和铜网式用于屏蔽效能要求较低的简易工程。

**1. 电磁屏蔽室的主要功能**

（1）隔离外界电磁干扰，保证室内电子、电气设备正常工作。特别是在电子元件、电器设备的计量、测试工作中，利用电磁屏蔽室（或暗室）模拟理想电磁环境，可提高检测结果的准确度。

(2) 阻断室内电磁辐射向外界扩散。强烈的电磁辐射源应予以屏蔽隔离，防止干扰其他电子、电气设备正常工作甚至损害工作人员身体健康。

(3) 防止电子通信设备信息泄漏，确保信息安全。电子通信信号会以电磁辐射的形式向外界传播（即 TEMPEST 现象），敌方利用监测设备即可进行信息的截获和还原。电磁屏蔽室是确保信息安全的有效措施。

屏蔽室分为 C 级和 B 级，C 级屏蔽室屏蔽效能高。

**2. 电磁屏蔽室的基本组成**

(1) 壳体：此处以钢板焊接式电磁屏蔽室为例。壳体包括六面龙骨框架和冷轧钢板。龙骨框架由槽钢、方管焊接而成，材料规格按屏蔽室大小确定。地面龙骨（地梁）应与地面进行绝缘处理。墙、顶部冷轧钢板厚度为 2mm，底部钢板厚 3mm，先在车间预制成模块，分别焊接在龙骨框架内侧。所有焊接均采用 $CO_2$ 保护焊，连续满焊，并用专用设备检漏，防止漏波。所有钢质壳体必须进行良好的防锈处理。

(2) 电磁屏蔽门：电磁屏蔽门是屏蔽室唯一活动部件，也是屏蔽室综合屏蔽效能的关键，技术含量较高，材料特殊，工艺极其复杂。电磁屏蔽门有铰链式插刀门、平移门两大类，各有手动、电动、全自动等形式。如考虑使用的稳定性及性价比，则首选手动插刀式铰链门（标准门尺寸：1900mm×850mm）。

(3) 蜂窝型通风波导窗：通风换气、调节空气是屏蔽室必备设施。蜂窝型波导窗由对边距 5mm 的六边形钢质波导管集合组成，波导管不妨碍空气流通，却对电磁辐射有截止作用。目前主要采用 300mm×300mm×50mm 规格的全焊接式蜂窝式波导窗。屏蔽室按面积大小配置相应数量的波导窗，分别用于进风、排风、泄压。

(4) 电气滤波器：进入屏蔽室的电源线、通信信号线等导体都会夹带传导电磁干扰，必须有相应的滤波器加以滤除。滤波器是由无源元件（电感、电容）构成的无源双向网络，其主要性能参数是截止频率（低通、高通、带通、带阻）、插入损耗（阻带衰减量），滤波性能取决于滤波级数（滤波器滤波元件数）、滤波器结构类型（单电容型、单电感型 L 形、π 形）等。

(5) 波导管：进入防护室的各种非导体管线如消防喷淋管、光纤等，均应通过波导管，波导管对电磁辐射的截止原理与波导窗相同。

一般规定对涉及国家秘密或企业对商业信息有保密要求的电子信息系统机房，应设置电磁屏蔽室或采取其他电磁泄漏防护措施，电磁屏蔽室的性能指标应按国家现行有关标准执行。

图 10-1 所示为一电磁屏蔽室的门和窗。

图 10-1 电磁屏蔽室的门和窗

**3. 电磁屏蔽室的选型**

电磁屏蔽室的结构形式和相关的屏蔽件应根据电磁屏蔽室的性能指标和规模选择。

设有电磁屏蔽室的电子信息机房，建筑结构应满足屏蔽结构对荷载的要求。

电磁屏蔽室与建筑（结构）墙之间宜预留维修通道或维修口。

电磁屏蔽室的接地宜采用共用接地装置和单独接地线的形式。

用于保密目的的电磁屏蔽室，其结构形式可分为可拆卸式和焊接式，焊接式又可分为自撑式和直贴式。

建筑面积小于50$m^2$、日后需搬迁的电磁屏蔽室，结构形式宜采用可拆卸式。

电场屏蔽衰减指标大于120dB、建筑面积大于50$m^2$的电磁屏蔽室，结构形式宜采用自撑式。

电场屏蔽衰减指标大于60dB小于120dB的电磁屏蔽室，结构形式宜采用直贴式，屏蔽材料可选择镀锌钢板，钢板的厚度应根据屏蔽性能指标确定。

电场屏蔽衰减指标大于25dB小于60dB的电磁屏蔽室，结构形式宜采用直贴式，屏蔽材料可选择金属丝网，金属丝网的目数应根据被屏蔽信号的波长确定。

### 10.2.2 电磁屏蔽件

屏蔽门、滤波器、波导管、截止波导通风窗等屏蔽件，其性能指标不应低于电磁屏蔽室的性能要求，安装位置应便于检修。

**1. 屏蔽门**

屏蔽门分为旋转式和移动式两种。一般情况下，宜采用旋转式屏蔽门。当场地条件受到限制时，可采用移动式屏蔽门。

**2. 电磁干扰滤波器**

电磁干扰滤波器是近年来被推广应用的一种新型组合器件。它能有效地抑制电网噪声，提高电子设备的抗干扰能力及系统的可靠性，可广泛用于电子测量仪器、计算机机房设备、开关电源、测控系统等领域。

电磁干扰滤波器可以去除电源噪声。电源噪声是电磁干扰的一种，其传导噪声的频谱大致为10kHz～30MHz，最高可达150MHz。根据传播方向的不同，电源噪声可分为两大类：一类是从电源进线引入的外界干扰，另一类是由电子设备产生并经电源线传导出去的噪声。这表明噪声属于双向干扰信号，电子设备既是噪声干扰的对象，又是一个噪声源。若从形成特点看，噪声干扰分串模干扰与共模干扰两种。串模干扰是两条电源线之间（简称线对线）的噪声，共模干扰则是两条电源线对大地（简称线对地）的噪声。因此，电磁干扰滤波器应符合电磁兼容性（EMC）的要求，也必须是双向射频滤波器，一方面要滤除从交流电源线上引入的外部电磁干扰，另一方面还能避免本身设备向外部发出噪声干扰，以免影响同一电磁环境下其他电子设备的正常工作。此外，电磁干扰滤波器对串模、共模干扰都起到抑制作用。

所有进入电磁屏蔽室的电源线缆应通过电源滤波器进行处理。电源滤波器的规格、供电方式和数量应根据电磁屏蔽室内设备的用电情况确定。

所有进入电磁屏蔽室的信号电缆应通过信号滤波器或进行其他屏蔽处理。

进出电磁屏蔽室的网络线宜采用光缆或屏蔽缆线，光缆不应带有金属加强芯。

**3. 波导管**

波导管用来传送超高频电磁波，通过它，脉冲信号可以以极小的损耗传送到目的地。波导管内径的大小因所传输信号的波长而异。波导管多用于厘米波及毫米波的无线电通信、雷达、导航等无线电领域。

金属波导管对于电磁波具有高频容易通过、低频衰减较大的特性。这与电路中的高通滤波器十分相像。与滤波器类似，波导管的频率特性也可以用截止频率来描述，低于截止频率的电磁波不能通过波导管，高于截止频率的电磁波可以通过波导管。

利用这个特性，可以达到屏蔽电磁波，同时实现一定实体连通的目的。方法是，将波导管的截止频率设计成远高于要屏蔽的电磁波的频率，使要屏蔽的电磁波在通过波导管时产生很大的衰减。这种应用主要是利用波导管的频率截止区，因此将这种波导管称为截止波导管。截止波导管的概念是屏蔽结构设计中的基本概念之一。常用的波导管有圆形、矩形、六角形等。

截止波导通风窗内的波导管宜采用等边六角形，通风窗的截面积应根据室内换气次数进行计算。

非金属材料穿过屏蔽层时也应采用波导管，波导管的截面尺寸和要屏蔽信号的频率有关。

## 10.3　防静电措施

电子信息系统的电子元件大多容易受到静电的伤害。防静电接地是电气设计中简单但又不允许被忽视的组成部分，在生产和生活中有许多由静电导致设备故障的事例。

电子信息机房静电防护措施：

1）主机房和辅助区的地板或地面应有静电泄放措施和接地构造，防静电地板、地面的表面电阻值或体积电阻值应为 $2.5\times10^4\sim1.0\times10^9\Omega$，且应具有防火、环保、耐污、耐磨性能。

2）主机房和辅助区中不使用防静电活动地板的房间，可铺设防静电地面，其静电耗散性能应长期稳定，且不应起尘。

3）主机房和辅助区内的工作台面宜采用导静电或静电耗散材料，其静电性能指标应符合规范的规定。

4）电子信息机房内所有设备的金属外壳、各类金属管道、金属线槽、建筑物金属结构等必须进行等电位联结并接地。

5）静电接地的连接线应有足够的机械强度和化学稳定性，宜采用焊接或压接。当采用导电胶与接地导体粘接时，其接触面积不宜小于 $20cm^2$。

6）电子信息机房内所有导静电地板、活动地板、工作台面和座椅垫套必须进行静电接地，不得有对地绝缘的孤立导体。

7）防静电接地可以经限流电阻及自己的连接线与接地装置相连，在有爆炸和火灾隐患的危险环境，为防止静电能量泄放造成静电火花引发爆炸和火灾，限流电阻值宜为 $1M\Omega$。

8）在易产生静电的地方，可采用静电消除剂和静电消除器。

## 10.4　电磁屏蔽工程的施工及验收

### 10.4.1　电磁屏蔽施工

电子信息机房电磁屏蔽工程的施工及验收应包括屏蔽壳体、屏蔽门、各类滤波器、截止通风波导窗、屏蔽玻璃窗、信号接口板、室内电气、室内装饰等工程的施工和屏蔽效能的检测。

安装电磁屏蔽室的建筑墙、地面应坚硬、平整，并应保持干燥。

屏蔽壳体安装前，围护结构内的预埋件、管道施工及预留孔洞应完成。

施工中所有焊接应牢固、可靠；焊缝应光滑、致密，不得有熔渣、裂纹、气泡、气孔和虚焊。焊接后应对全部焊缝进行除锈防腐处理。

安装电磁屏蔽室时不宜与其他专业工程交叉施工。

### 10.4.2 屏蔽壳体安装

屏蔽壳体安装应包括可拆卸式电磁屏蔽室、自撑式电磁屏蔽室和直贴式电磁屏蔽室壳体的安装。

**1. 可拆卸式电磁屏蔽室**

可拆卸式电磁屏蔽室壳体的安装应符合下列规定：

1）应按设计核对壁板的规格、尺寸和数量。

2）在建筑地面上应铺设防潮、绝缘层。

3）对壁板的连接面应进行导电清洁处理。

4）壁板拼装应按设计或产品技术文件的顺序进行。

5）安装中应保证导电衬垫接触良好，接缝应密闭可靠。

**2. 自撑式电磁屏蔽室**

自撑式电磁屏蔽室壳体的安装应符合下列规定：

1）焊接前应对焊接点清洁处理。

2）应按设计位置进行地梁、侧梁、顶梁的拼装焊接，并应随时校核尺寸；焊接宜为电焊，梁体不得有明显的变形，平面度不应大于3/1000mm$^2$。

3）壁板之间的连接应为连续焊接。

4）在安装电磁屏蔽室装饰结构件时应进行点焊，不得将板体焊穿。

**3. 直贴式电磁屏蔽室**

直贴式电磁屏蔽室壳体的安装应符合下列规定：

1）应在建筑墙面和顶面上安装龙骨，安装应牢固、可靠。

2）应按设计将壁板固定在龙骨上。

3）壁板在安装前应先对其焊接边进行导电清洁处理。

4）壁板的焊缝应为连续焊接。

### 10.4.3 屏蔽门安装

**1. 铰链屏蔽门**

铰链屏蔽门的安装应符合下列规定：

1）在焊接或拼装门框时，不得使门框变形，门框平面度不应大于2/1000mm$^2$。

2）门框安装后应由操作机构进行调试和试运行，并应在无误后进行门扇安装。

3）安装门扇时，门扇上的刀口与门框上的簧片接触应均匀一致。

**2. 平移屏蔽门**

平移屏蔽门的安装应符合下列规定：

1）焊接后的变形量及间距应符合设计要求。门扇、门框平面度不应大于 1.5/1000mm$^2$，门扇对中位移不应大于 1.5mm。

2）在安装气密屏蔽门扇时，应保证内外气囊压力均匀一致，充气压力不应小于 0.15MPa，气管连接处不应漏气。

### 10.4.4 滤波器、截止波导通风窗及屏蔽玻璃的安装

**1. 滤波器**

滤波器的安装应符合下列规定：

1）在安装滤波器时，应将壁板和滤波器接触面的油漆清除干净，滤波器接触面的导电性应保持良好；应按设计要求在滤波器接触面放置导电衬垫，并应用螺栓固定、压紧，接触面应严密。

2）滤波器应按设计位置安装；不同型号、不同参数的滤波器不得混用。

3）滤波器的支架安装应牢固、可靠，并应与壁板有良好的电气连接。

**2. 截止波导通风窗**

截止波导通风窗的安装应符合下列规定：

1）波导芯、波导围框表面的油脂污垢应清除，并应用锡钎焊将波导芯、波导围框焊成一体；焊接应可靠、无松动，不得使波导芯焊缝开裂。

2）截止波导通风窗与壁板的连接应牢固、可靠，导电密封应良好；采用焊接时，截止波导通风窗焊缝不得开裂。

3）严禁在截止波导通风窗上打孔。

4）风管连接宜采用非金属软连接，连接孔应在围框的上端。

**3. 屏蔽玻璃**

屏蔽玻璃的安装应符合下列规定：

1）屏蔽玻璃四周外延的金属网应平整无破损。

2）屏蔽玻璃四周的金属网和屏蔽玻璃框连接处应进行去锈除污处理，并应采用压接方式将二者连接成一体。连接应可靠、无松动，导电密封应良好。

3）安装屏蔽玻璃时用力应适度，屏蔽玻璃与壳体的连接处不得破碎。

### 10.4.5 屏蔽效能自检

电磁屏蔽室安装完成后应用电磁屏蔽检漏仪对所有接缝、屏蔽门、截止波导通风窗、滤波器等屏蔽接口件进行连续检漏，不得漏检，不合格处应修补。

电磁屏蔽室的全频段检测应符合下列规定：

1）电磁屏蔽室的全频段检测应在屏蔽壳体完成后、室内装饰前进行。

2）在自检中应分别对屏蔽门、壳体接缝、波导窗、滤波器等所有接口点进行屏蔽效能检测，检测指标均应满足设计要求。

### 10.4.6 其他施工要求

电磁屏蔽室内的供配电、空气调节、给排水、综合布线、监控及安全防范系统、消防系

统、室内装饰装修等专业施工应在屏蔽壳体检测合格后进行，施工时严禁破坏屏蔽层。

所有出入屏蔽室的信号线缆必须进行屏蔽滤波处理。

所有出入屏蔽室的气管和液管必须通过屏蔽波导。

屏蔽壳体应按设计进行良好接地，接地电阻应符合设计要求。

### 10.4.7 施工验收

验收应由建设单位组织监理单位、设计单位、测试单位、施工单位共同进行。

验收应填写《电磁屏蔽室工程验收表》。

电磁屏蔽室屏蔽效能的检测应由国家认可的机构进行；检测的方法和技术指标应符合现行国家标准《电磁屏蔽室屏蔽效能测量方法》的有关规定或国家相关部门制定的检测标准。检测后应填写《电磁屏蔽室屏蔽效能测试记录表》。

电磁屏蔽室内的其他各专业施工的验收均应按相关施工规范的有关规定进行。

施工交接验收时，施工单位提供的文件除应符合规范的规定外，还应提交《电磁屏蔽室屏蔽效能测试记录表》和《电磁屏蔽室工程验收表》。

# 附　　录

## 附录 A　电子信息机房工程常用术语

Access Control System ( ACS)　出入口控制系统
Actuator　执行器
Addressable Detector　地址探测器
Analogue Controller　模拟控制器
Analogue In (AI)　模拟量输入
Analogue Out (AO)　模拟量输出
Analogy　模拟方式
Anti - pass Back　防反复使用
Asymmetric Digital Subscriber Line (ADSL)　非对称数据用户线
Asynchronous Transfer Mode (ATM)　异步传输模式
Audio & Video Control Device　音像控制装置
Back up Lighting　备用照明
Backbone/Riser　垂直干线
Background Sound　背景音响
Building Automation & Control Net (BACNet)　建筑物自动化和控制网
Building Automation System (BAS)　建筑物自动化系统、建筑设备自动化系统
Cable Thermal Detector　缆式线型感温探测器
Cabling System　布线系统
Camera　摄像机
Campus Distributor (CD)　建筑群配线设备
Card Reader　读卡机
Card Reader/Encoder ( Ticket Reader)　卡读写器/编码器
Cathode Ray Tube (CRT)　显像管（显示器，监视器）
Central Process Unit (CPU)　中央处理机
Channel　通道、链路、线路、电路
Charge Coupled Devices (CCD)　电荷耦合器件
Closed Circuit Television　闭路电视监视系统
Coax　Cable　同轴电缆
Code Division Multiplex Access (CDMA)　码分多址
Combination Detector　感温感烟复合探测器
Common Antenna TV ( CATV)　共用天线电视

Communication Network System (CNS) 通信网络系统
Compact Disc ( CD) 光盘
Computer Aided Design (CAD) 计算机辅助设计
Connect Point (CP) 转接点
Console 话务台
Controller 控制分站、控制器
Conventional Detector 常规探测器
Copper Distributed Data Interface (CCDI) 铜缆分布式数据接口
Cross - connect Jack Panels 混合式配线架
Data Base System (DBS) 数据库系统
Data Terminal Equipment (DTE) 数据终端设备
Decision Support System (DSS) 决策支持系统
Detection Devices 监测器
Digital Controller 数字控制器
Digital Data Network (DDN) 数字数据网
Digital In (DI) 数字量输入
Digital Out (DO) 数字量输出
Digital Signal Processor (DSP) 数字信号处理器
Direct Digital Control (DDC) 直接数字控制
Distributed Control Panel (DCP) 分散控制器
Distributed Control System (DCS) 集散式控制系统
Door Contacts 门传感器
Dual - technology Sensor 双鉴传感器
Electro Magnetic Compatibility (EMC) 电磁兼容性
Electro Magnetic Interference (EMI) 电磁干扰
Electronic Data Interchange (EDI) 电子数据交换
Emergency Lighting 事故照明设备/应急照明
Emergency Power 应急电源
Emergency Socket 应急插座
Equipment Room (ER) 设备室
Ethernet (10 Base - T) (IEEE802. 3) 以太网
Evacuation Signal 疏散照明
Fiber Distributed Data Interface (FDDI) 光纤分布数据接口
Fiber to the Desk (FTTD) 光纤到桌面
Fiber to the Home (FTTH) 光纤到家庭
Field Control System (FCS) 现场总线
File Server (FS) 文件服务器
Fire Alarm Bell 火警警铃
Fire Alarm Control Unit 火灾自动报警控制装置

Fire Alarm System（FAS）　火灾（自动）报警系统
Fire Protection Device　消防设施
Fire Public Address　火灾事故广播
Fire Telephone　消防电话
Fire Wall　防火墙
Fire - fighting Automation System（FAS）　消防自动化系统
Fixed Temperature Heat detector　定温探测器
Flame Detector　火焰探测器
Flow - rate Switch（FS）　流量开关
Foam Fire Extinguishing System　泡沫灭火系统
Foil Twisted Pair（FTP）　金属箔对绞线
Fuzzy　模糊
Fuzzy Logic　模糊逻辑
Gateway　网关
Generic Cabling System（GSC）　通用布线系统，综合布线系统
Glass Break Sensors　玻璃破碎传感器
Heat Detector　感温探测器
Heating Ventilation Air Conditioning（HVAC）　暖通空调
High Definition Television（HDTV）　高清晰度电视
High Fidelity（HiFi）　高保真度
Horizontal　水平干线
Hub　集中器，集线器
Hub Head End　中心前端
Hybrid Fiber Coax（HFC）　光纤同轴电缆混合系统
Impedance Matching　阻抗匹配
Indoor Pan & Tilt Unit　室内水平俯仰云台
Indoor Pan Unit　室内水平云台
Indoors Unit　室内单元
Information Network（IN）　信息网络
Information Technology（IT）　信息技术
Inject Light Diode（ILD）　注入式激光二极管
Intelligent Building System（IBS）　智能建筑物系统
Intelligent Building（IB）　智能建筑
Intermediate Distribution Frame（IDF）　干线交接间、分配线架
International Electrical Commission（IEC）　国际电工学会
International Organization for Standardization（ISO）　国际标准化组织
International Telecommunication Union（ITU）　国际电信联盟
Internet Protocol（IP）　互联网协议、因特网协议
Internet　因特网、互联网

Intruder Alarm System　入侵报警系统
Lens　摄像机镜头
Light Emitted Diode（LED）　发光二极管
Local Combination Box　就地综合报警盘
Local Lamp　就地报警灯
Local Area Network（LAN）　计算机局域网、本地网
Iocal Head End　本地前端
Local Signaling　现场报警器
Magnetic Contacts　磁控传感器
Main Distributing Frame（MDF）　主配线架（总配线架、设备间、主交接间）
Manual Call Point　手动报警器
Modulator　调制器
Modules（Jacks/Adapters）　插座、模块
Monitor　监视器
Motion Photographic Expert Group（MPEG）　运动图像专家小组
Multi Media　多媒体
Multimedia Computer（MCP）　多媒体计算机系统
Multimode Optical Fiber Cable　多模光缆
Multipoint Control Unit（MCU）　多点控制单元
Near End Cross - talk（NEXT）　近端串扰，近端串音
Neurotic Network　神经网络
Office Automation System（OAS）　办公自动化系统
Open System Interconnection（OSI）　开放系统互联
Optical Beam Flame Detector　线型光束火焰探测器
Optimum Start Stop（OSS）　最佳启停、优化启停
Outdoors Unit（ODU）　室外单元
Overall Noise　总噪声
Pan Unit & Control　云台及云台控制器
Panic Button　报警按钮
Parking Management System　停车场管理系统
Passive Infrared Detector（PIR）　被动式红外线传感器
Patch Panel　配线架、跳线架
Photoelectric Smoke Detector　光电感烟探测器
Premises Distribution System（PDS）　建筑物布线系统
Private Automatic Branch Exchange（PABX）　用户程控交换机、程控数字用户交换机
Private Branch Exchange（PBX）　用户交换机
Programmable Logic Controller（PLC）　可编程序控制器
Proximity Card　接近卡
Public Address System（PAS）　公共广播（音响）系统

Public Data Network（PDN）　公用数据网
Public Switched Telephone Network（PSTN）　公共交换电话网
Quad Unit　画面4分割器
Racks　机架
Radio Communication　移动通信
Radio Telephone　无线电话
Random Access Memory（RAM）　内存
Rate of Rise Thermal Detector　差温探测器
Receiver　终端解码器，接收器
Remote Control Units　终端控制器
Remote Head End　远地前端
Repeater　中继器
Router　路由器
Safety Lighting　安全照明
Satellite Communication 卫星通信
Satellite TV（SATV）　卫星电视
Supervisory Control and Data Acquisition（SCADA）　数据采集与监视控制系统
Security System（SCS）　保安系统，安全防范系统
Sensor　传感器
Server　服务器
Set-top-box（STB）　机顶盒
Shielded Twisted Pairs（STP）　屏蔽双绞线
Shock Sensors　震动传感器
Short-Term Card　计时（票）卡
Signal/Noise（S/N）　信噪比
Signaling Devices　报警装置
Simple Network Management Protocol（SNMP）　简单网络管理协议
Smart Card　智能卡
Smoke Detector　感烟探测器
Sound Pressure Level　声压级
Splitter　分配器
Sprinkler System　自动喷水灭火系统
Spur Feeder　分支线
Strike　电子门锁
Structured Cabling System（SCS）　结构化（综合）布线系统
Subscribers Feeder　用户线
Subscribers Tap　用户分支器
Supervisory Center（SC）　中央站、监控中心、管理中心
Telecom Closet（TC）　通信配线间、电信间

Telecommunication Outlet（TO） 信息插座
Telecommunication System（TCS） 通信系统
Telephone 电话
Terminal 终端机
Ticket Dispenser 发卡机
Token－Ring（IEEE802.5） 令牌网、令牌环网
Transition Point（TP） 过渡点
Transmission Frequency Characteristic 传输频率特性
Tri-Technology Sensor 三鉴传感器
Trunk Amplifier 干线放大器
Trunk Feeder 干线
Twist Pair（TP） 双绞线
Uninterrupted Power Supply（UPS） 不间断电源、不停电电源
Unshielded Twisted Pair（UTP） 非屏蔽双绞线
Very Small Aperture Terminal（VAST） 甚小口径天线（智能化）微型地球站
Video Conference System（VCS） 会议电视系统、会议电视
Video Interphone 可视对讲
Video Phone 可视电话
Video Switchers 图像切换控制器
Voice Alarm 语音报警
Voice Mail System（VMS） 话音邮递系统、有声邮件、语言信箱
Watchman Tour 保安人员巡查
Wigand Card 嵌磁线卡、云根卡
Wide Area Network（WAN） 广域网
Word Process（WP） 文字处理
Work Area 工作区

# 附录 B　标准规范列表

(1) GB 50348《安全防范工程技术规范》
(2) GB/T 15408《报警系统电源装置、测试方法和性能规范》
(3) GB 15211《报警系统环境试验》
(4) GB 50019《采暖通风与空气调节设计规范》
(5) GB 50054《低压配电设计规范》
(6) GB 20254《电气装置安装工程低压电器施工及验收规范》
(7) GB 7450《电子设备雷击保护导则》
(8) GB 50174《电子信息系统机房设计规范》
(9) GB 50462《电子信息系统机房施工及验收规范》
(10) GB 50193《二氧化碳灭火系统设计规范》
(11) DGT/J 08《防静电工程技术规程》
(12) GB 50045《高层民用建筑设计防火规范》
(13) GB 50064《工业与民用电力装置的过电压保护设计规范》
(14) GB 50052《供配电系统设计规范》
(15) GB 50116《火灾自动报警系统设计规范》
(16) GB 50166《火灾自动报警系统施工及验收规范》
(17) GB 6650《计算机机房用活动地板技术条件》
(18) GA 371《计算机信息系统实体安全技术要求》
(19) GB 9361《计算站场地安全要求》
(20) GB 50303《建筑电气工程施工质量验收规范》
(21) GB 50242《建筑给水排水及采暖工程施工质量验收规范》
(22) GB 50343《建筑物电子信息系统防雷技术规范》
(23) GB 50057《建筑物防雷设计规范》
(24) GB 50354《建筑物内部装修防火施工及验收规程》
(25) GB/T 50312《建筑与建筑群综合布线系统工程验收规范》
(26) GB 50210《建筑装饰装修工程质量验收规范》
(27) GB 50198《民用闭路监视电视系统工程技术规范》
(28) JGJ 16《民用建筑电气设计规范》
(29) GB 50263《气体灭火系统施工及验收规范》
(30) GB 50243《通风与空调工程施工质量验收规范》
(31) GB 50261《自动喷水灭火系统施工及验收规范》
(32) GB 50370《气体灭火系统设计规范》

# 附录 C 电子信息系

图 纸 目 录

第 1 页 共 3 页

工 号 ZN1003 工程名称 电子信息系统机房

| 顺序号 | 图 号 | 图 名 | 张数 | 备 注 |
|---|---|---|---|---|
| 1 | 机房施 -1 | 设计说明(一) | 1 | A2 |
| 2 | 机房施 -2 | 设计说明(二) | 1 | A2 |
| 3 | 机房施 -3 | 设计说明(三) | 1 | A2 |
| 4 | 建施 -1 | 机房设备及家具布置图 | 1 | A2 |
| 5 | 建施 -2 | 机房平面分隔图 | 1 | A2 |
| 6 | 建施 -3 | 信息中心机房人流、物流及消防硫散示意图 | 1 | A2 |
| 7 | 建施 -4 | 机房地面布置图 | 1 | A2 |
| 8 | 建施 -5 | 机房架空地板下大样图 | 1 | A2 |
| 9 | 建施 -6 | 机房架空地板立面图 | 1 | A2 |
| 10 | 建施 -7 | 机房顶面布置图 | 1 | A2 |
| 11 | 建施 -8 | 机房吊顶大样图 | 1 | A2 |
| 12 | 建施 -9 | 机房墙平面图 | 1 | A2 |
| 13 | 建施 -10 | 机房墙立面图 | 1 | A2 |
| 14 | 建施 -11 | 机房墙面装饰节点图 | 1 | A2 |
| 15 | 建施 -12 | 机房立面及剖面图 | 1 | A2 |
| 16 | 建施 -13 | 机房门大样图 | 1 | A2 |
| 17 | 建施 -14 | 机房加固平面图 | 1 | A2 |
| 18 | | | | |
| 19 | | | | |
| 20 | | | | |
| 说明 | 1.本目录(大工程)由各工种或(小工程)以单位工程在设计结束时填写,以图号为次序,每格填一张<br>2.如利用标准图,可在备注栏内注明<br>3.末端之"工种负责人"等姓名不必着本人签字,可由填写目录者写之 | | | |

总负责人 ________ 工种负责人 ________

完成日期 年 月 日

图 纸

工 号 ZN1003

| 顺序号 | 图 号 | 图 |
|---|---|---|
| 1 | 电施 -1 | 机房动力及插座 |
| 2 | 电施 -2 | 机房照明平面图 |
| 3 | 电施 -3 | 机房配电系统图 |
| 4 | 电施 -4 | 机房配电系统图 |
| 5 | 电施 -5 | 机房照明系统图 |
| 6 | 电施 -6 | UPS电源系统图 |
| 7 | 电施 -7 | UPS电源系统图 |
| 8 | 电施 -8 | 机房信息布线平 |
| 9 | 电施 -9 | 机房信息布线系 |
| 10 | 电施 -10 | 机房视频监控及 |
| 11 | 电施 -11 | 机房 出入口控制 |
| 12 | 电施 -12 | 机房视频监控、 |
| 13 | 电施 -13 | 机房出入口控制 |
| 14 | 电施 -14 | 机房KVM系统图 |
| 15 | 电施 -15 | 机房环境监控系 |
| 16 | 电施 -16 | 机房集中监控系 |
| 17 | 电施 -17 | 机房桥架位置图 |
| 18 | 电施 -18 | 机房接地平面图 |
| 19 | | |
| 20 | | |
| 说明 | 1.本目录(大工程)由各工种或(小工程)以单位工程在设计结<br>每格填一张<br>2.如利用标准图,可在备注栏内注明<br>3.末端之"工种负责人"等姓名不必着本人签字,可由填写目录 | |

总负责人 ________

# 统机房工程设计举例

目　　录

第 2 页 共 3 页

名称 电子信息系统机房

| 名 | 张数 | 备注 |
| --- | --- | --- |
| 面图 | 1 | A2 |
|  | 1 | L12 |
| ) | 1 | L12 |
| ) | 1 | L12 |
|  | 1 | L12 |
|  | 1 | L12 |
|  | 1 | L12 |
| 图 | 1 | L12 |
| 图 | 1 | L12 |
| 侵报警系统平面图 | 1 | A2 |
| 统平面图 | 1 | A2 |
| 侵报警及出入口控制系统图 | 1 | A2 |
| 备安装示意图 | 1 | A2 |
|  | 1 | A2 |
| 平面图 | 1 | L12 |
| 图 | 1 | A2 |
|  | 1 | A2 |
|  | 1 | A2 |
|  |  |  |
|  |  |  |

写，以图号为次序，

工种负责人 ______

完成日期　年　月　日

图　纸　目　录

第 3 页 共 3 页

工　号 ZN1003　工程名称 电子信息系统机房

| 顺序号 | 图　号 | 图　名 | 张数 | 备注 |
| --- | --- | --- | --- | --- |
| 1 | 设施　-1 | 机房空调图 | 1 | L12 |
| 2 | 设施　-2 | 机房通风及空调风管图 | 1 | L12 |
| 3 | 设施　-3 | 机房空调给水、排水管道图 | 1 | A2 |
| 4 | 设施　-4 | 空调底座、地漏剖面及室外机平面图 | 1 | A2 |
| 5 | 设施　-5 | 机房新风系统图 | 1 | A2 |
| 6 | 设施　-6 | 消防及火灾报警平面图 | 1 | A2 |
| 7 | 设施　-7 | 气体灭火自动报警联动系统图 | 1 | A2 |
| 8 | 设施　-8 | 气体灭火装置及控制流程图 | 1 | A2 |
| 9 |  |  |  |  |
| 10 |  |  |  |  |
| 11 |  |  |  |  |
| 12 |  |  |  |  |
| 13 |  |  |  |  |
| 14 |  |  |  |  |
| 15 |  |  |  |  |
| 16 |  |  |  |  |
| 17 |  |  |  |  |
| 18 |  |  |  |  |
| 19 |  |  |  |  |
| 20 |  |  |  |  |

说明

1. 本目录（大工程）由各工种或（小工程）以单位工程在设计结束时填写，以图号为次序，每格填一张
2. 如利用标准图，可在备注栏内注明
3. 末端之"工种负责人"等姓名不必着本人签字，可由填写目录者写之

总负责人 ______　　工种负责人 ______

完成日期　年　月　日

一、 概述

电子信息机房已经成为各个终端计算机信息、数据的汇集点，是业务系统的心脏，而不是简单的计算机设备的集中地。因此，各种智能设备应能够可靠、稳定、安全地运行，并做到维护、管理方便。

根据国家、行业乃至国际上的各种技术规范及标准要求，科学合理地设计机房。为此建设现代化电子信息中心机房对办公自动化系统将起到一个至关重要的作用。

二 总体要求

2.1 机房建设的原则

计算机机房工程的设计与建设应遵循技术先进、整体规划、布局合理、经济适用、安全可靠、质量优良、降低能耗等原则。

2.2 建设内容

机房工程涉及机房建筑装修、电气、空调通风、电子、通信技术、信息工程系统、自动控制技术、设备和环境监控技术等。具体机房设计施工需要解决恒温、恒湿、新风、洁静度、防静电、防雷击、防电磁干扰、消防安全、配电、照明、空调、环境监控等设备购置和安装等。本机房主要技术参数及指标应达到国家A级机房标准，工程内容主要有以下11个子系统：

1）机房建筑装饰及结构支撑系统
2）机房供配电系统
3）机房信息布线系统
4）机房空调与通风系统
5）机房气体灭火和火灾自动报警系统
6）机房防雷接地系统
7）机房入侵报警系统
8）机房出入口控制系统
9）机房监控系统
10）机房集中监控系统
11）机房桥架及管路

2.3 遵循标准及依据

1）《电子信息系统机房设计规范》GB 50174；
2）《计算机场地通用规范》GB 2887；
3）《计算机场地安全要求》GB 9361；
4）《计算机机房活动地板的技术要求》GB 6650；
5）《电子信息系统机房施工及验收规范》GB 50462；
6）《建筑装饰工程质量验收规范》JGJ 73；
7）《民用建筑电气设计规范》JGJ/T 16；
8）《低压配电装置及线路设计规范》GBJ 54；
9）《低压配电设计规范》GB 50054；
10）《不间断电源技术性能标定方法和试验要求》
11）《防静电工程技术规范》J1011；
12）《建筑内部装修设计防火规范》GB 50222；
13）《火灾自动报警系统设计规范》GB 50116；
14）《高层民用建筑设计防火规范》GB 50045；
15）《采暖通风与空气调节设计规范》GBJ 19；
16）《建筑与建筑群综合布线系统工程设计规范》GB/T 50311；
17）《信息技术互联国际标准》ISO/IEC 11801；
18）《工业企业通信设计规范》GBJ 42；
19）《工业企业通信接地设计规范》GBJ 79；
20）《电子设备雷击保护原则》GB 7405；
21）《建筑物防雷设计规范》GB 50057；
22）《通信工程电源系统防雷技术规定》YD 5078；
23）《安全防范工程技术规范》GB 50348；
24）《气体灭火系统设计规范》GB 50370；
25）《建筑物电子信息系统防雷技术规范》GB 50343。

以上所列的主要技术标准和规范，如低于最近公布的国际或国内最新标准时，投标人应按最新标准进行系统的设计、施工、选材，并提供与之相应的技术标准及建筑、结构、水、电、暖通等专业的图纸。

2.4 机房情况

信息中心机房，位于建筑物5层。建筑物为框架结构，电子信息机房总面积约183m²，

本次设计为5层的信息

中心机房（监控中心及服务器、网络及存储机房），面积约69m²，机房层高约3.35m，主梁下的净高为2.85m左右。

另考虑在地下室设置UPS配电及电池间，约24m²。

三. 机房建设总体布局

3.1 布局设计思想

考虑合理分布工作空间及各类设备安装场所，缩短操作、运行流程，降低劳动强度，提高工作效率，确保机房内设备及工作人员安全。

3.2 功能区划分

根据业主提供的图纸，结合机房的相关标准和业主需求，本机房分为监控中心、服务器、网络及存储机房、UPS配电及电池间，具体如下：

1） 监控中心运行监控室 22m²
放置监控屏、操作台、资料柜、信息中心系统设备柜等
2） 服务器、网络及存储机房 47m²
放置服务器、交换机、存储设备、安全设备、UPS配电柜、精密空调等
3）UPS配电及电池间 24m²
放置UPS主机、电池、市电柜
4）配电及网络接入间 20m²
放置市电柜、UPS配电柜、新风机

考虑人员在机房任何位置时遇到突发事件发生时，人员最大安全撤离时间控制在30s以内设计，以符合消防规范中对人员撤离时间的要求。

四. 机房建筑装饰

电子信息中心机房建筑装修部分主旨是既要与现代化的计算机通信设备相匹配，又能通过精良、独特的设计构思，真正体现“现代、大方、美观、适用”的整体形象。

4.1 地面承重

根据机房规范、机房结构及设备的安装要求，本机房放置设备区域楼面荷载需≥600kN，UPS配电及电池间区域楼面荷载需≥1000kN。空调、UPS、电池柜、配电柜等采用散力钢架支撑设备的方式支撑，在安装时，将设备安装在加固底座，确保设备底面与静电地板齐平。严禁将此类设备直接安装在没有经过加固处理的防静电地板上。

4.2 吊顶装饰

为避免机房各种管道的交叉带来的凌乱性及影响良好的回风效果，顶面设置吊顶。采用黑色栅格方格吊顶，尺寸为150mm X 150mm，顶面及各梁刷防尘漆、敷设黑色保温棉，机房顶整体色调为黑色。

根据机房实际情况，层高为3.35m，主梁底距地面为2.85m，机房的净高（主梁底到防静电地板板面的高度差）约为2.55m。

4.3 隔断墙

本机房采用具有符合消防防火要求、自重轻、隔声、防火、隔潮、隔热、减少尘埃附着能力及易于拆除的隔断墙。

1. 防火玻璃隔断

监控中心与服务器、网络及存储机房（二）之间的隔断采用双层中空玻璃隔断（内层6mm铯基防火玻璃+6A+外层5mm钢化玻璃），其中内层为服务器机房区域、外层为监控中心区域。隔断的防静电地板下采用防火石膏板封堵。

2. 轻钢龙骨单面彩钢板隔断

机房内墙面采用轻钢龙骨单面彩钢板隔断，其中服务器、网络及存储机房隔断采用12mm彩钢石膏复合饰面彩钢板贴面处理。彩钢板为机房六面体中的四面，为保证机房的良好的电磁屏蔽特性，做等电位接地。

4.4 地面

机房地面工程如下：

1）机房区域地面采用600mm X 600mm X 38mm木质无边防静电活动地板，架设高度0.30m；

2）电缆线出口应配合计算机实际情况及使用单位之要求，在施工时负责切割，出入口并应嵌上Z形塑胶护条；

3）采用6mm²裸铜线十字型压接施工方式，安装于保温层上方。取一端点接至接地铜板采取单一回路接地；

4）机房地面下做防尘处理，地板下刷防尘地板漆；

5）空调送风区地面做保温处理，加铺一层30mm防火橡塑保温板；

6）机房内楼面进行防水处理，确保防水要求；

7）所有进出机房的孔洞、管道进行防鼠处理（包括线井）。

根据本机房设备布置情况及层高低的特点，采用槽式电缆桥架。

4.5 门窗

1）机房区域的门主要采用甲级木质防火门；

2）其余区域隔断上采用12mm玻璃门，根据机房防火区域的划分，隔断的材质采用钢化玻璃或者铯钾防火玻璃；

3）玻璃门采用无框玻璃门，具有美观、简洁的效果。为避免无框玻璃门实施过程中存在的缝隙，在玻璃的周围采用80mm厚的木框，整个玻璃门的厚度为45mm，并且采用闭门器加合页的方式，确保机房防火区域的密闭效果；

4）考虑机房出入口控制系统应该和消防联动，当消防信号触发后，出入口控制系统控制电锁处于常开状态，方便人逃生。但是在这种情况下，当机房内消防气体喷射时产生的压强，足以打开只安装了闭门器的防火玻璃门，消防气体被稀释，减少了气体对机房的消防作用。因此，在机房内的玻璃门上，不配不锈钢双H拉手，而且采用防火门锁，以达到机房用材的各项要求；

5）为了达到防火、保温隔热、屏蔽抗干扰、防尘的目地，将机房外墙的玻璃处做一道窗帘，窗帘的外观与其他房间的窗户一致。

4.6 隐蔽工程

对于装饰工程中的隐蔽工程，严格按照国家标准对隐蔽部分材料处理：

1） 墙体部分作防潮、防火及保温处理；

2）部分非阻燃材料必须涂刷防火涂料；

3）所有隐蔽部分用材必须符合机房用材性能指标，做到不起尘、阻燃、绝燃、不会产生静电、牢固耐用并无病虫害发生；

4）机房区天地在施工前需做防尘防静电涂料处理；

5）各种涂料须符合环保要求；

6）静电地板下的走线线槽、管路、桥架和插座应悬空地面保温层上5~8cm，不许贴地；

7）与机房外部相通部分要做好防鼠设施。

4.7 场地降噪、隔热

对空调机组的工作噪声和气流噪声进行有效控制：

1）在空调机组下专设重力分散和缓震器，并控制送风风速。

2）在空调作用区域下的楼板上，加铺防火保温板。

3）在隔断墙中，采用节能与环保材料，即加垫挤塑泡沫板，以达到防火隔热的作用。

4.8 场地净化

在整个机房的楼面及顶面刷一层防尘抗静电涂料，避免灰尘的产生及吸附。在新风机上安装中效过滤器，以确保主机房区的洁净度。

4.9 场地防水

1. 空调机冷凝水排放

空调系统安装冷凝水排放管，冷凝水管由地面穿至下层吊顶内，通向卫生间等排水处，出水口高于排水口2%~3%。

空调器的进排水管的布放采取高差控制、水管防漏等相关措施。

2. 防新风气流因温差结露

采用带温差控制的新风机（热交换效率在75%以上），避免高温季节、湿度大时，引入的新风与机房内23℃ ±2℃气流相遇时会产生少量冷凝水。

3. 防止进排水管损坏漏水对机房区域的蔓延

沿室内空调机安装处周边地面设深30~50mm、具有一定坡度的积水沟，沟底做漏水口，并与楼层排水处相通。

在空调区地面设有漏水自动监测系统，实时监测地面漏水状况。

4. 防止通过机房地漏口进水

在机房地漏口的排水管（下层吊顶内），做一个存水弯。防止本层的空气管排水管内的空气相通及防止下层火灾喷淋系统工作后水从漏水管进入机房。

4.10 静电防护和电磁屏蔽

1）活动地板，每隔3块地板的地板支架，采用$6mm^2$裸铜线十字形压接施工方式，形成静电接地网络，并与等电位联结箱接通；

2）吊顶龙骨、板，轻质墙和护墙层的金属龙骨、金属饰面板、门、窗的金属框均以金属导线接通，并与等电位联结箱接通；

3）空调系统具有恒温恒湿功能，可将室内相对湿度控制在45%~65%范围内，可有效地控制静电产生；

4）在机房的四周采用彩钢板装饰，通过将彩钢板良好接地的方式，达到一定的屏蔽作用。

五.　机房供配电系统

5.1 供配电系统

1. 机房主电源

机房主电源为双电源，电源要求如下：

1）采用TN-S系统供电；

2）频率50Hz；

3）电压380V/200V。

2. 配电柜配置

本工程配电分为两部分：

1）地下室配电室的两台UPS输入端由变电所引来，室内设置市电配电柜AP1，根据本工程实际情况，本市电配电柜为变电所300A的双回路供电，经市电配电柜分出2个回路，对地下室内的UPS、照明、插座及空调器等进行供电。室内的2台UPS输出端分别引至5层信息中心机房配电及网络接入间的UPS配电柜AP01，配电柜引双母线至服务器、网络及存储机房的配电柜AP001，配电柜引双路电采用放射状布线方式对机房的机柜设备进行纯双路供电。

2）5层信息中心机房配电及网络接入间设市电接入配电柜AP2，配电柜输入端由变电所200A的双回路供电。采用放射状布线方式至各用电设备，对机房内的空调、新风机、维修插座及照明系统供电。在监控中心设照明配电箱，配电箱由市电接入配电柜引来。

配电回路要求具有过载、短路保护功能，并具有消防联动、漏电保护功能装置。

3. 消防联动

配电柜AP1、AP2中的总开关脱扣器，当火灾报警动作时，提供一个干接点信号，断路器自动跳闸，切断普通市电接入电源（包括空调、新风机等机组），以利及时消除灾情。

5.2 配电系统

机房进线电源采用三相五线制。

机房内用电设备供电电源均为三相五线制（空调设备）及单相三线制（其他设备）两种。

机房用电设备、配电线路设置过电流、过载两段保护，同时配电系统各极之间有选择性地配合，配电以放射式向用电设备供电。

机房配电系统所用电缆采用阻燃聚氯乙烯、绝缘聚氯乙烯护套电力电缆，敷设在镀锌铁线槽内及镀锌钢管及金属软管内。

| 建设单位 | OWNER |
| --- | --- |
| 设计单位 | ARCHITECT |
| 证书等级 证书编号 地址 邮编 | |

| | 签　名 | 日　期 |
| --- | --- | --- |
| 审　定 | | |
| 审　核 | | |
| 设计总负责人 | | |
| 专业负责人 | | |
| 设计　计算 | | |
| 制　图 | | |
| 校　对 | | |

会签栏

| 专　业 | 签　名 | 日　期 |
| --- | --- | --- |
| 建　筑 | | |
| 结　构 | | |
| 给排水 | | |
| 电　气 | | |
| 空　调 | | |

单位出图专用章盖章

个人执业专用章盖章

备注

| 版　次 | 日　期 |
| --- | --- |
| | |

| 项目名称 | PROJECT |
| --- | --- |
| 设计号 | ZN1003 |
| 图　号 | 机房施-1 |
| 图　名 | 设计说明(一) |

未盖出图及执业专用章本图无效

配电箱中空调器及新风机的开关须与消防联动；当消防灭火系统启动时空调器能立即关机。

1. 供电支路连接方式

动力设备以独立机体为终端分别供电，UPS电源对双电源的信息机柜每机柜输送两路，其他单电源设备，送一路。

照明为分组组合供电方式，机房区水平照度按国家要求设计，采用机房专用无眩光灯具。

服务器机柜采用工业连接器+PDU接入电源。

2. 供配电系统容量冗余考虑

本工程安装的配电柜的开关容量、数量和电源线、缆，其输送电流能力等均预留发展余量，一般按环境温度40℃的条件下进行计算。

3. 双路供电

采用市电双回路供电，接入配电柜中，带双路自动切换开关，并且具备失电报警功能。

5.3 不间断电源系统

本工程根据机房目前服务器的容量及未来可扩展的容量，设计80kV·A电负荷。根据服务器电源双路供电的要求，考虑设置2台80kV·A的UPS工频机，1h的后备时间，放置在地下室配电及电池间。

目前UPS根据结构分为整体机（工频或高频）和模块机（高频），两种UPS都有自身的特点。

整体机的优点是初期投资低、技术相对成熟，但整体性能一般、维护成本高、节能技术有限，在对机房负载不明确的情况下难以选配适合的功率段，会造成投资上和运行成本的浪费。

模块化UPS是初期配置灵活、技术先进，具有高可靠性、扩展性好及节能等主要优点，目前已在很多项目上成功应用，运行效果好。建议一般机房采用高频化、模块化、小型化、节能化的UPS主机。目前此类UPS的技术集中在欧洲、美国等发达地区和国家，由于技术含量高，与同功率的整机相比较，在100kV·A左右的功率段，其造价增加约50%。在机房负载不明、分期建设的情况下，为达到相同可靠性的状况下，模块化UPS的运行成本具有很大的节能优势，符合目前国家的节能规范。

5.4 照明和电源插座的配线方式

所有供配电线路必须使用优质合格铜芯配线。要求开关功率选用应有1.5倍的富余，并做到标识醒目、与其他控制插座对应，所有电气开关材料必须是优质产品。电源线要求地板下穿金属线槽，具备良好的屏蔽效果，并具有防鼠、防虫功能。所有的电源线、电缆必须穿管或线架铺设，必须保证电源电缆、电缆与信息线缆按规范要求分离。

所有动力电缆均在活动地板下或架空在梁下通过穿镀锌金属线槽或镀锌钢管敷设。

天花照明电缆架空在梁下，穿镀锌金属线槽或镀锌钢管敷设，然后就近经软管敷设至灯具。

一般插座和照明开关电缆通过镀锌金属线槽敷设，再经镀锌钢管敷设至各固定插座和开关。

要求机房内所有金属线管、线槽、电气设备外壳等不带电的金属部分都可靠接地。

UPS电源插座采用红色面板，市电插座采用白色面板。

5.5 电气照明

计算机房照明质量的好坏，不仅会影响计算机操作人员和软硬件维修人员的工作效率和身心健康，而且还会影响计算机的可靠运行。

1. 设计原则，保证作业面视觉良好

工作区位置排列与工作人员的方位要求同灯具排列联系起来，尽量避免直接反射光，避免灯光从作业面至眼睛直接反射，损坏对比度，降低能见度。为使计算机装置的显示屏画面清晰，照度不可过亮，否则反差减弱，根据相关机房规范，设计照度如下：

主要工作区照度为500lx，基本工作区照度为300lx，其余区域为200lx。

2. 光源灯具选择

计算机房照明用荧光灯，其优点是效率高，寿命长，节约能源。

灯具架空在梁下吊杆安装。按规定灯具质量大于3kg时，灯具重量要由混凝土板承担，在灯具底4角设4个吊点，吊链可用螺栓调节长度，将灯安装水平。灯具安装完毕后可在下面拆装，更换灯管等。

综上所述，灯具采用18W X4灯管。

3. 应急电源

考虑到停电情况下或者在火灾情况下，照明用电会被切断。这时，如果有人在机房内要进行某些操作（如关机、备份、保存等）或者撤离的话，就会带来许多不便。因此在机房内的一些区域设置了应急电源灯具。在停电的情况下，应急事故电源向荧光灯提供电源，保持机房内最低限度的照明（事故照明为一般照明的1/8）。

4. 应急疏散照明：

机房在相应的出口设置了疏散指示灯和安全出口的指示灯，其照度不应低于1lx。

六. 机房信息布线系统

本设计采用通用布线来构建整个信息中心机房的数据网络。将建筑内的计算机技术、通信技术，信息技术与建筑艺术有机结合，构建一个高效、合理的网络运行物理基础。

本设计根据业务特点，结合对数据流的分析，另考虑到计算机网络交换系统的数据瞬态撞击的特性、双绞线本身串扰特性以及轻载运行的可靠性。机房内通用布线采用多模光纤和超6类铜缆布线系统，双绞线要求能满足千兆网络传输。

为满足机房环保、防火及数据传输的抗干扰性的要求，线缆应具有低烟、无卤素、阻燃和屏蔽四大特性，因此线缆采用低烟、无卤、阻燃屏蔽线缆。为达到好的抗干扰效果，线缆屏蔽采用线对间屏蔽。屏蔽线缆对数据的传输具有很好的抗干扰性、稳定性，且对于本机房来说相对非屏蔽的造价增加很少。

通用布线由下列部分组成：

1. 工作区子系统

工作区的信息插座采用超6类信息插座，信息插座采用不同的颜色用以区分语音信息点及数据内外网、备份信息点，方便管理。

主机房区的机柜配线设置应满足机柜放置各种服务器时的应用，机房以设置刀片服务器、存储设备、交换机为主。各类服务器对布线的需求如下：

机架式，每机柜最多考虑设置12台时，光/电口约为24个；

塔式服务器，每机柜最多考虑设置6台时，光/电口约为12个；

刀片式服务器 每机柜最多考虑设置36台时，约6个刀片中心，光口约18个，电口约24个。

存储设备，每机柜最多考虑设置1台储存控制器，光口约8对。

根据以上分析，考虑到日后机柜的扩展，服务器机柜布线点位设置如下：

1）服务器机柜中每服务器机柜设置36个电口、12个光口；

2）机柜内采用模块式配线架和光纤配线架，根据交换机的应用情况，光纤配线架采用小型化的光纤模块接插件（LC）；

3）为了保护跳线，减少弯角上的辐射和衰减，减少插座内的积灰，以防止影响电气性能和防水，工作区所采用的信息插座全部使用斜面带防尘插座，带配套安装附件。

监控中心操作台设置4组2孔信息点（即2个语音电口，4个数据电口、2个备用电口）。

2. 配线子系统

配线子系统设计采用超6类线缆及多模光纤，由工作区信息点引至分汇列头柜，　　即：

机房每机柜引36根6类线缆至铜缆列头柜、每机柜引2根12芯多模光纤至光缆列头柜。

水平信息点均采用超6类模块及LC双芯光纤配置，以便在使用时可根据实际需要，在管理间（或电信间）配线架上通过调整跳线，更换各信息点的使用功能。

水平铜缆支持超过250MHz的带宽。水平光缆支持超过1000MHz的带宽。水平系统线缆是整个布线系统线缆最多的部分，水平铜缆布线距离不应超过90m，信息插孔到终端设备连线不超过10m。

3. 管理

设置2个铜缆列头柜及1个光缆列头柜。

七. 防雷接地系统

考虑到电子信息设备的重要性，本建筑物信息系统雷电防护等级按A级设计。

1. 电源及信号防雷

机房信息系统实现三级电源防雷要求。第一级在变电所设置；第二级采用三相电源避雷器，雷电通量60kA（8/20μs 安装在各市电接入、UPS配电柜的总空气开关后；第三级采用三相电源避雷器，雷电通量40kA（8/20μs安装在各机柜。

2. 接地

主机房内的导体与大地做可靠的连接，不得有对地绝缘的孤立导体。机房内绝缘体的静电电压不得大于1kV。

机房内根据规范有如下接地：

1） 直流工作接地≤1Ω

2） 交流工作接地≤4Ω

3） 安全保护接地≤4Ω

4） 防静电地≤10Ω

5） 防雷接地≤10Ω

在本机房中设置了如下三个接地：直流工作地、交流工作地和等电位接地。将安全保护接地、防雷接地和防静电接地并到等电位接地中。而交流工作地则在从机房外部引入电力电缆时一并引入。

6） 从电信间井道中的等电位联结装置及机房设置的专用接地点引入两根ZR-BVR50到各机房内。在各机房安装一个等电位联结装置，形成等电位接地体。要求阻值≤1Ω 。并且在机房内离墙0.8m设置一圈50 X1铜排，组成等电位接地网。将机房内的各种接地（如安全保护地、防雷接地、防静电接地）等都接到等电位接地网上。

7）对机房六面体作等电位联结，同时对机房内电缆桥架、网络设备及服务器机柜、市电配电柜、UPS配电柜外壳采用BVR1X6mm²连至就近等电位铜排。

8）机房内电缆桥架采用铜编织带连接及每隔1m连至就近等电位连接装置。

八. 机房空调和新风系统

8.1 空调系统

信息中心机房空调作用的区域为：服务器、网络及存储机房。

机房所需空调的总制冷量为：47m² X500/860=27.2kW。另需考虑机房空调1+1的冗余，因此总制冷量应达到54.4kW。

根据以上所述，在机房设置2台制冷量为30kW风冷型的空调。

本机房的空调运行需实现节能群控功能，具体如下：

1）避免2台设备中一台制冷一台制热；

2）根据回风温度确定主机的开启台数；

3）当负载平衡时，主机可以定时轮流切换。

根据机房实际情况，空调的室外机安装在屋面。室内根据热风与冷分自然运行的原理，为取得好的送风效果，采用地板下送风，水平回风的方式。

常规空调采用可拆卸式电极式加湿灌，由于部分地区水质中钙镁离子含量偏高，使用过程中加湿灌内会形成水垢，长时间使用会造成冷热加热不均匀，加热管易爆或进水管堵塞，因此加湿灌要经常更换。而杭州地区水质中离子含量偏低，采用电极式的加湿灌，水质导电能力低，加湿量小，冬天时不满足加湿要求。因此，空调加湿器建议采用不受水质影响的远红外加湿器。

8.2 新风机组

为了设备的正常工作，并给员工一个舒适的工作环境，在中心机房、UPS机房内要求安装管道式新风系统，目的为更换室内空气、补充氧气。要求新风系统能够滤除空气中的杂质和灰尘（带初效过滤器），采用静音型双向流管道式恒温新风机，吊顶上安装。

新风量的选择为40m³每人每小时或按机房容积的2~5倍。由于机房中人员相对较少，因此选用总机房容积的5倍作为新风量的计算方法，可达到每小时换气5次以上。新风机带初效过滤器，并增加一个中效过滤器。

机房所需新风量为：$69m^2 \times 3.35m/h \times 2 \approx 462m^3/h$；

由于新风机送风口与新风机的距离将近20m，因此将新风机的送风量加大至800 $m^3/h$；选用2台新风机，每台新风量为500$m^3/h$。新风机采用静音型双向管道式恒温新风机，带初效过滤器，并增加一个中效过滤器。

九. 机房气体灭火和火灾自动报警系统

本工程共有1个防护区域需要保护，即服务器、网络及存储机房。采用无管网系统，在机房内设置2个70L的七氟丙烷灭火装置。

1.对防护区的要求

防护区应为独立的封闭的空间，且防护区的门为甲级防火门，应朝外开并能自动关闭。防护区控制盘电源：每个控制盘所需的电源容量为220V、2.0A。

2.对泄压口的要求

防护区应设置泄压口，泄压口宜设在防护区室内净高2/3以上，且应高于保护对象，并宜设在外墙上。泄压口宜具有泄放多余压力后自动关闭以及防止火灾蔓延的性能。

3.灭火接口

1）与非消防电源系统的接口

当火灾被两个探测信号确认后，应切断与防护区有关的非消防电源。切断方式有两种：

a）通过灭火控制盘直接切断；

b）通过消控中心火灾自动报警系统接收区域火警信号后经控制模块直接切断。非消防电源配电箱总开关应设自动脱扣器。

2）与火灾自动报警系统的接口

每个防护区控制盘向消控中心火灾自动报警系统发送火灾预报警信号（一级报警信号）、火灾确认信号（二级报警信号）、气体释放信号、系统故障信号。接口方式：控制盘以干节点或24V形式提供以上信号。消控中心火灾自动报警系统通过模块接收该信号。

3）与通风和空调系统的接口

当火灾被两个探测信号确认后，将防护区的防火阀关闭。关闭有两种方式：

a）通过灭火控制盘直接关闭；

b）通过消控中心火灾自动报警系统接收区域火警信号后经控制模块直接关闭。

4. 灭火控制盘的供电要求：

对灭火控制盘需提供220V、50Hz、2A的消防电源。

十. 机房视频监控和入侵报警系统

10.1 入侵报警系统

5层机房内各出入口设置红外微波双鉴入侵探测器，操作台处设置手动报警按钮，双鉴探测器与视频监控系统联动录像，形成立体化的安全防护体系。

前端探测器的电源线采用RVV4X0.75电缆引至机房监控中心机柜内的安防接线及供电箱。总信号线采用RVV4X1.5，本机房防区控制器采用总线制信号线以手拉手的连接方式接入建筑物报警总线。

10.2 视频监控系统

在机房每列服务器的正面走道、背面走道及各出入口设置彩色/黑白半球型摄像机，共设置4个。

室内摄像机信号线引到监控中心机柜内的数字录像机。视频信号线采用SYV—75—5同轴电缆。电源线采用RVV3X1.0，引至监控中心机柜内的安防接线及供电箱。

本系统设置1台数字式硬盘录像机，16路实时监视。硬盘录像机采用H.264压缩方式，按照D1的格式（720X480），码率2Mbit/s的标准不少于30天的保存时间。每台16路数字硬盘录像机配置6块1T的硬盘。硬盘的具体计算如下：

每个数字硬盘录像机的硬盘（实时录像30天）≈(2000Kbit/s X 16路 X 3600s X 24h X30d)/1024/1024/8 ≈ 1TB。再考虑动态侦测录像，录像按照60%的录像率，因此所需硬盘容量为10000GB X0.6 =6000GB。

十一. 机房出入口控制系统

本机房为重要区域，对人员的进入采取封闭式的管理模式。系统对不同功能区的人员出入采用刷卡、密码按键、指纹、掌形等方式；对不同的人员通行时间、认证方式、级别权限进行管理；以卡代替钥匙，提高安全水平及管理效率；系统应能满足消防及安全要求。

11.1 前端设置

在机房各区域的门设置读卡器。

各机房的门采用双向门控制，进入时采用刷卡+输密码或指纹或掌形等生物识别的方式进入房间，出门时采用刷卡。

当火灾发生时，消防系统和出入口控制系统联动，自动断电，将所有通道的门都打开，满足消防的相应要求。

机房内各门门锁采用磁力锁，断电开门。当消防时，楼层消防模块发出信号至出入口控制器电源，联动继电模块切断门控电源，磁力锁无吸力，满足消防疏散的要求；

出入口控制系统供电采用UPS供电，由机房UPS供电。可在断电的情况下保证正常使用。

11.2 系统架构

信息中心机房出入口控制系统采用两层体系架构：管理级，现场级。本系统为建筑物出入口控制系统的一个子网。

管理级即系统管理平台及在此平台之上各类应用模块，由服务器、各种应用工作站组成，通过以太网实现信息的交换。

现场级设备包括位于各门的读卡器、门锁、开门按钮等设备。通信总线采用RS-485格式，读卡器与出入口控制器间的通信基于国际标准的WIEGAND接口。

| 建设单位 | OWNER |
| --- | --- |
| | |
| 设计单位 | ARCHITECT |
| | |
| 证书等级　证书编号<br>地址　邮编 | |

| | 签　名 | 日　期 |
| --- | --- | --- |
| 审　定 | | |
| 审　核 | | |
| 设计总负责人 | | |
| 专业负责人 | | |
| 设计　计算 | | |
| 制　图 | | |
| 校　对 | | |
| 会签栏 | | |
| 专　业 | 签　名 | 日　期 |
| 建　筑 | | |
| 结　构 | | |
| 给排水 | | |
| 电　气 | | |
| 空　调 | | |

单位出图专用章盖章

个人执业专用章盖章

备注

| 版　次 | 日　期 |
| --- | --- |
| | |

| 项目名称 | PROJECT |
| --- | --- |
| 设计号 | ZN1003 |
| 图　号 | 机房施-2 |
| 图　名 | 设计说明(二) |

未盖出图及执业专用章本图无效

十二. 机房机柜和KVM切换系统

12.1 电子信息设备机柜

根据机房平面布置图，本设计在主机房配置（600mm X 1000mm X 2000mm）的服务器机柜19套，（600mm X 600mm X 2000mm）的布线机柜2套，技术要求如下：

（1）钢板材质：冷轧钢板（德国 KLUPP和宝钢钢板）。

（2）框架：16折型材，冷轧钢板材。

颜色：黑色（服务器机柜）。

尺寸（外部）：单个机柜 宽600mm，深1000mm，高2000mm。内部有效高度42U。

材料厚度（钢材本身）：承重部分（含框架部分）不低于2mm，非承重部分不低于1.2mm。

（3）承重：单机柜承重不低于1500kg。固定承板承重40~100kg。

（4）柜门。

前门：带有人体工学手柄和安全钥匙四点共开锁，开启角度180°，网络机柜铝合金镶嵌钢化玻璃；服务器机柜钢板网孔门，通风率达78%。

后门：钢板门，带有人体工学手柄和安全锁。开启角度180°。

（5）柜顶和底座：带有专业进出线孔洞，顶部、底部可分别进线，单方向进出总线量大于50根（6A类线）。

（6）每个机柜可选带有4个水平调节角，保证在地面不平时的柜体平稳。

（7）附件可选走线、理线设备，方便走线和管理。

（8）PDU：插座模块、功能模块采用PC/ABS塑胶材料，热变型温度高达120℃，阻燃特性符合UL94-V0标准，有效地避免了因插座引起的火灾事故的发生。

内部的插座模块之间、各种功能模块之间的连接方式全部采用专用端子连接方法。

插座的插套组件全部采用独具良好弹性、耐磨性、抗磁性、耐蚀性的磷青铜材料，精细加工，压成型，高可靠接触，单极拔插寿命试验均在5000次以上。

12.2 电子信息设备KVM切换系统

根据机房服务器较多，控制需方便可靠，KVM切换系统采用基于两位管理员控制64台服务器的管理方案，全数字的KVM切换系统，考虑到安全性及可靠性，本KVM系统采用嵌入式方式的切换主机，且系统不联入楼内局域网。

KVM切换系统可以让机房的管理员同时控制所有的服务器，可实现2路本地管理。

所有功能都可通过OSD（屏幕显示菜单）实现。通过屏幕菜单的选择可随意选择控制所有服务器中的任意一台；可以通过屏幕菜单对每一台服务器命名，免去误操作的麻烦；可设置每台主机的密码，以达到设置管理员权限的目的。

通过主机命名，可清晰、明了地了解当前所控制的主机。对不同管理员的权限进行分级，可指定其管理服务器。

十三. 机房集中监控系统

对于电子信息中心机房，考虑机房设备运行的安全性以及管理的科学性，需要通过现代信息技术将机房分散的设备运行情况实现集中化的管理，对机房内的UPS、精密空调、配电柜、温湿度点、漏水侦测、氢气探测点、消防、出入口控制、视频监控等系统进行集中监视或控制，在机房配置一台工控机作为现场管理服务器，采集及处理机房的监控数据。

13.1 系统监控对象说明

本次机房监控系统主要包括以下系统的控制：

1）动力；

2）环境；

3）安防。

被控设备及系统如下：

1）机房2路市电接入供电和1台UPS配电柜；

2）2台UPS；

3）2台空调；

4）消防系统；

5）出入口控制系统；

6）视频监控系统。

13.2 系统架构

本系统采用集散控制原理，分散控制、集中管理的设计思想。建立机房三级集中监控架构，即系统由以下3个部分组成：现场设备采集层、现场管理服务器、远程网络浏览站。

13.3 系统控制功能

在机房设置一台现场管理服务器和集中监控管理软件以实现对机房内所有动力环境及安防系统的监控。主要监控内容包括：机房动力监控、机房环境监控、机房安防监控等3部分监控。

监控对象及内容：

（1）机房动力监控：

配电开关状态监测：监测12路重要开关；

配电参数监测：监测2路市电参数；

UPS监测：监测2台UPS工作。

（2）机房环境监控：

漏水检测：1套3m的漏水传感器检测机房内有无漏水；

温湿度监测：监测机房内5个点的温度和湿度；

消防监测：监测机房内1路消防信号；

氢气监测：监测电池室室内氢气的浓度。

（3）机房安防监控：

出入口监控：监控所有控制门的人员进出；

视频监控：集成机房内视频图像并实现视频与其他子系统的联动。

各监控子系统详细功能介绍如下：

13.3.1 配电监测

（1）监控内容：

对于机房的重要配电开关，监视开关是否跳闸或断电等状态，对市电输入柜上的配电开关进行实时监测。同时安装2台电量仪监测2路市电进线的电压、电流、频率、功率等参数。

（2）工作方式：

采用专用信号处理模块经完全的光电隔离，将输入的电源信号经处理转换为低电平信号，再输入到智能开关量采集模块转换为数据信息，送往现场管理服务器，实现开关状态的监测。

配电柜的电压、电流、频率等参数的监控主要采用三相电量检测仪，通过电量仪自带的信号接口传输至设备驱动板与集中管理服务器相连，实现实时的电压、电流监控。

（3）实现功能：

重要开关检测功能：可在系统中实时显示机房重要配电开关的状态，一旦开关跳闸或断电可及时报警，并按预先制定的报警策略进行报警，并在界面上显示异常的开关，并可实现自动报警画面切换功能。

13.3.2 UPS监测

（1）监控内容：

在采用UPS提供远程监控通信接口与完整准确的通信协议基础上，监测设备提供的所有状态和参数，并对UPS的模拟量与数字量进行实时监测。

（2）工作方式：

UPS采用布线的方式，并通过接口转换模块将UPS信号直接连接到现场管理服务器上，实现实时的UPS监测。

（3）实现功能：

通过UPS厂家提供的控制设备通信接口及通信协议，实时地监视UPS整流器、逆变器、电池、旁路、负载等各部分的运行状态与参数。监测参数包括：

模拟量：输入相电压，输出相电压，旁路相电压，输入相电流，输出相电流，旁路相电流，电池电压，电池电流，系统频率，系统负载，电池后备时间。

数字量：输出电压超范围，电池工作模式，旁路工作模式，电池电压高，电池电压低，系统报警，系统暂停，电池电压低报警，旁路电压超限，主电压超限。

所有模拟量与数字量的具体情况依据UPS厂家提供的UPS监控和通信协议而定。

13.3.3 空调监测

（1）监控内容：

实时监测2台精密空调的运行状态和参数。在空调厂家提供远程监控通信接口与完整准确的通信协议的基础上，实现对机房空调监控，内容包括各部件（压缩机、风机、加热器、加湿器、去湿器、滤网等）的运行状态、参数数值、故障和异常报警，并可远程修改空调设置参数（温度和湿度）和进行空调的远程开关机。

（2）工作方式：

空调采用布线的方式，空调信号经嵌入式工作站转换成通信信号后由网络连接到现场管理服务器上，实现实时的空调监控。

（3）实现功能：

通过空调自带的智能通信接口，系统可实时、全面地监控空调各部件（温度、湿度、温度设定值、湿度设定值、空调运行状态、风机运转状态、压缩机运行状态、加热器加热状态、加湿器状态、压缩机高压报警、风机过载、除湿器溢水、加热器故障、气流故障、过滤器堵塞、制冷失效、加湿电源故障、压缩机低压报警、压缩机高压报警等）的运行状态、参数数值、故障和异常报警，并可远程修改空调设置参数（温度和湿度）和进行空调的远程开关机。

13.3.4 漏水监测

（1）监控内容：

采用节点式漏水监测系统1套，对空调器下产生的漏水区进行围闭监测。

（2）工作方式：

铺设漏水感应绳，一旦有水泄漏碰到漏水感应绳，漏水控制器即产生漏水信号，并将信号传输至多设备驱动板与现场管理服务器相连，实现实时地漏水状态监测，可确保系统在第一时间报警，使得机房维护人员可及时发现漏水避免发生重要漏水事件造成巨大损失。

（3）实现功能：

将漏水感应绳沿可能产生漏水的地方铺设，加上漏水控制器实现机房内漏水监控系统。

13.3.5 温湿度监测

（1）监控内容：

在机房共计安装5个温湿度传感器进行区域温湿度监测。

（2）工作方式：

温湿度探头将采集的温湿度值以通信信号形式传输至现场管理服务器，实现实时温湿度监控。

（3）实现功能：

在本系统中，温湿度一体化传感器将把检测到的温湿度值实时传送到现场管理服务器中，以电子地图的方式实时显示并记录数据，使用户可直观查看机房内的温、湿度参数值。

13.3.6 氢气监测

（1）监控内容：

实时监测位于电池室内空气质量，一旦氢气在空气中的含量比例过高，系统进行报警，提示管理员可能出现了气体泄露。

(2) 工作方式:

氢气探测器检测的浓度值传输至模拟量采集模块转换成数字信号，送往现场管理服务器处理，通过智能通信接口及通信协议，在现场管理服务器上统一实时监管。

(3) 实现功能:

用户可根据机房的实际情况，通过监控系统方便地设置氢气的正常值、报警下限、报警上限等参数。

13.3.7 消防监测

(1) 监控内容:

对气体消防报警系统进行监控，实时监测其报警状态，并与出入口控制、视频监控设立联动。

(2) 工作方式:

采用开关量采集模块将消防探测器的干接点变化信号送到现场管理服务器，实时监测各监测点的消防报警情况。

(3) 实现功能:

监控系统一旦监测到有消防报警，监控界面自动切换到消防监测画面上，同时在该页面上显示报警区域，系统进行报警信息提示并发出语音、短信等报警方式，及时通知有关人员排除警报。

13.3.8 出入口控制

(1) 监控内容:

对机房区域出入口的管理，采用单向/双向刷卡/指纹的进出方式；支持中心发卡模式；刷卡时监控系统可以调用摄像机将刷卡时的图象进行联动打开。

(2) 工作方式:

出入口控制通过接口集成到监控平台，实现实时出入口控制监控。

(3) 实现功能:

1)监测报警。实时监测出入口控制系统中各种设备运行状态以及故障状态的情况；

自动记录人员进出情况包括：人名、所进出门区名称、进出时间等。

2)日志管理。系统自动记录出入口控制系统的操作日志、系统日志、报警日志、通行日志（通行记录内容包括：时间、区域、人员卡号、进入方式），可实时对日志进行查询。

3)入侵检测报警。有非法入侵情况发生时，门状态感应器被触发，控制器会将此报警信息传送到现场监控服务器，自动弹出相关的报警页面，并在电子地图上形象直观提示发生入侵的地点，同时对外报警。

4)电子地图。通过动态的电子地图不仅实时显示系统内设备状态、门的开/关状态、人员进出情况，还可以对报警情况进行准确的定位与直观的显示。

5)联动控制。可以与其他系统进行联动控制，例如：当用户在机房门进行刷卡操作时，监控系统自动联动视频监控系统进行抓拍录像，便于管理人员进行身份核实。

6)远程控制。可通过网络（包括局域网和互联网），实现远程监控，所监控的对象可以和现场管理服务器具有等同的功能，如打开和关闭门。

13.3.9 视频监控

(1) 监控内容:

对出入口和各区域的人员活动情况进行实时视频监控。视频监控与动力环境监控系统结合，实现与出入口控制系统、消防监测系统等的联动功能。

(2) 工作方式:

前端摄像机的硬盘录像机通过接口集成到监控平台，实现对视频服务器中的所有视频图像的调用及联动。

(3) 实现功能:

视频浏览：在电子地图上选择监控点击相应的摄像机按钮，系统就会自动调用视频查看控件显示现场的视频图像。

联动功能：当出入口控制系统发出报警信号时，集中管理服务器及时弹出现场图像画面。

十四. 机房桥架及管路

根据本机房设备布置情况，电缆桥架采用静电地板下走线方式的梯式桥架：

1) 信息桥架采用C-300X100、C-100X100,在静电地板下安装。

2) 电源桥架采用C-200X100、C-100X100,在静电地板下安装。

十五. 其他

凡说明未详尽之处，详见机房图、国家、地方相关标准与规范，以及设备清单、技术参数要求。

| 建设单位 | OWNER |
| --- | --- |
| | |
| 设计单位 | ARCHITECT |
| | |
| 证书等级<br>地址 | 证书编号<br>邮编 |

| | 签　名 | 日　期 |
| --- | --- | --- |
| 审　定 | | |
| 审　核 | | |
| 设计总负责人 | | |
| 专业负责人 | | |
| 设计　计算 | | |
| 制　图 | | |
| 校　对 | | |
| 会签栏 | | |
| 专　业 | 签　名 | 日　期 |
| 建　筑 | | |
| 结　构 | | |
| 给排水 | | |
| 电　气 | | |
| 空　调 | | |

单位出图专用章盖章

个人执业专用章盖章

备注

| 版　次 | 日　期 |
| --- | --- |
| | |

| 项目名称 | PROJECT |
| --- | --- |
| | |
| 设计号 | ZN1003 |
| 图　号 | 机房施-3 |
| 图　名 | 设计说明(三) |

未盖出图及执业专用章本图无效

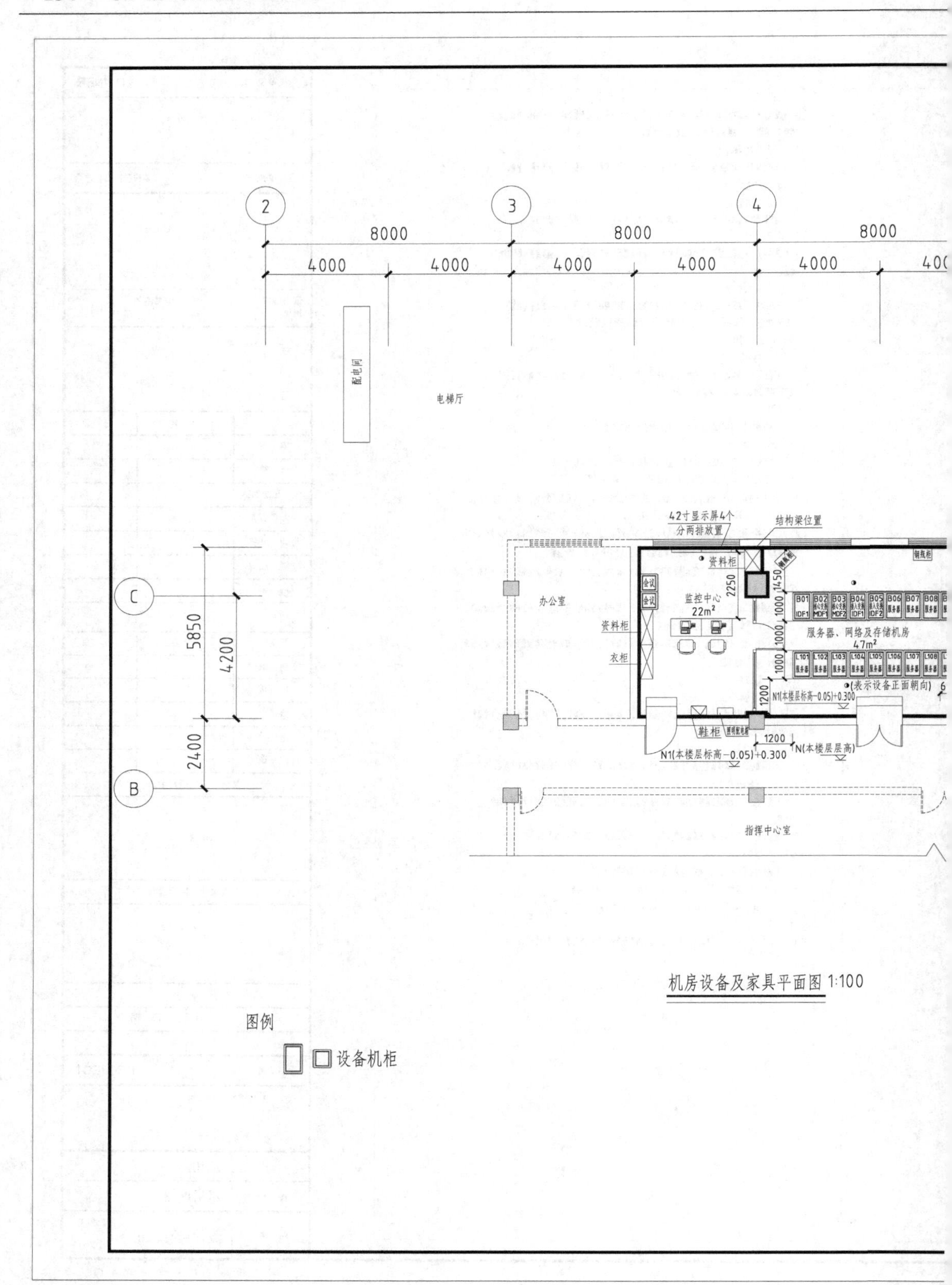

2
3
4
8000
8000
8000
4000
4000
4000
4000
4000
配电间
电梯厅
42寸显示屏4个
分两排放置
结构梁位置
资料柜
办公室
监控中心
22m²
资料柜
衣柜
服务器、网络及存储机房
47m²
(表示设备正面朝向)
N1(本楼层标高−0.05)+0.300
鞋柜
1200
N(本楼层层高)
指挥中心室
5850
4200
2400
2250
1450
1000
1000
1000
1200
C
B
机房设备及家具平面图 1:100
图例
设备机柜

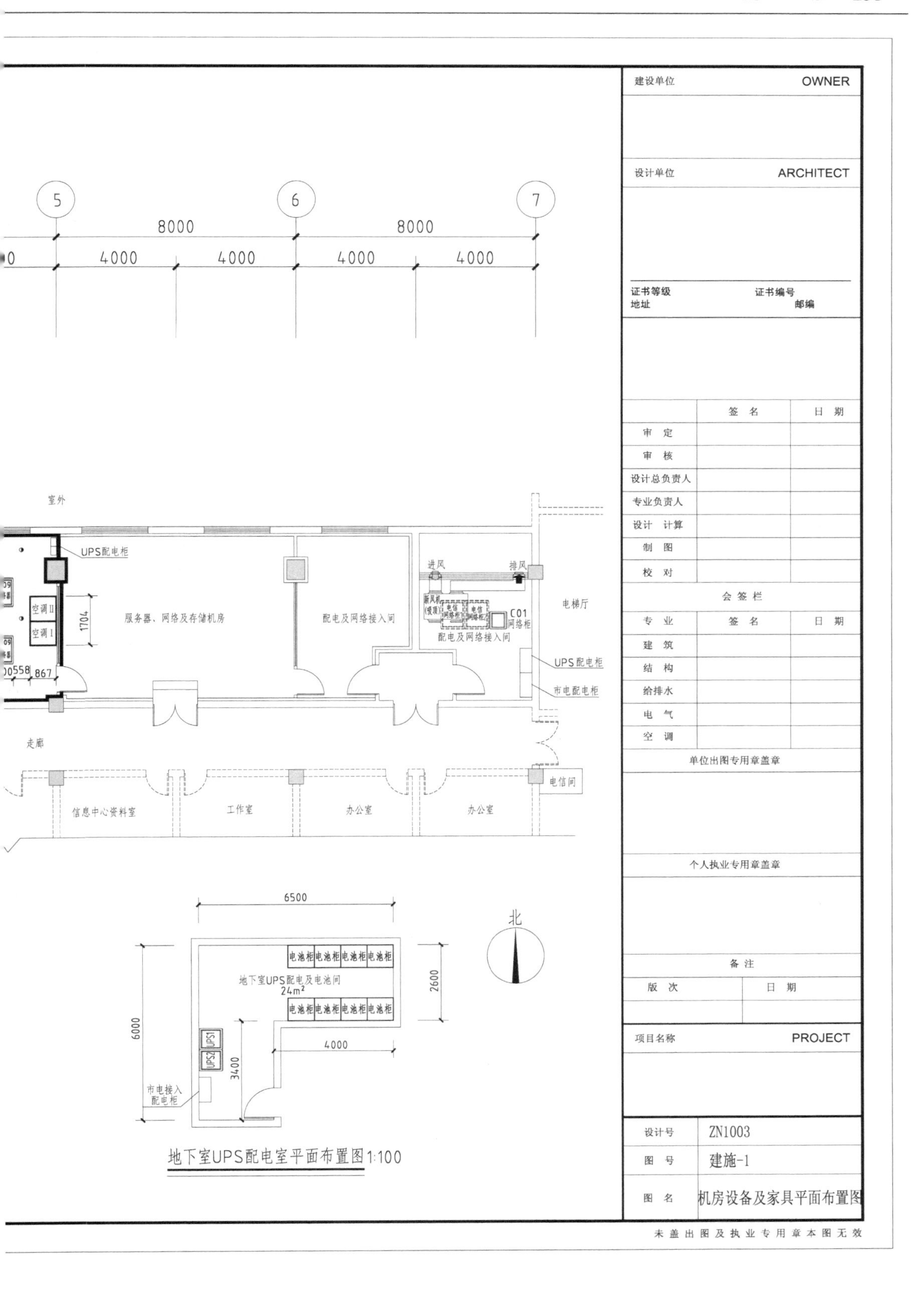

建设单位 OWNER
设计单位 ARCHITECT
证书等级
证书编号
地址
邮编
签名
日期
审定
审核
设计总负责人
专业负责人
设计 计算
制图
校对
会签栏
专业
建筑
结构
给排水
电气
空调
单位出图专用章盖章
个人执业专用章盖章
备注
版次
项目名称 PROJECT
设计号 ZN1003
图号 建施-1
图名 机房设备及家具平面布置图
未盖出图及执业专用章本图无效
5
6
7
8000
4000
室外
UPS配电柜
服务器、网络及存储机房
配电及网络接入间
进风
排风
C01
网络柜
电梯厅
UPS配电柜
市电配电柜
空调II
空调I
1704
867
走廊
信息中心资料室
工作室
办公室
电信间
6500
北
地下室UPS配电及电池间
24m²
电池柜
2600
6000
3400
4000
UPS1
UPS2
市电接入
配电柜
地下室UPS配电室平面布置图1:100

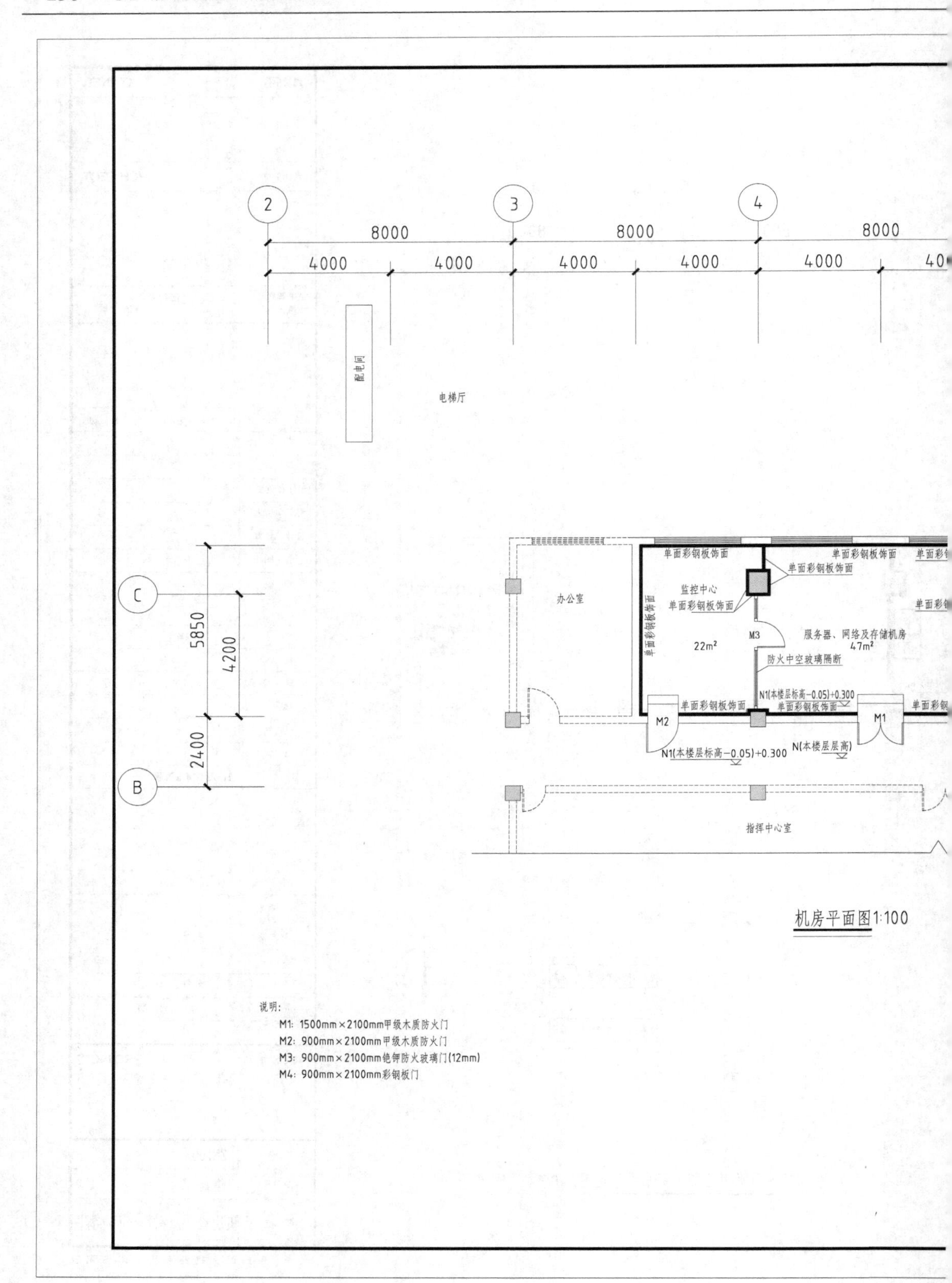

2
3
4
8000
8000
8000
4000
4000
4000
4000
4000
配电间
电梯厅
C
B
5850
4200
2400
办公室
单面彩钢板饰面
监控中心
单面彩钢板饰面
22m²
M3
服务器、网络及存储机房
47m²
防火中空玻璃隔断
N1(本楼层标高-0.05)+0.300
M2
M1
N(本楼层层高)
指挥中心室
机房平面图1:100
说明:
M1: 1500mm×2100mm甲级木质防火门
M2: 900mm×2100mm甲级木质防火门
M3: 900mm×2100mm艳钾防火玻璃门(12mm)
M4: 900mm×2100mm彩钢板门

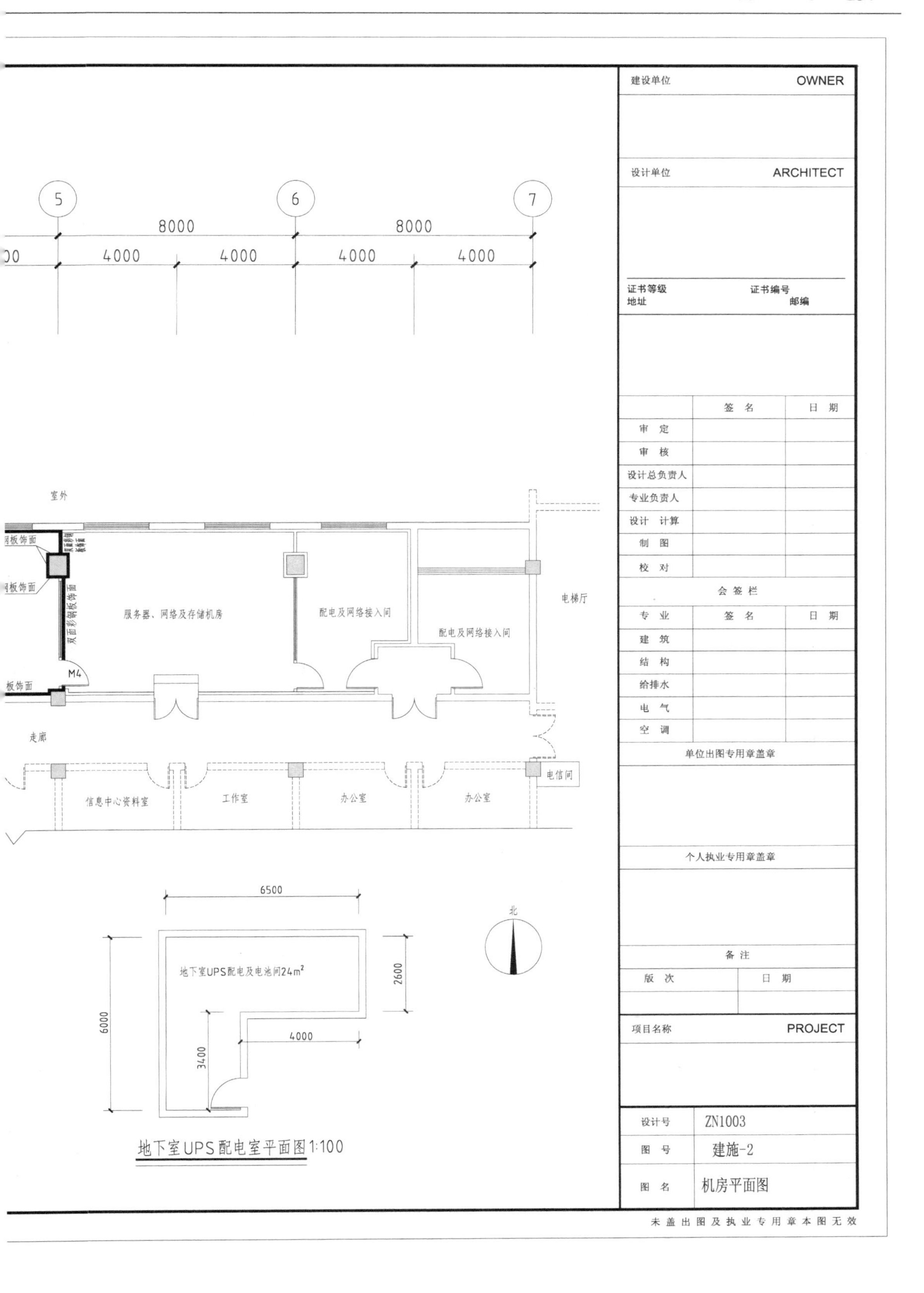

地下室UPS配电室平面图1:100

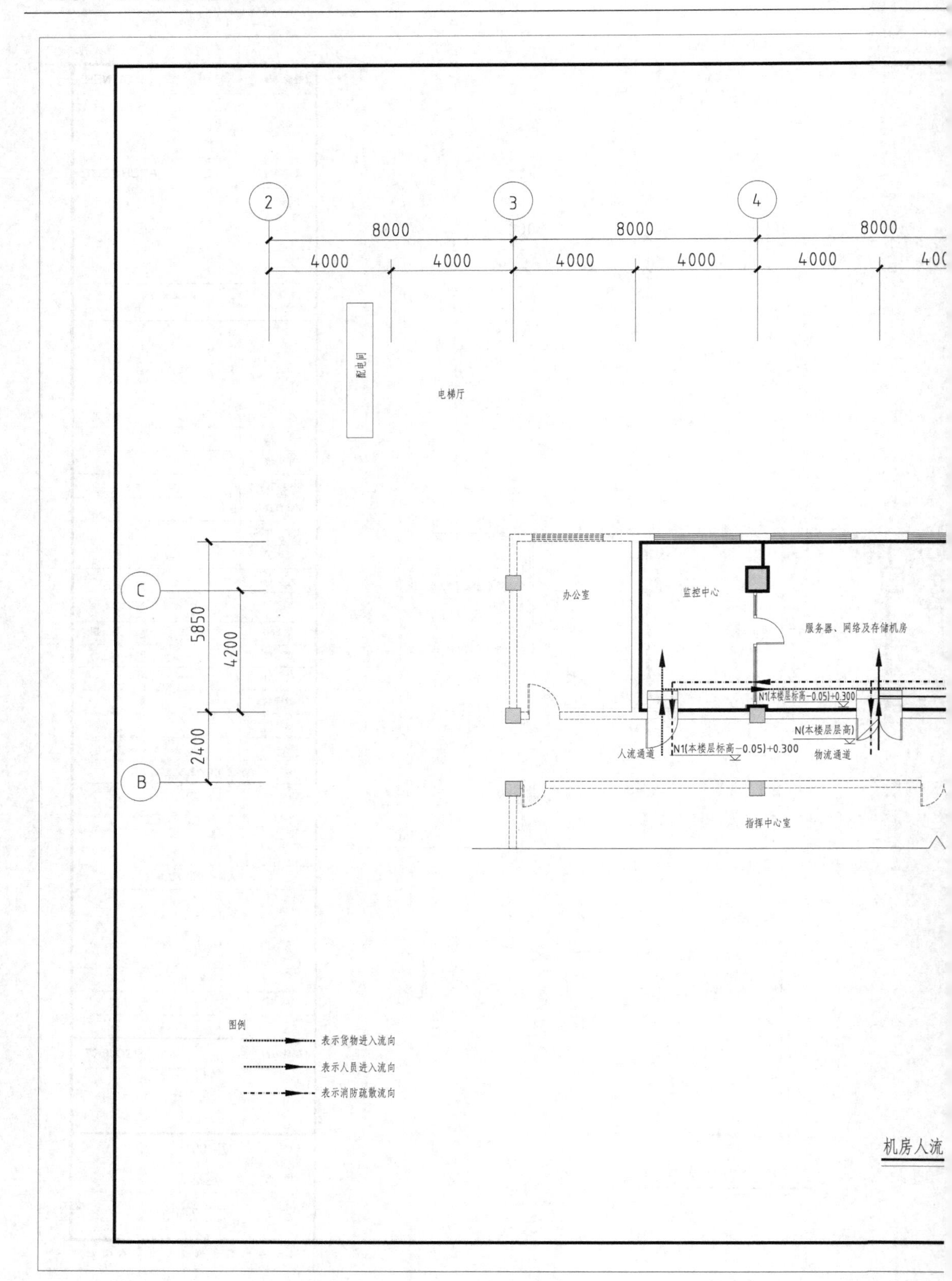

2
3
4
8000
8000
8000
4000
4000
4000
4000
4000
配电间
电梯厅
C
B
5850
4200
2400
办公室
监控中心
服务器、网络及存储机房
N1(本楼层标高-0.05)+0.300
N(本楼层层高)
人流通道
N1(本楼层标高-0.05)+0.300
物流通道
指挥中心室
图例
表示货物进入流向
表示人员进入流向
表示消防疏散流向
机房人流

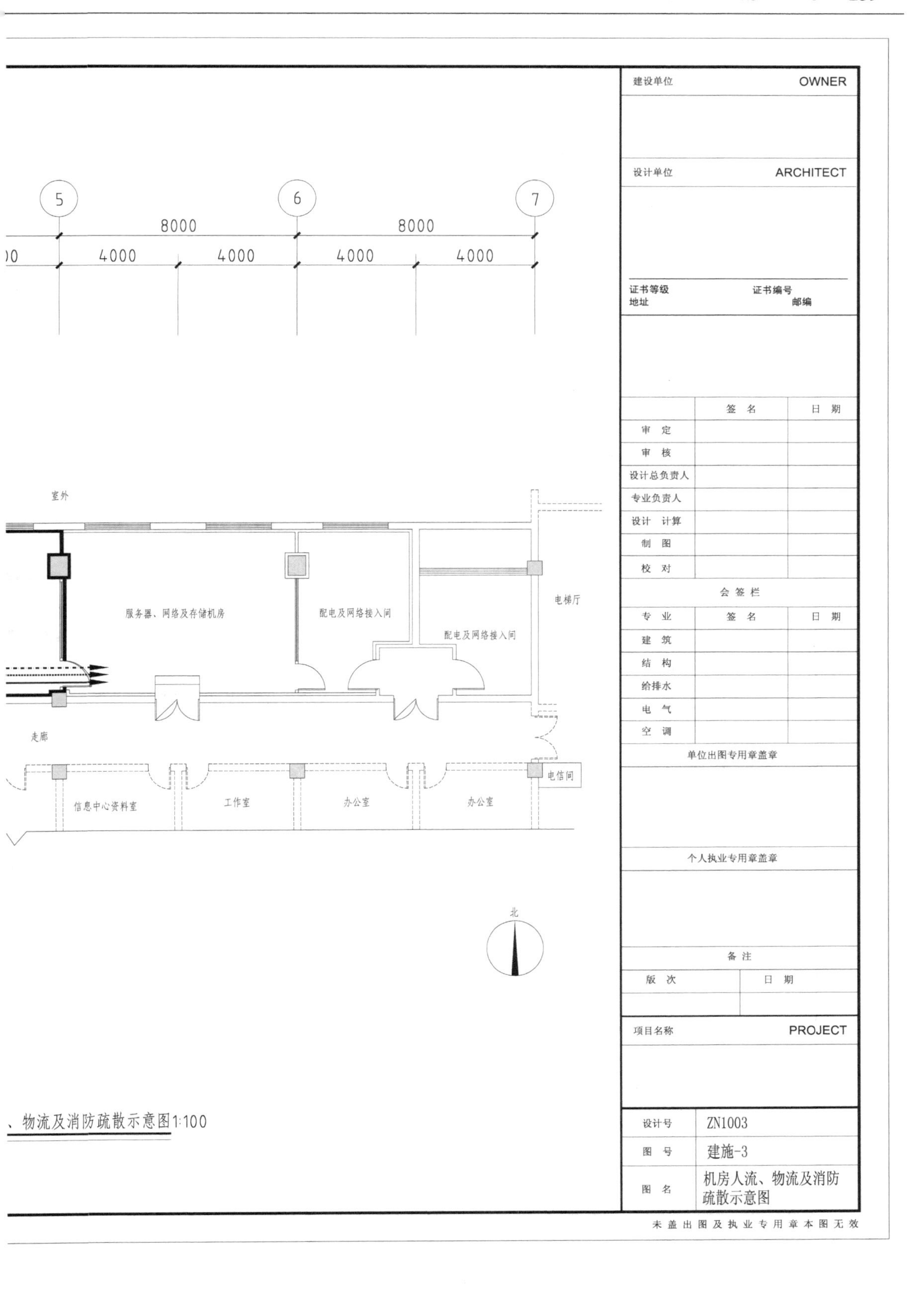

5
6
7
8000
8000
4000
4000
4000
4000
室外
服务器、网络及存储机房
配电及网络接入间
配电及网络接入间
电梯厅
走廊
信息中心资料室
工作室
办公室
办公室
电信间
北
、物流及消防疏散示意图1:100
建设单位 OWNER
设计单位 ARCHITECT
证书等级
证书编号
地址
邮编
签 名
日 期
审 定
审 核
设计总负责人
专业负责人
设计 计算
制 图
校 对
会签栏
专 业
签 名
日 期
建 筑
结 构
给排水
电 气
空 调
单位出图专用章盖章
个人执业专用章盖章
备 注
版 次
日 期
项目名称 PROJECT
设计号 ZN1003
图 号 建施-3
图 名 机房人流、物流及消防疏散示意图
未盖出图及执业专用章本图无效

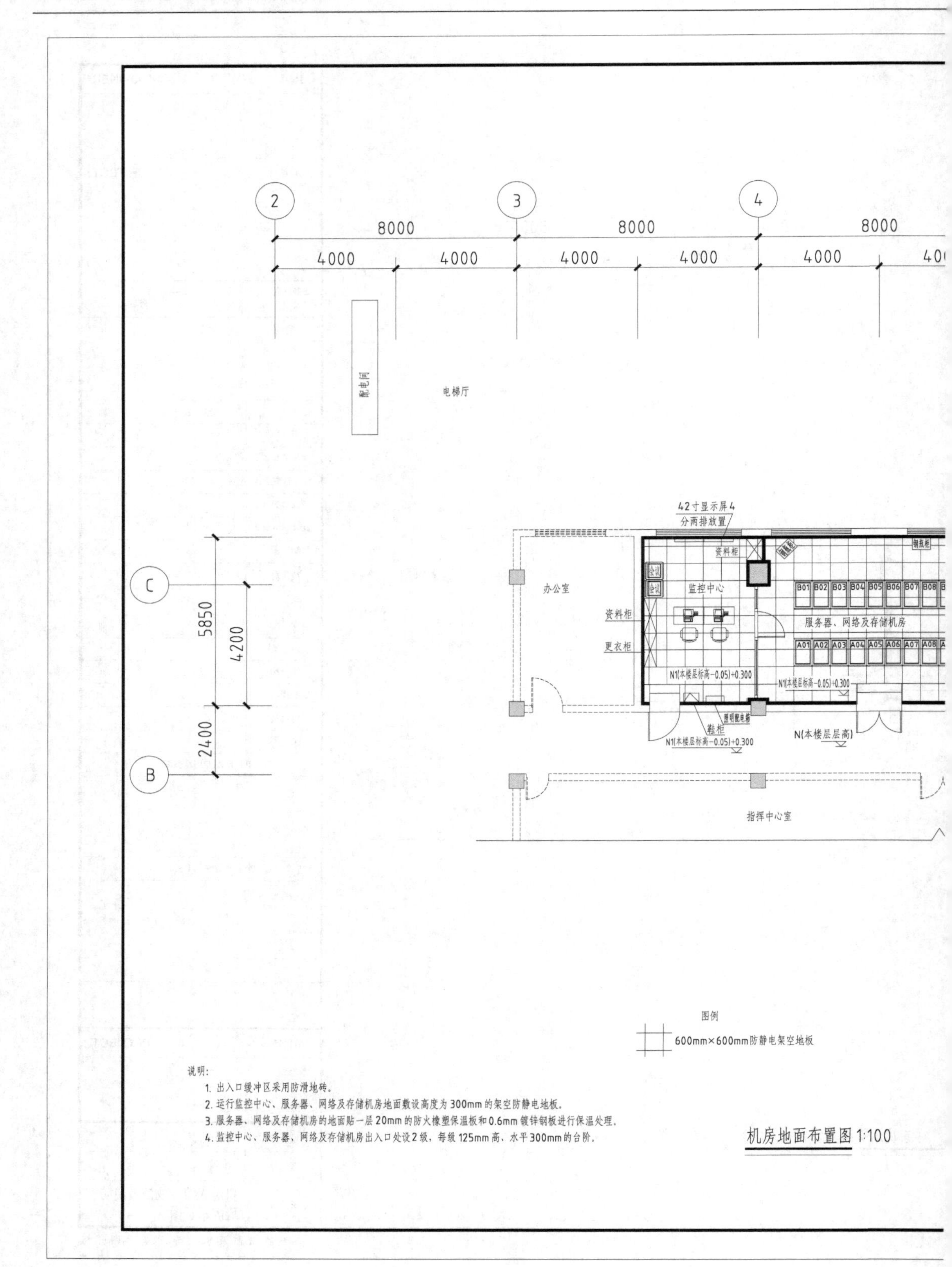
2
3
4
8000
8000
8000
4000
4000
4000
4000
4000
配电间
电梯厅
42寸显示屏4
分两排放置
办公室
资料柜
监控中心
资料柜
更衣柜
服务器、网络及存储机房
N1(本楼层标高-0.05)+0.300
鞋柜
N(本楼层层高)
指挥中心室
C
B
5850
4200
2400
图例
600mm×600mm防静电架空地板
说明:
1. 出入口缓冲区采用防滑地砖。
2. 运行监控中心、服务器、网络及存储机房地面敷设高度为300mm的架空防静电地板。
3. 服务器、网络及存储机房的地面贴一层20mm的防火橡塑保温板和0.6mm镀锌钢板进行保温处理。
4. 监控中心、服务器、网络及存储机房出入口处设2级，每级125mm高、水平300mm的台阶。
机房地面布置图 1:100

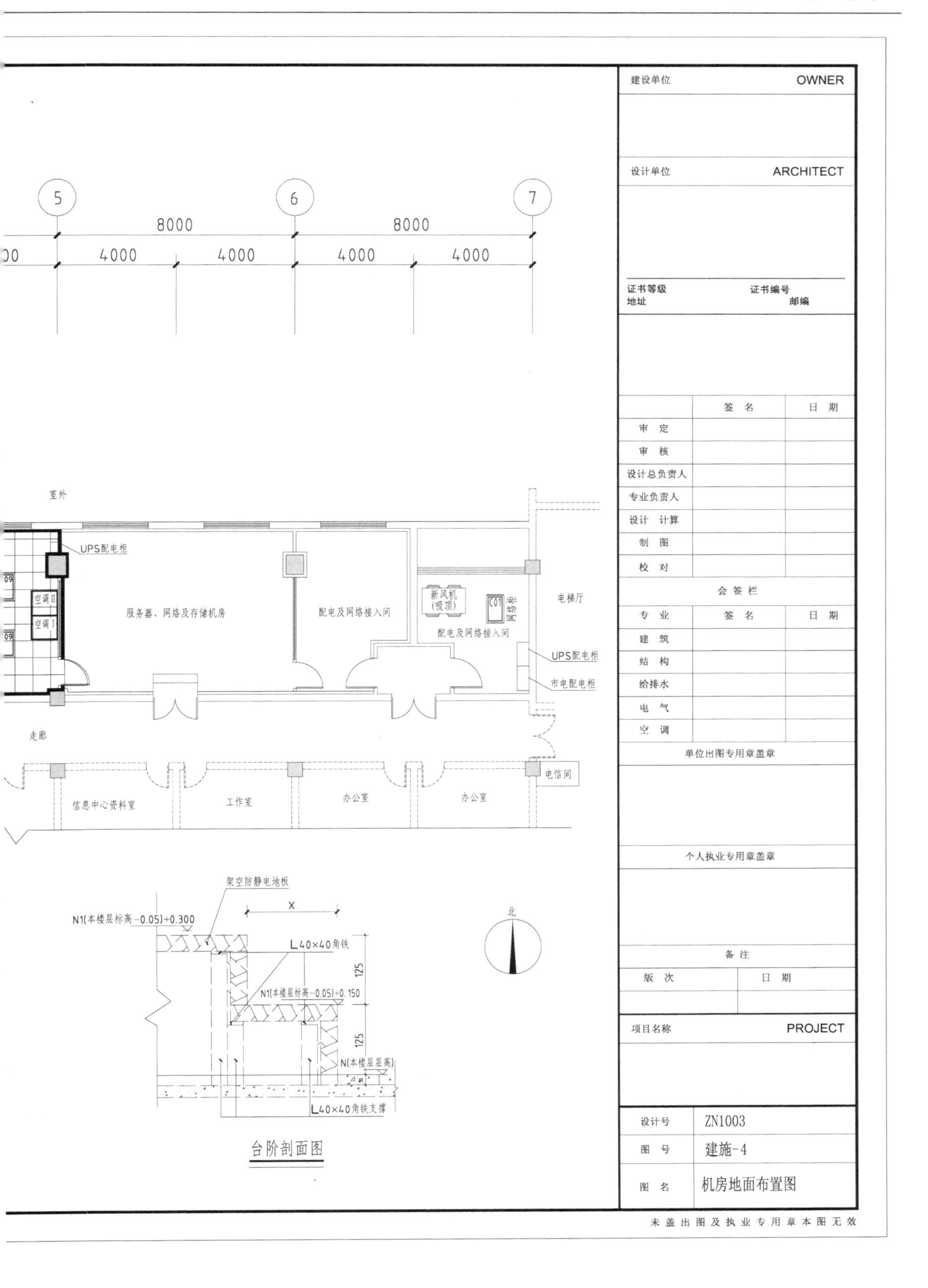

建设单位
OWNER
设计单位
ARCHITECT
证书等级
证书编号
地址
邮编
签名
日期
审定
审核
设计总负责人
专业负责人
设计 计算
制图
校对
会签栏
专业
签名
日期
建筑
结构
给排水
电气
空调
单位出图专用章盖章
个人执业专用章盖章
备注
版次
日期
项目名称
PROJECT
设计号
ZN1003
图号
建施-4
图名
机房地面布置图
未盖出图及执业专用章本图无效
5
6
7
8000
8000
4000
4000
4000
4000
室外
UPS配电柜
空调II
空调I
服务器、网络及存储机房
配电及网络接入间
新风机
(吸顶)
配电及网络接入间
电梯厅
UPS配电柜
市电配电柜
走廊
电信间
信息中心资料室
工作室
办公室
办公室
架空防静电地板
N1(本楼层标高-0.05)+0.300
X
L40×40角铁
N1(本楼层标高-0.05)+0.150
125
125
N(本楼层层高)
L40×40角铁支撑
北
台阶剖面图

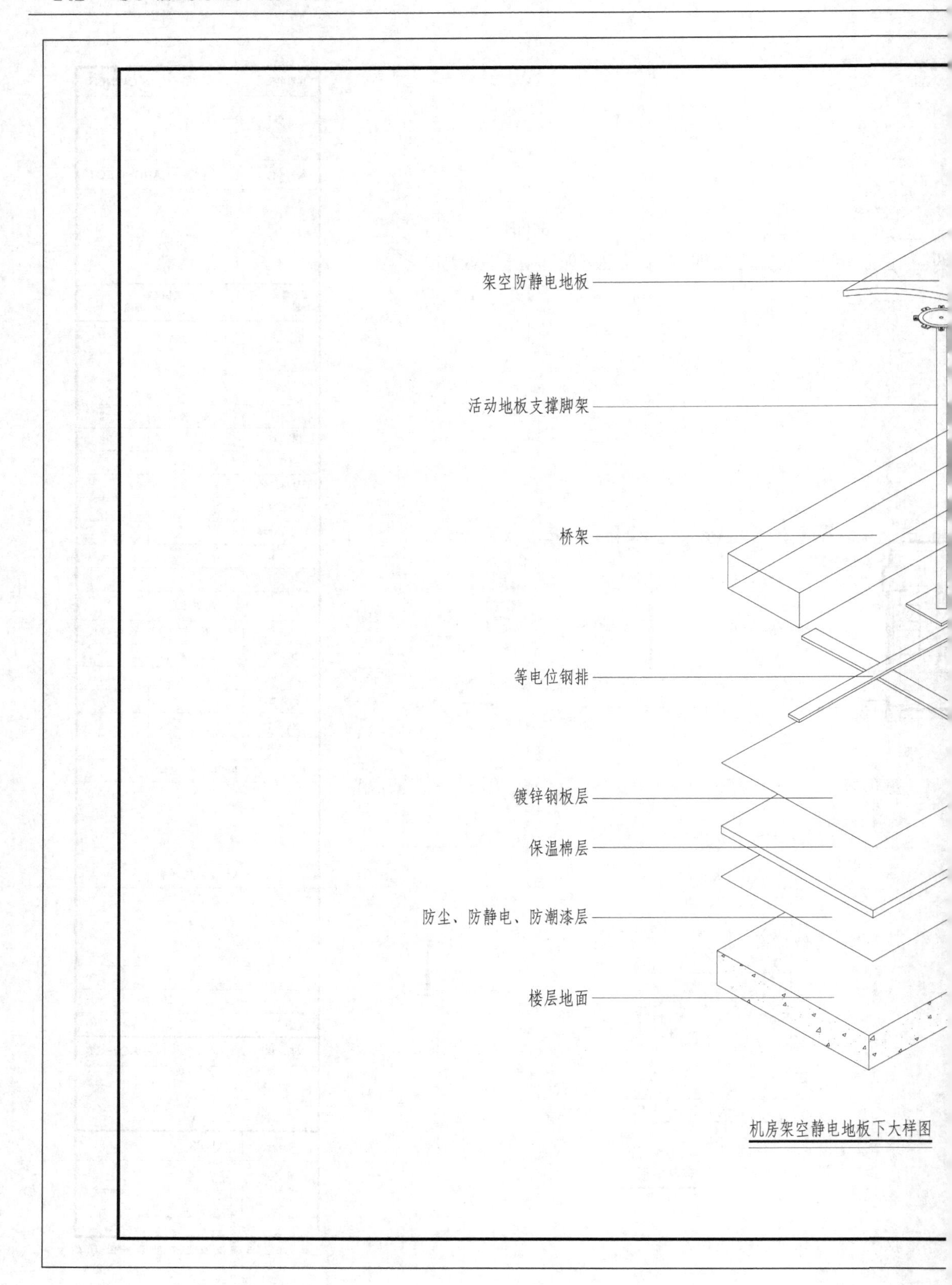

机房架空静电地板下大样图

| 建设单位 | | OWNER |
|---|---|---|
| | | |
| 设计单位 | | ARCHITECT |
| 证书等级<br>地址 | | 证书编号<br>邮编 |
| | 签 名 | 日 期 |
| 审 定 | | |
| 审 核 | | |
| 设计总负责人 | | |
| 专业负责人 | | |
| 设计 计算 | | |
| 制 图 | | |
| 校 对 | | |
| 会签栏 | | |
| 专 业 | 签 名 | 日 期 |
| 建 筑 | | |
| 结 构 | | |
| 给排水 | | |
| 电 气 | | |
| 空 调 | | |
| 单位出图专用章盖章 | | |
| 个人执业专用章盖章 | | |
| 备 注 | | |
| 版 次 | 日 期 | |
| 项目名称 | | PROJECT |
| 设计号 | ZN1003 | |
| 图 号 | 建施-5 | |
| 图 名 | 机房架空地板下大样图 | |

未盖出图及执业专用章本图无效

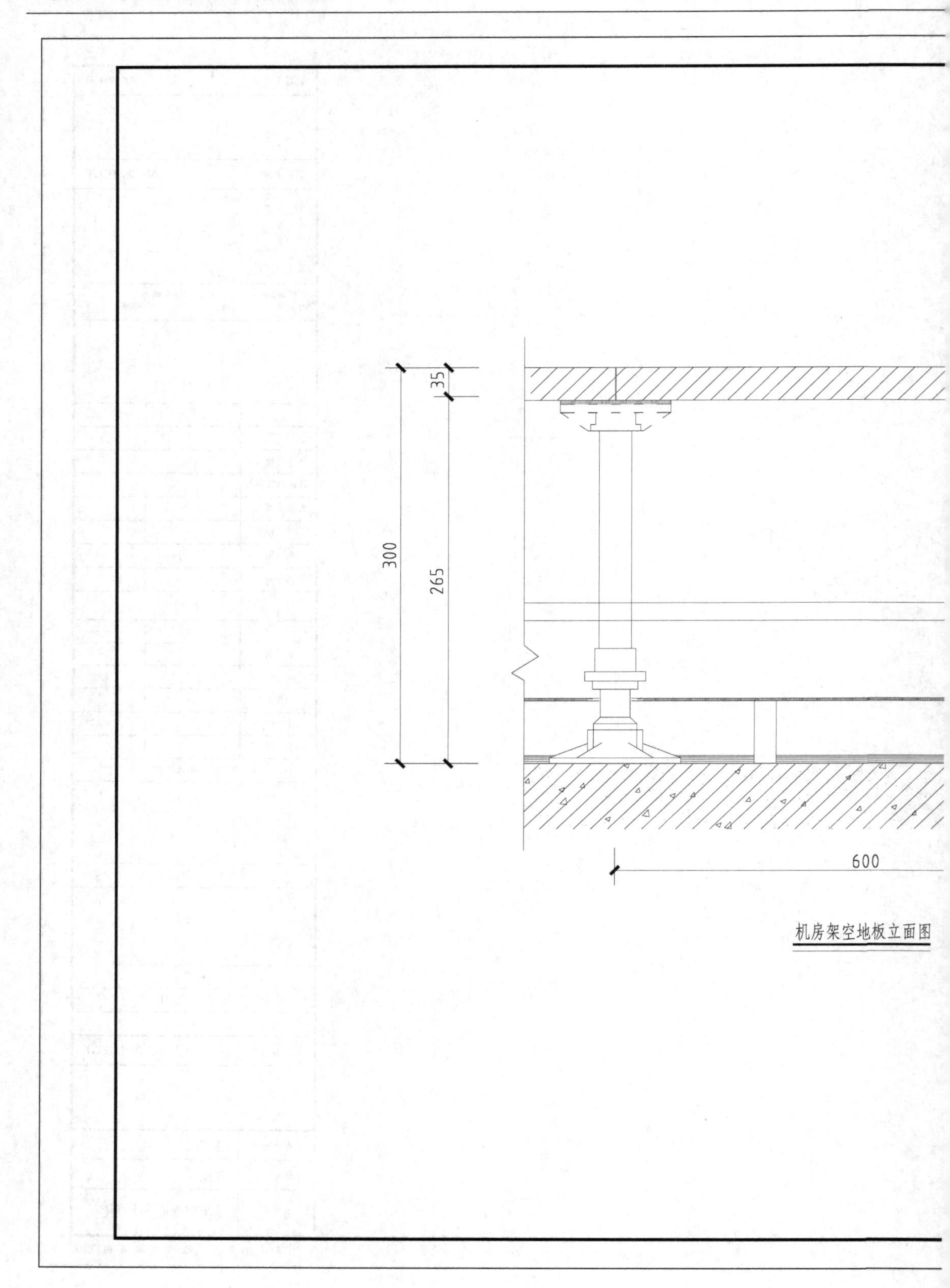


机房架空地板立面图

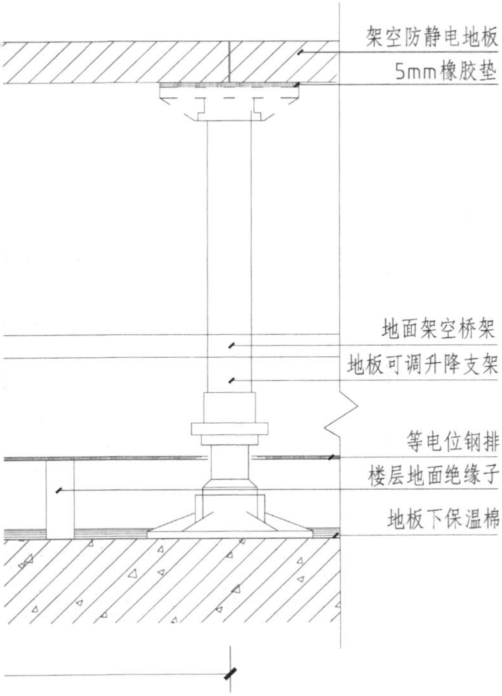

架空防静电地板
5mm橡胶垫
地面架空桥架
地板可调升降支架
等电位钢排
楼层地面绝缘子
地板下保温棉

| 建设单位 | | OWNER |
| --- | --- | --- |
| 设计单位 | | ARCHITECT |
| 证书等级<br>地址 | | 证书编号<br>邮编 |
| | 签　名 | 日　期 |
| 审　定 | | |
| 审　核 | | |
| 设计总负责人 | | |
| 专业负责人 | | |
| 设计　计算 | | |
| 制　图 | | |
| 校　对 | | |
| 会签栏 | | |
| 专　业 | 签　名 | 日　期 |
| 建　筑 | | |
| 结　构 | | |
| 给排水 | | |
| 电　气 | | |
| 空　调 | | |
| 单位出图专用章盖章 | | |
| 个人执业专用章盖章 | | |
| 备注 | | |
| 版　次 | | 日　期 |
| 项目名称 | | PROJECT |
| 设计号 | ZN1003 | |
| 图　号 | 建施-6 | |
| 图　名 | 机房架空地板立面图 | |

未盖出图及执业专用章本图无效

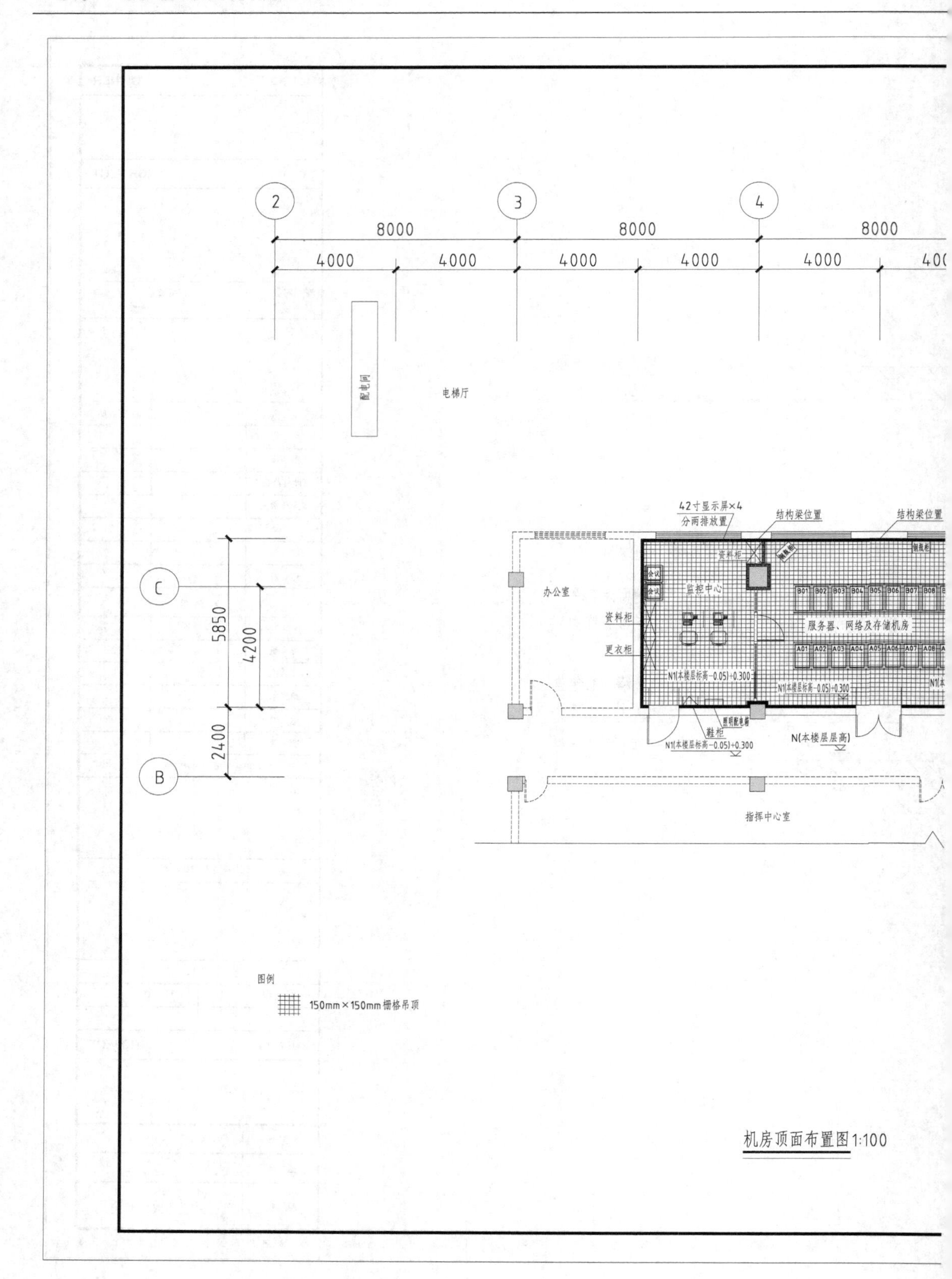

2
3
4
8000
8000
8000
4000
4000
4000
4000
4000
配电间
电梯厅
42寸显示屏×4
分两排放置
结构梁位置
结构梁位置
资料柜
办公室
监控中心
资料柜
更衣柜
服务器、网络及存储机房
N1(本楼层标高-0.05)+0.300
N1(本楼层标高-0.05)+0.300
鞋柜
照明配电箱
N1(本楼层标高-0.05)+0.300
N(本楼层层高)
指挥中心室
5850
4200
2400
C
B
图例
150mm×150mm栅格吊顶
机房顶面布置图1:100

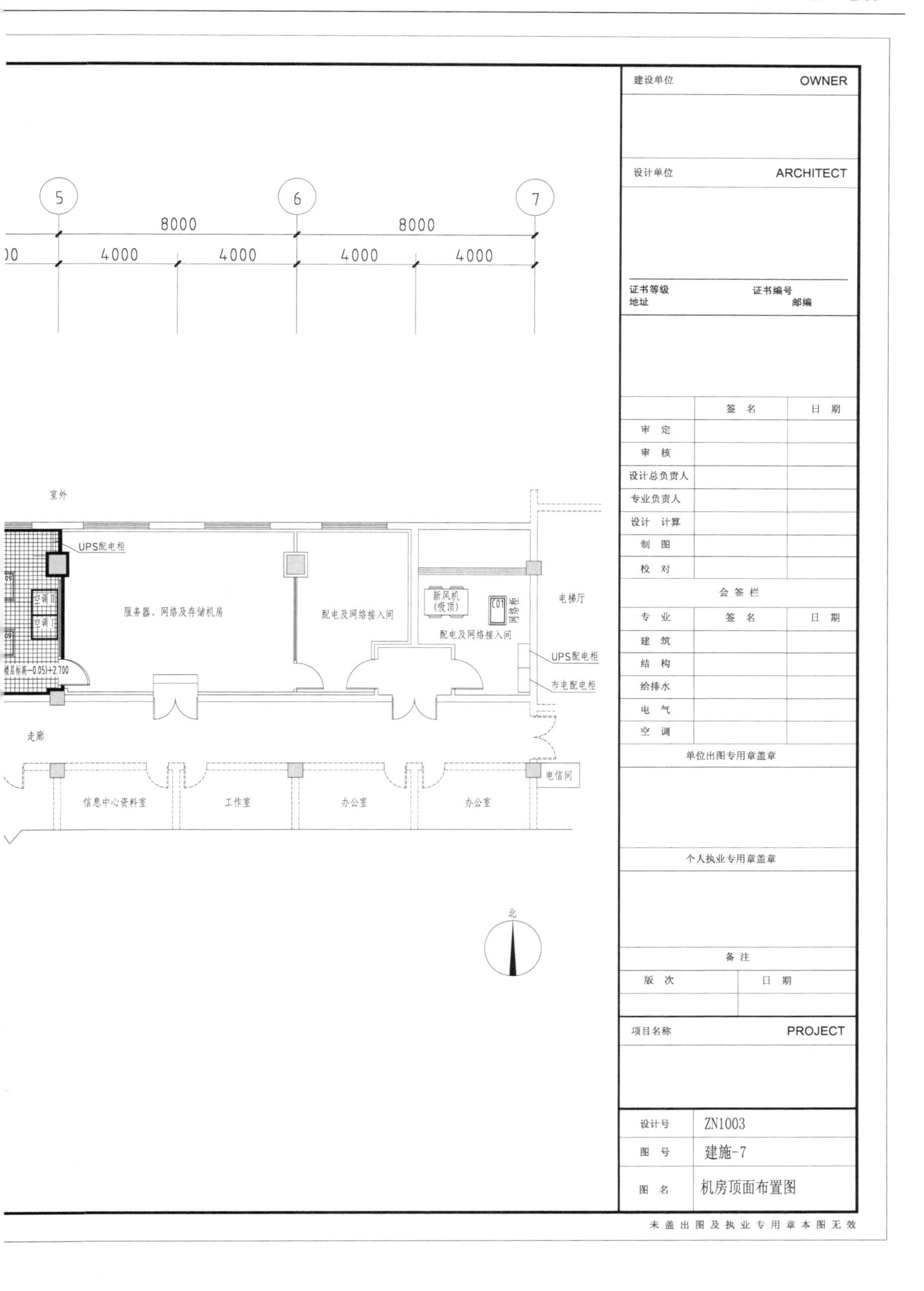

8000
8000
4000
4000
4000
4000
5
6
7
室外
UPS配电柜
服务器、网络及存储机房
配电及网络接入间
新风机
(吸顶)
配电及网络接入间
电梯厅
UPS配电柜
市电配电柜
走廊
信息中心资料室
工作室
办公室
办公室
电信间
北
建设单位
OWNER
设计单位
ARCHITECT
证书等级
证书编号
地址
邮编
签名
日期
审定
审核
设计总负责人
专业负责人
设计计算
制图
校对
会签栏
专业
签名
日期
建筑
结构
给排水
电气
空调
单位出图专用章盖章
个人执业专用章盖章
备注
版次
日期
项目名称
PROJECT
设计号
ZN1003
图号
建施-7
图名
机房顶面布置图
未盖出图及执业专用章本图无效

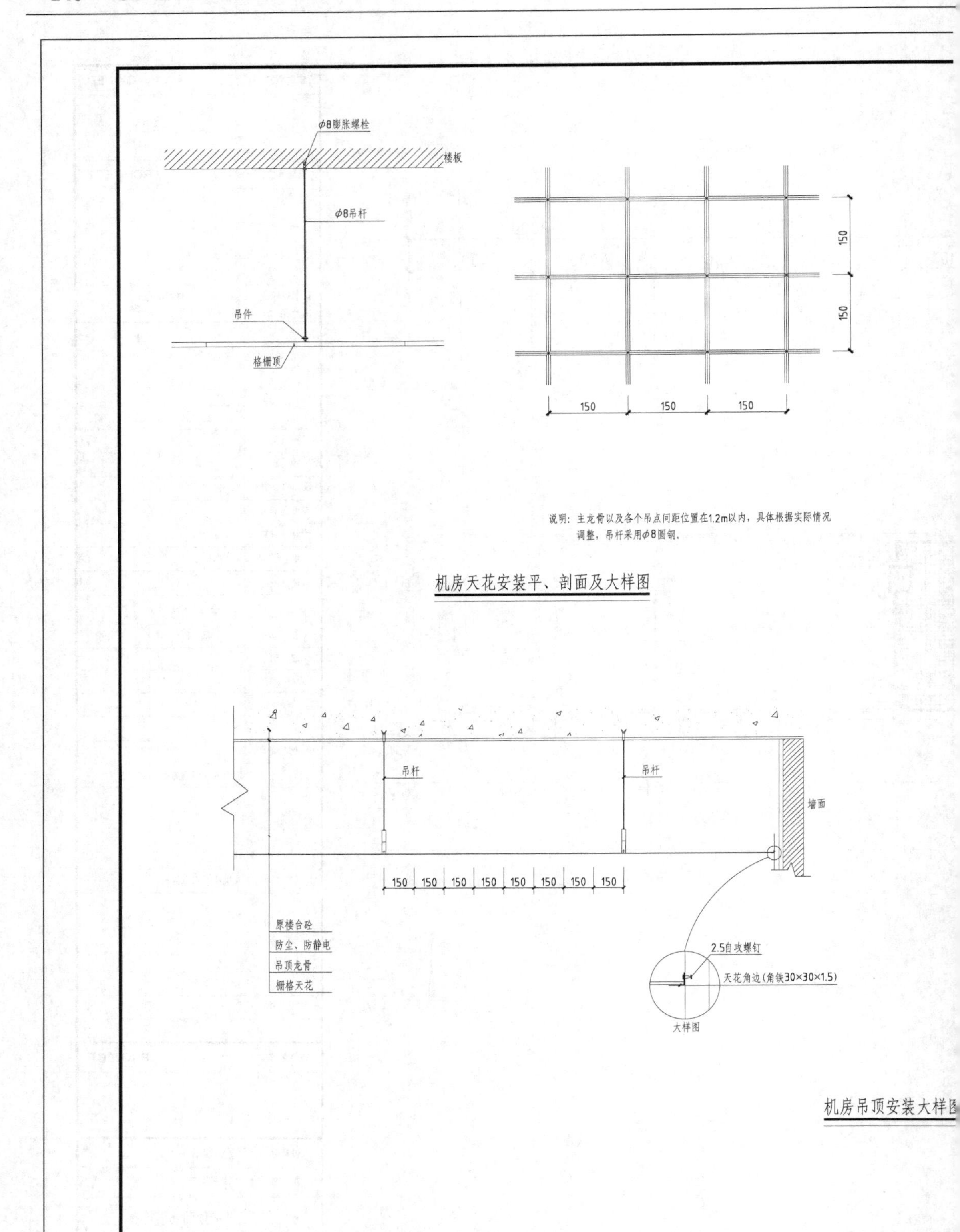


机房天花安装平、剖面及大样图

机房吊顶安装大样图

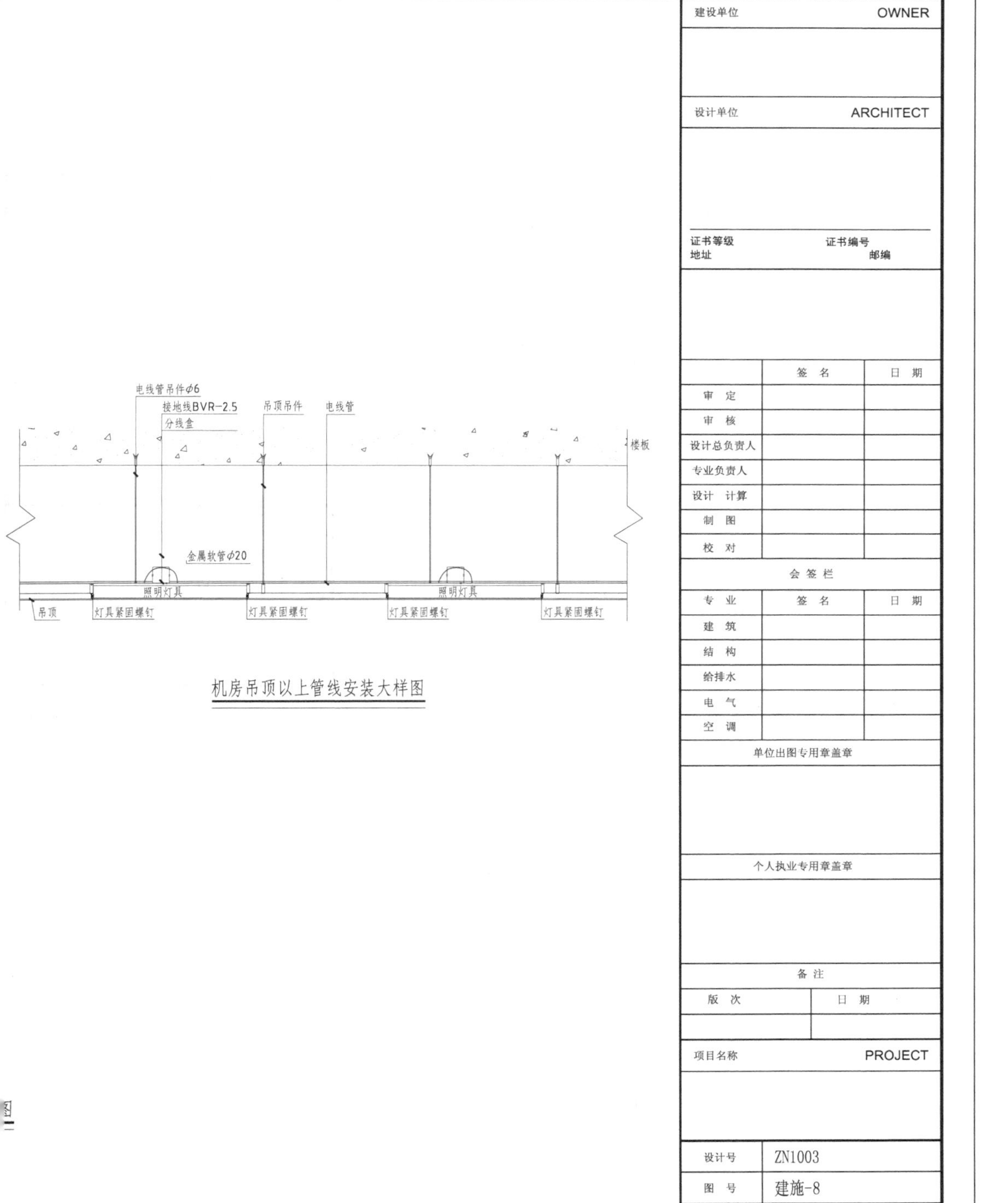


未盖出图及执业专用章本图无效

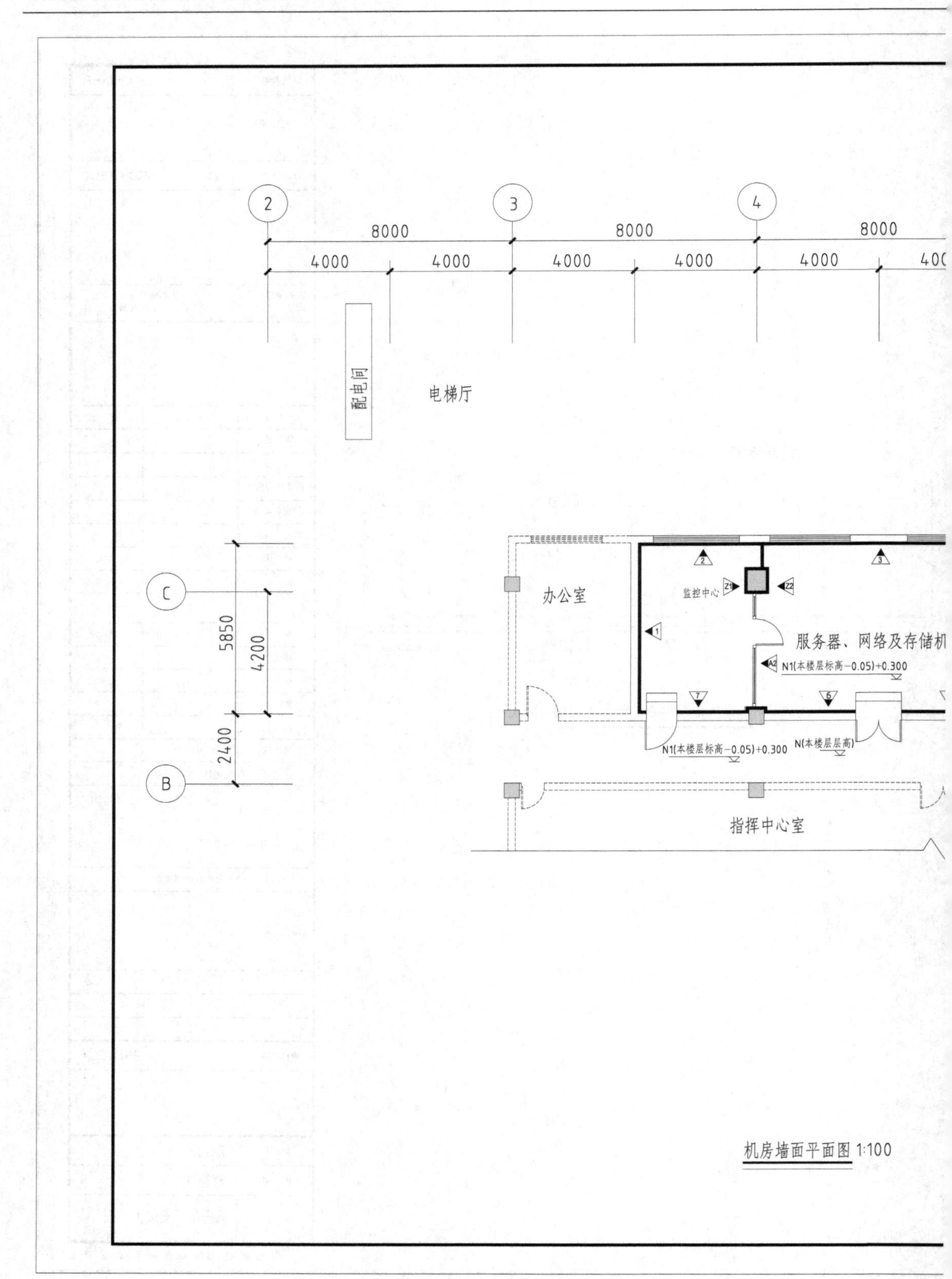
2
3
4
8000
8000
8000
4000
4000
4000
4000
4000
配电间
电梯厅
5850
4200
2400
C
B
办公室
监控中心
服务器、网络及存储机
N1(本楼层标高−0.05)+0.300
N1(本楼层标高−0.05)+0.300
N(本楼层层高)
指挥中心室
机房墙面平面图 1:100

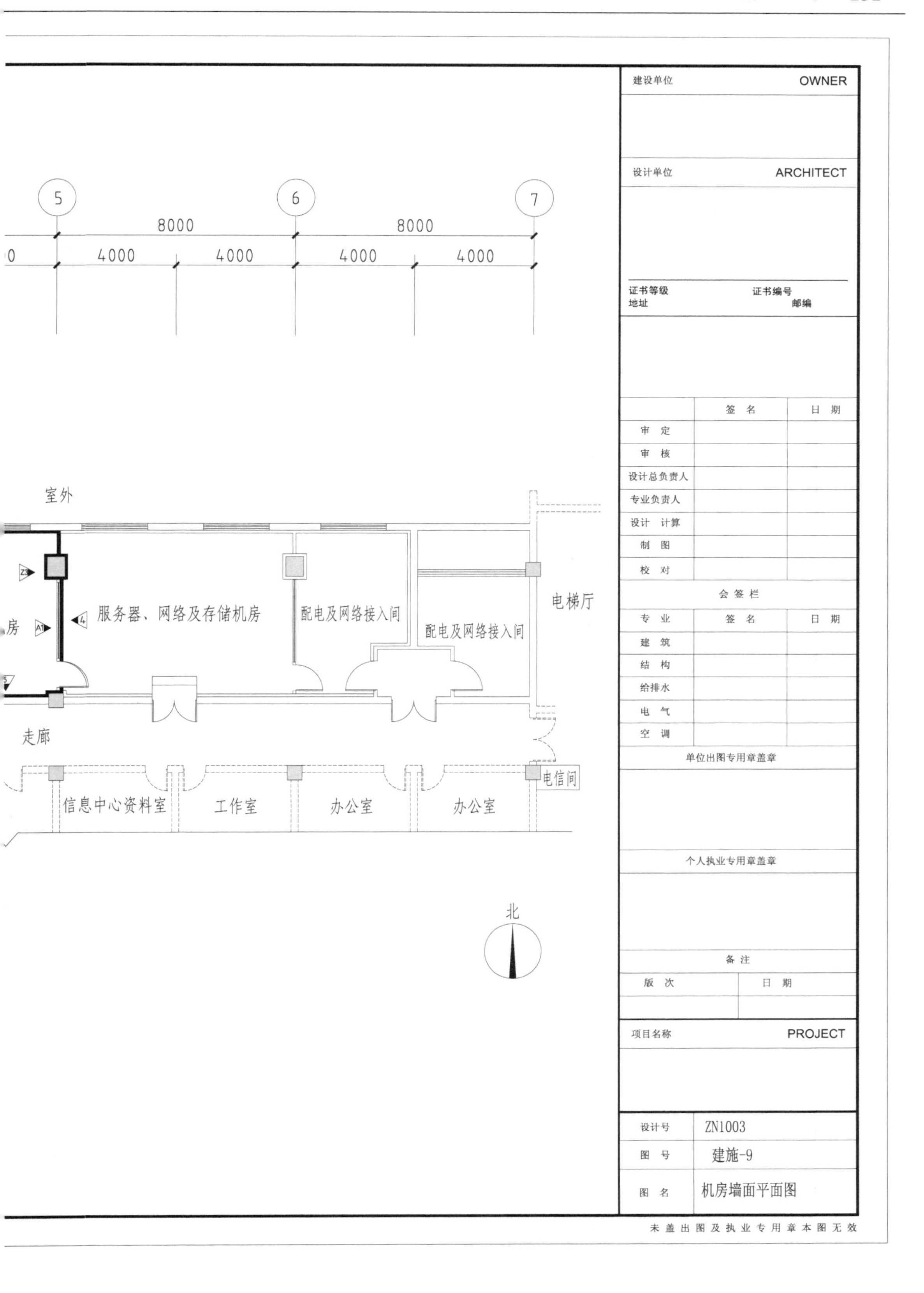

5
6
7
8000
8000
4000
4000
4000
4000
室外
服务器、网络及存储机房
配电及网络接入间
配电及网络接入间
电梯厅
房
走廊
信息中心资料室
工作室
办公室
办公室
电信间
北
建设单位
OWNER
设计单位
ARCHITECT
证书等级
证书编号
地址
邮编
签名
日期
审定
审核
设计总负责人
专业负责人
设计计算
制图
校对
会签栏
专业
签名
日期
建筑
结构
给排水
电气
空调
单位出图专用章盖章
个人执业专用章盖章
备注
版次
日期
项目名称
PROJECT
设计号
ZN1003
图号
建施-9
图名
机房墙面平面图
未盖出图及执业专用章本图无效

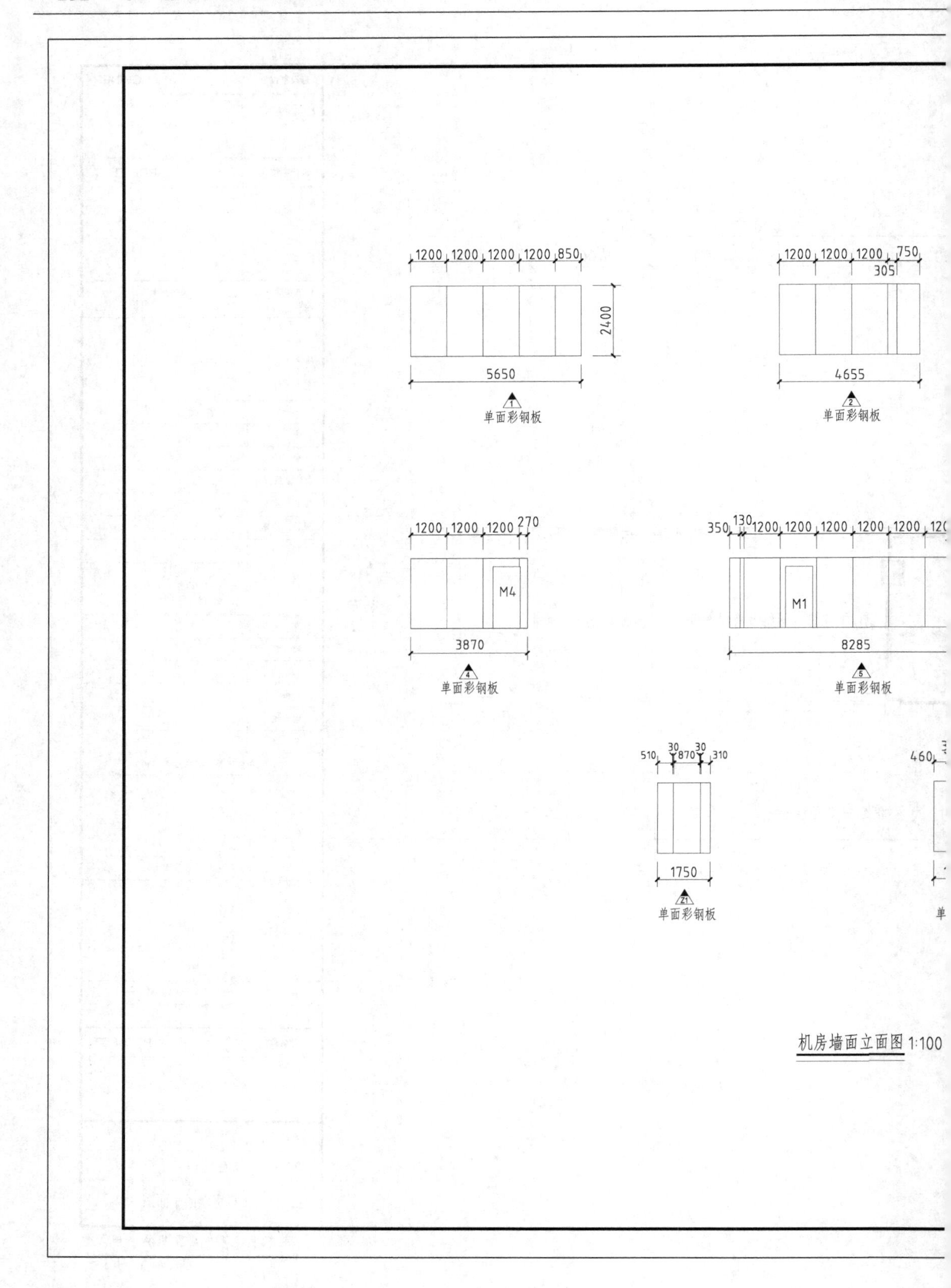
1200 1200 1200 1200 850
2400
5650
1
单面彩钢板
1200 1200 1200 750
305
4655
2
单面彩钢板
1200 1200 1200 270
M4
3870
4
单面彩钢板
350 130 1200 1200 1200 1200 1200
M1
8285
5
单面彩钢板
510 30 870 30 310
1750
Z1
单面彩钢板
460
机房墙面立面图 1:100

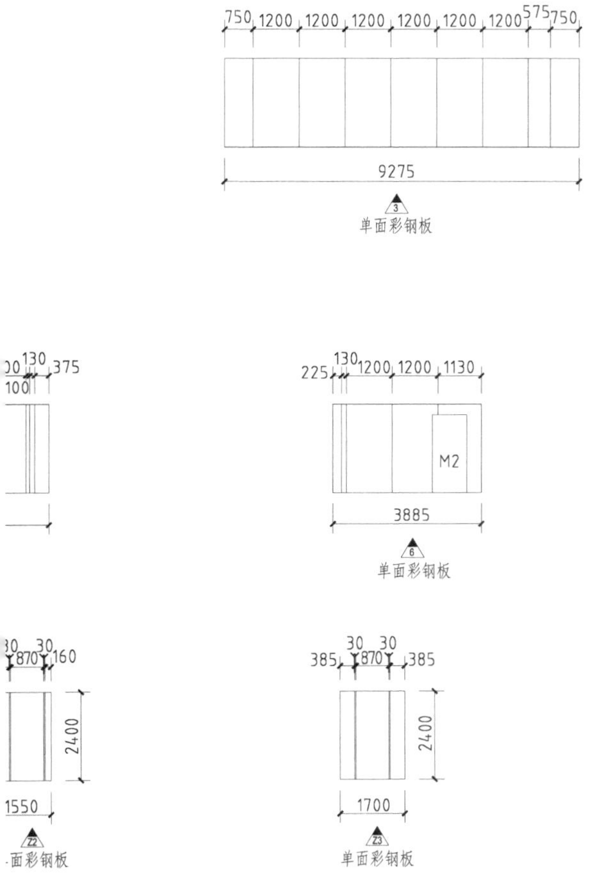

| 建设单位 | OWNER | |
|---|---|---|
| | | |
| 设计单位 | ARCHITECT | |
| 证书等级<br>地址 | 证书编号<br>邮编 | |
| | 签　名 | 日　期 |
| 审　定 | | |
| 审　核 | | |
| 设计总负责人 | | |
| 专业负责人 | | |
| 设计　计算 | | |
| 制　图 | | |
| 校　对 | | |
| 会签栏 | | |
| 专　业 | 签　名 | 日　期 |
| 建　筑 | | |
| 结　构 | | |
| 给排水 | | |
| 电　气 | | |
| 空　调 | | |
| 单位出图专用章盖章 | | |
| 个人执业专用章盖章 | | |
| 备注 | | |
| 版　次 | 日　期 | |
| | | |
| 项目名称 | PROJECT | |
| | | |
| 设计号 | ZN1003 | |
| 图　号 | 建施-10 | |
| 图　名 | 机房墙面立面图 | |

未盖出图及执业专用章本图无效

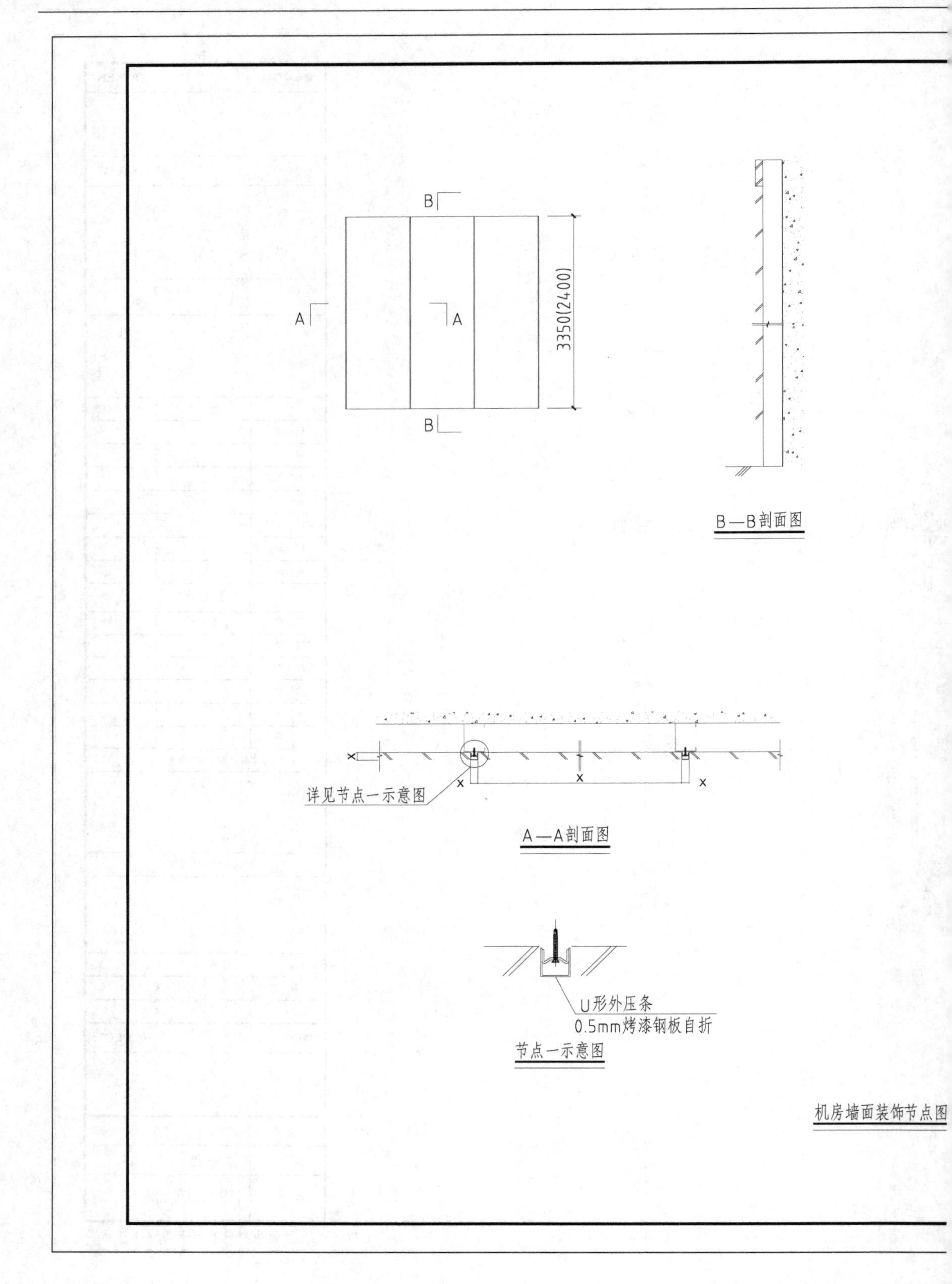
B
B
A
A
3350(2400)
B—B剖面图
x
x
x
x
详见节点一示意图
A—A剖面图
U形外压条
0.5mm烤漆钢板自折
节点一示意图
机房墙面装饰节点图

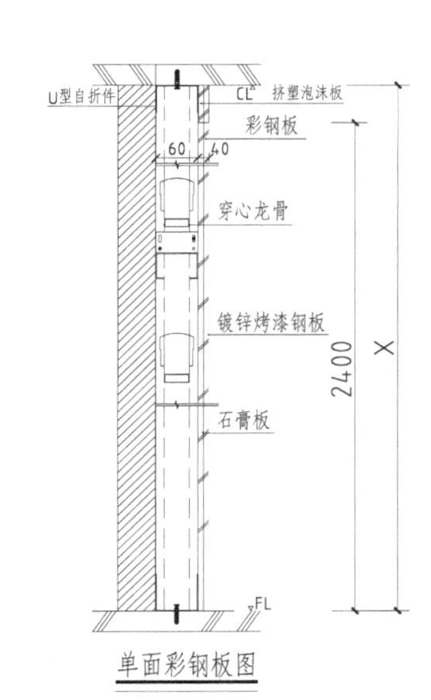


单面彩钢板图

双面胶条

A

A

0.5烤漆钢板自折收边

墙体阴角处理示意图

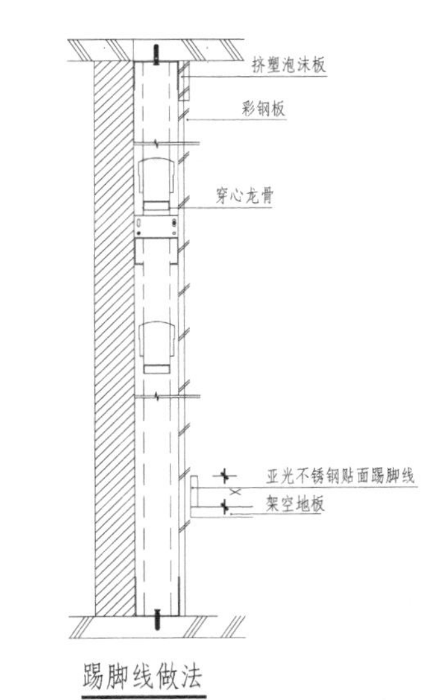


踢脚线做法

| 建设单位 | OWNER | |
|---|---|---|
| 设计单位 | ARCHITECT | |
| 证书等级<br>地址 | 证书编号<br>邮编 | |
| | 签　名 | 日　期 |
| 审　定 | | |
| 审　核 | | |
| 设计总负责人 | | |
| 专业负责人 | | |
| 设计　计算 | | |
| 制　图 | | |
| 校　对 | | |
| 会 签 栏 | | |
| 专　业 | 签　名 | 日　期 |
| 建　筑 | | |
| 结　构 | | |
| 给排水 | | |
| 电　气 | | |
| 空　调 | | |
| 单位出图专用章盖章 | | |
| 个人执业专用章盖章 | | |
| 备 注 | | |
| 版　次 | 日　期 | |
| 项目名称 | PROJECT | |
| 设计号 | ZN1003 | |
| 图　号 | 建施-11 | |
| 图　名 | 机房墙面装饰节点图 | |

未盖出图及执业专用章本图无效

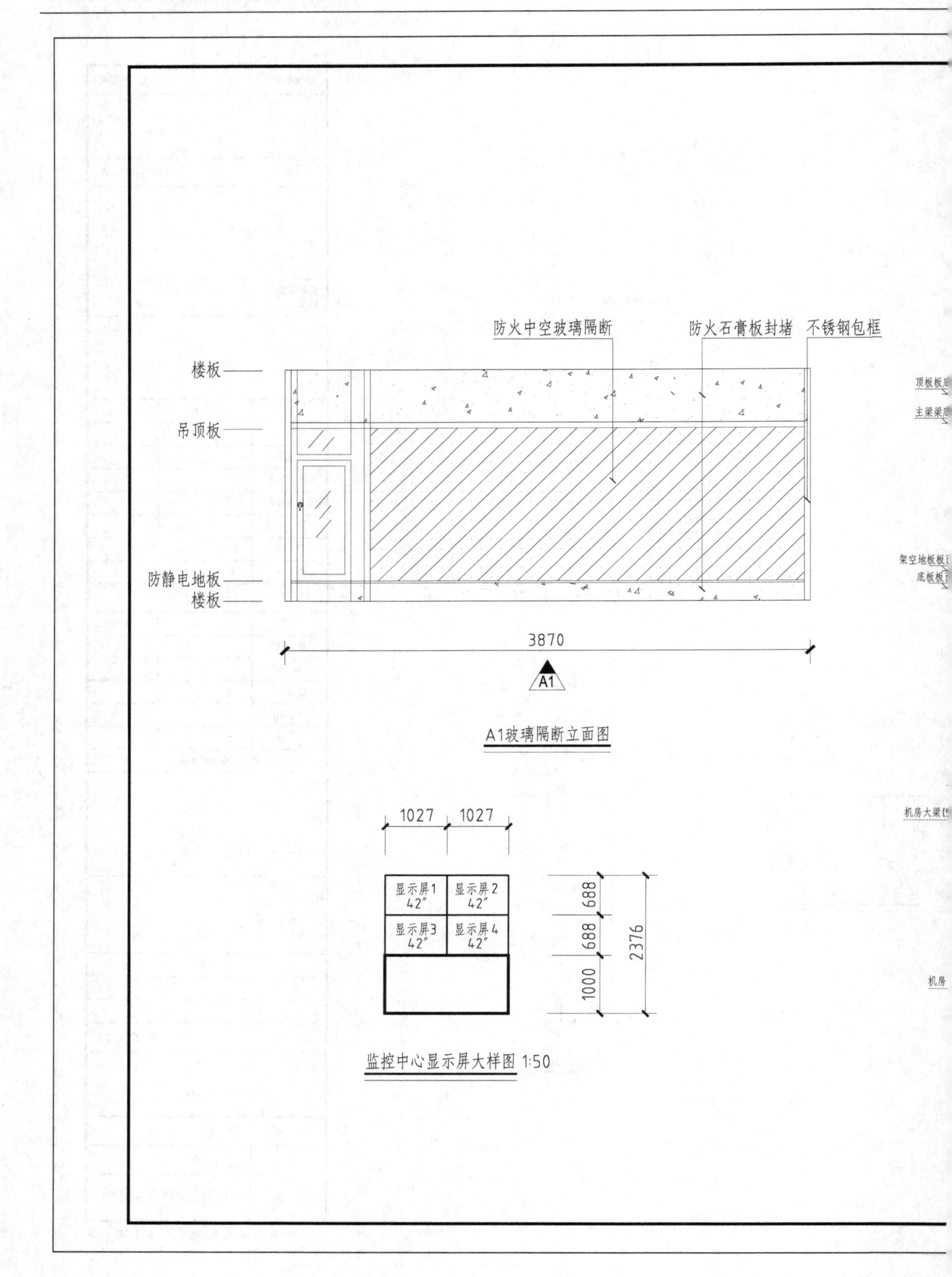
防火中空玻璃隔断
防火石膏板封堵
不锈钢包框
楼板
吊顶板
防静电地板
楼板
3870
A1
A1玻璃隔断立面图
1027
1027
显示屏1 42″
显示屏2 42″
显示屏3 42″
显示屏4 42″
688
688
1000
2376
监控中心显示屏大样图 1:50

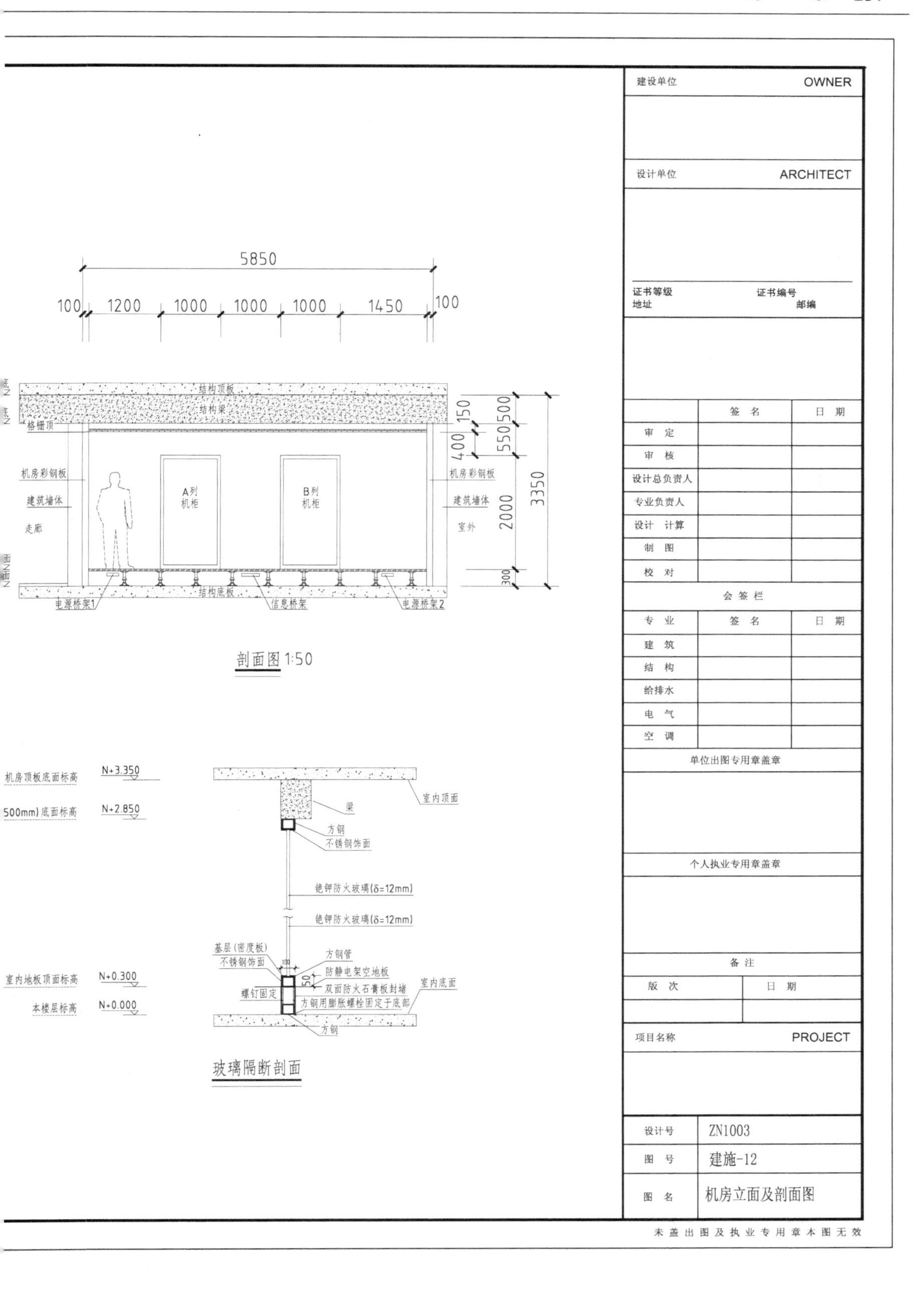
5850
100
1200
1000
1000
1000
1450
100
结构顶板
结构梁
格栅顶
机房彩钢板
建筑墙体
走廊
A列
机柜
B列
机柜
机房彩钢板
建筑墙体
室外
150
500
400
550
2000
3350
300
结构底板
电源桥架1
信息桥架
电源桥架2
剖面图 1:50
机房顶板底面标高
N+3.350
500mm)底面标高
N+2.850
室内地板顶面标高
N+0.300
本楼层标高
N+0.000
室内顶面
梁
方钢
不锈钢饰面
铯钾防火玻璃(δ=12mm)
铯钾防火玻璃(δ=12mm)
基层(密度板)
不锈钢饰面
方钢管
防静电架空地板
双面防火石膏板封堵
方钢用膨胀螺栓固定于底部
螺钉固定
室内底面
方钢
100
50
玻璃隔断剖面
建设单位
OWNER
设计单位
ARCHITECT
证书等级
证书编号
地址
邮编
签 名
日 期
审 定
审 核
设计总负责人
专业负责人
设计 计算
制 图
校 对
会 签 栏
专 业
签 名
日 期
建 筑
结 构
给排水
电 气
空 调
单位出图专用章盖章
个人执业专用章盖章
备 注
版 次
日 期
项目名称
PROJECT
设计号
ZN1003
图 号
建施-12
图 名
机房立面及剖面图
未盖出图及执业专用章本图无效

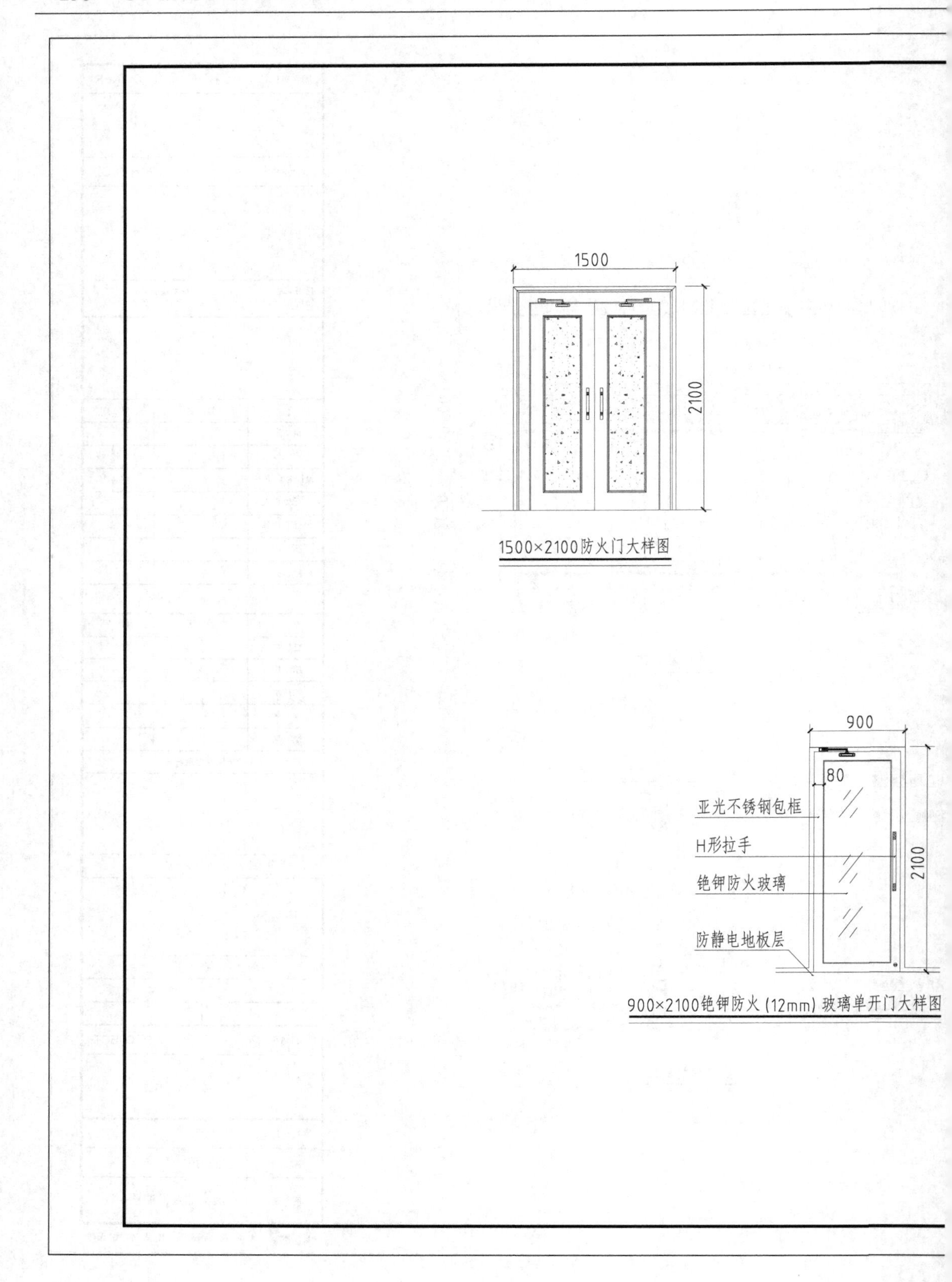
1500
2100
1500×2100防火门大样图
900
80
2100
亚光不锈钢包框
H形拉手
铯钾防火玻璃
防静电地板层
900×2100铯钾防火（12mm）玻璃单开门大样图

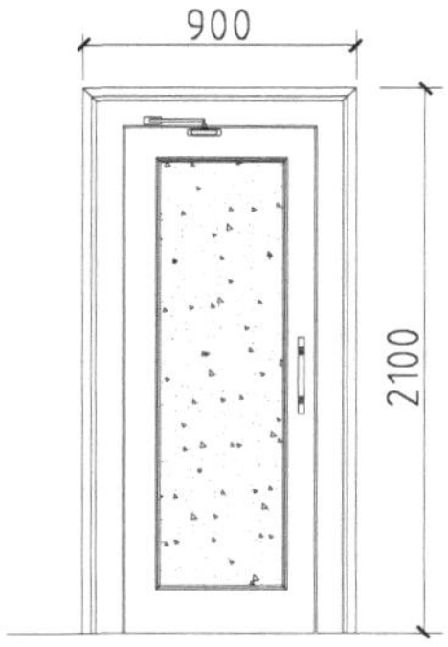

900
2100

900×2100防火门大样图

| 建设单位 | OWNER |
|---|---|
| | |
| 设计单位 | ARCHITECT |
| 证书等级 地址 | 证书编号 邮编 |

| | 签名 | 日期 |
|---|---|---|
| 审定 | | |
| 审核 | | |
| 设计总负责人 | | |
| 专业负责人 | | |
| 设计 计算 | | |
| 制图 | | |
| 校对 | | |
| 会签栏 | | |
| 专业 | 签名 | 日期 |
| 建筑 | | |
| 结构 | | |
| 给排水 | | |
| 电气 | | |
| 空调 | | |

单位出图专用章盖章

个人执业专用章盖章

备注

| 版次 | 日期 |
|---|---|
| | |

| 项目名称 | PROJECT |
|---|---|
| | |
| 设计号 | ZN1003 |
| 图号 | 建施-13 |
| 图名 | 机房门大样图 |

未盖出图及执业专用章本图无效

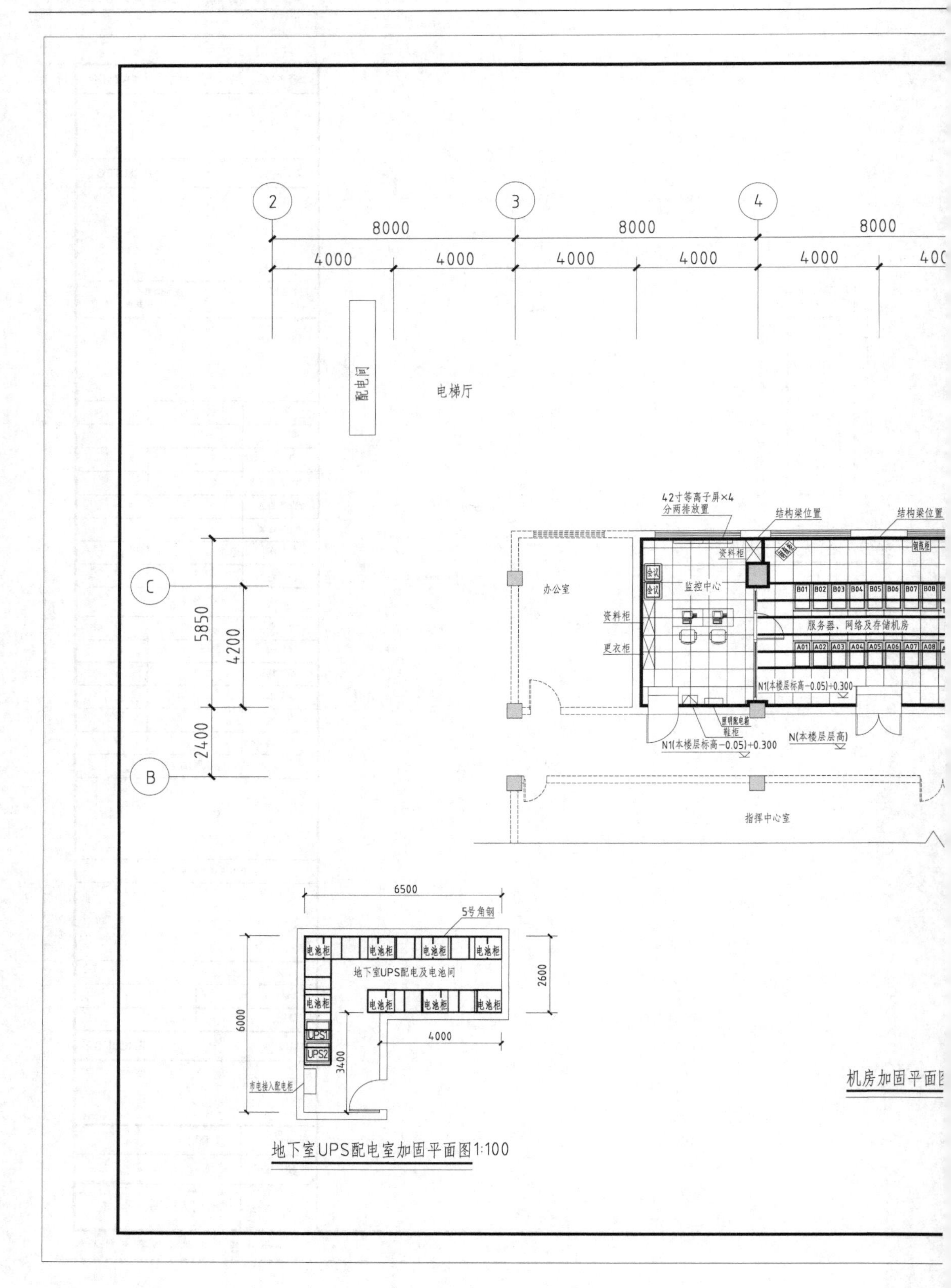


地下室UPS配电室加固平面图1:100

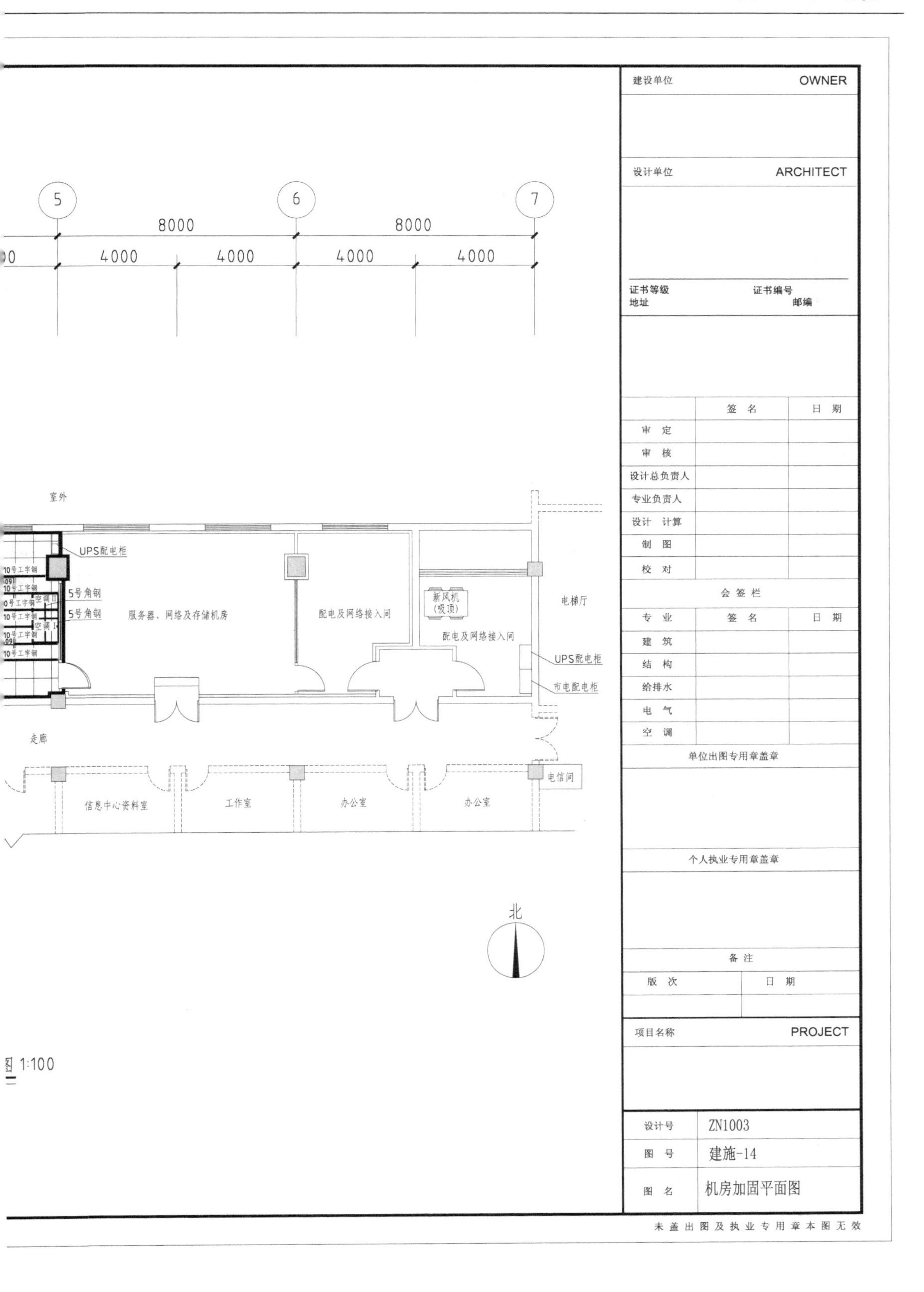

建设单位 OWNER
设计单位 ARCHITECT
证书等级 证书编号
地址 邮编
签名 日期
审定
审核
设计总负责人
专业负责人
设计计算
制图
校对
会签栏
专业 签名 日期
建筑
结构
给排水
电气
空调
单位出图专用章盖章
个人执业专用章盖章
备注
版次 日期
项目名称 PROJECT
设计号 ZN1003
图号 建施-14
图名 机房加固平面图
未盖出图及执业专用章本图无效
5
6
7
8000
8000
4000
4000
4000
4000
室外
UPS配电柜
10号工字钢
5号角钢
服务器、网络及存储机房
配电及网络接入间
新风机（吸顶）
电梯厅
UPS配电柜
市电配电柜
走廊
信息中心资料室
工作室
办公室
办公室
电信间
北
1:100

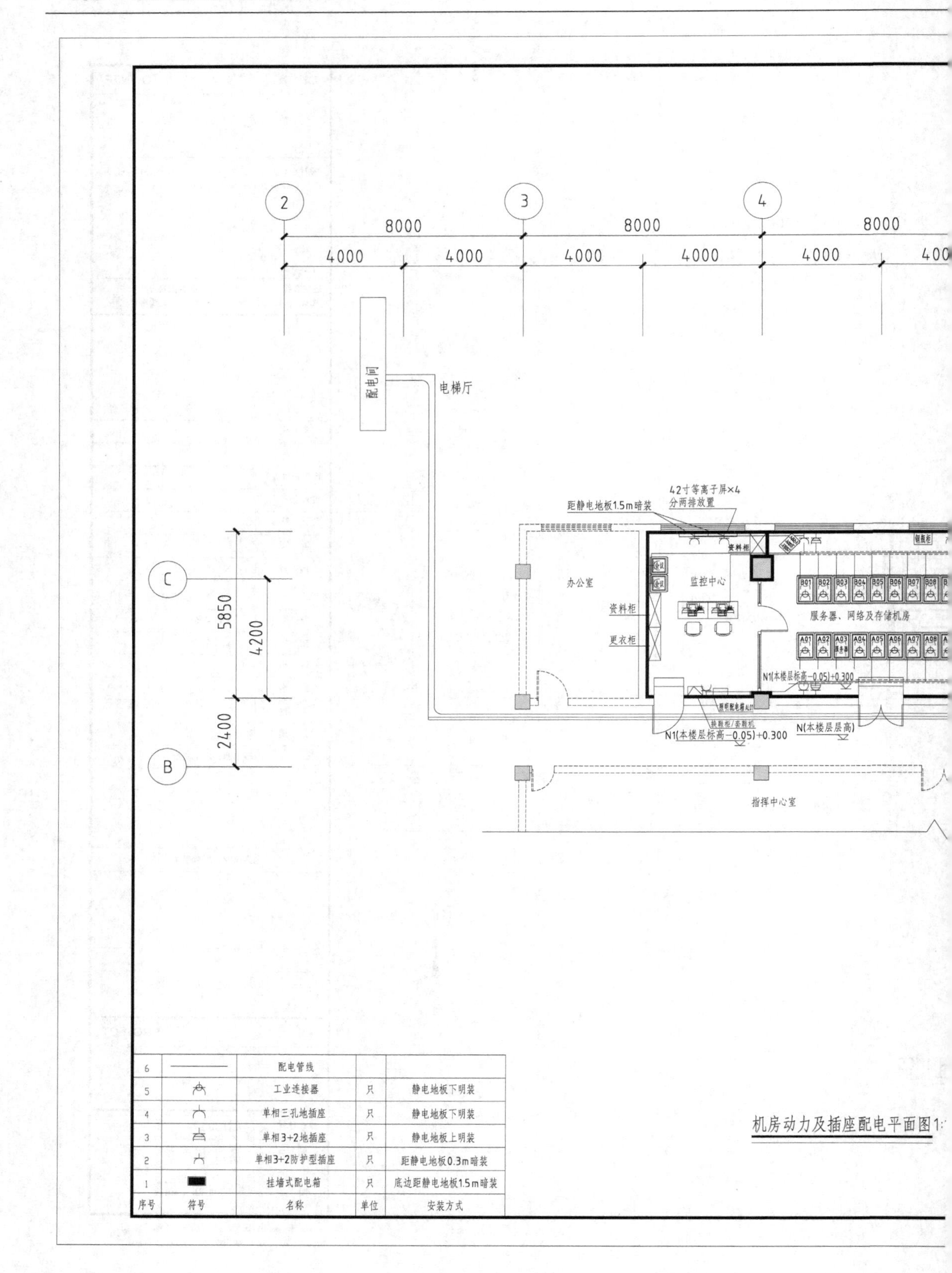


| 序号 | 符号 | 名称 | 单位 | 安装方式 |
| --- | --- | --- | --- | --- |
| 6 | | 配电管线 | | |
| 5 | | 工业连接器 | 只 | 静电地板下明装 |
| 4 | | 单相三孔地插座 | 只 | 静电地板下明装 |
| 3 | | 单相3+2地插座 | 只 | 静电地板上明装 |
| 2 | | 单相3+2防护型插座 | 只 | 距静电地板0.3m暗装 |
| 1 | | 挂墙式配电箱 | 只 | 底边距静电地板1.5m暗装 |

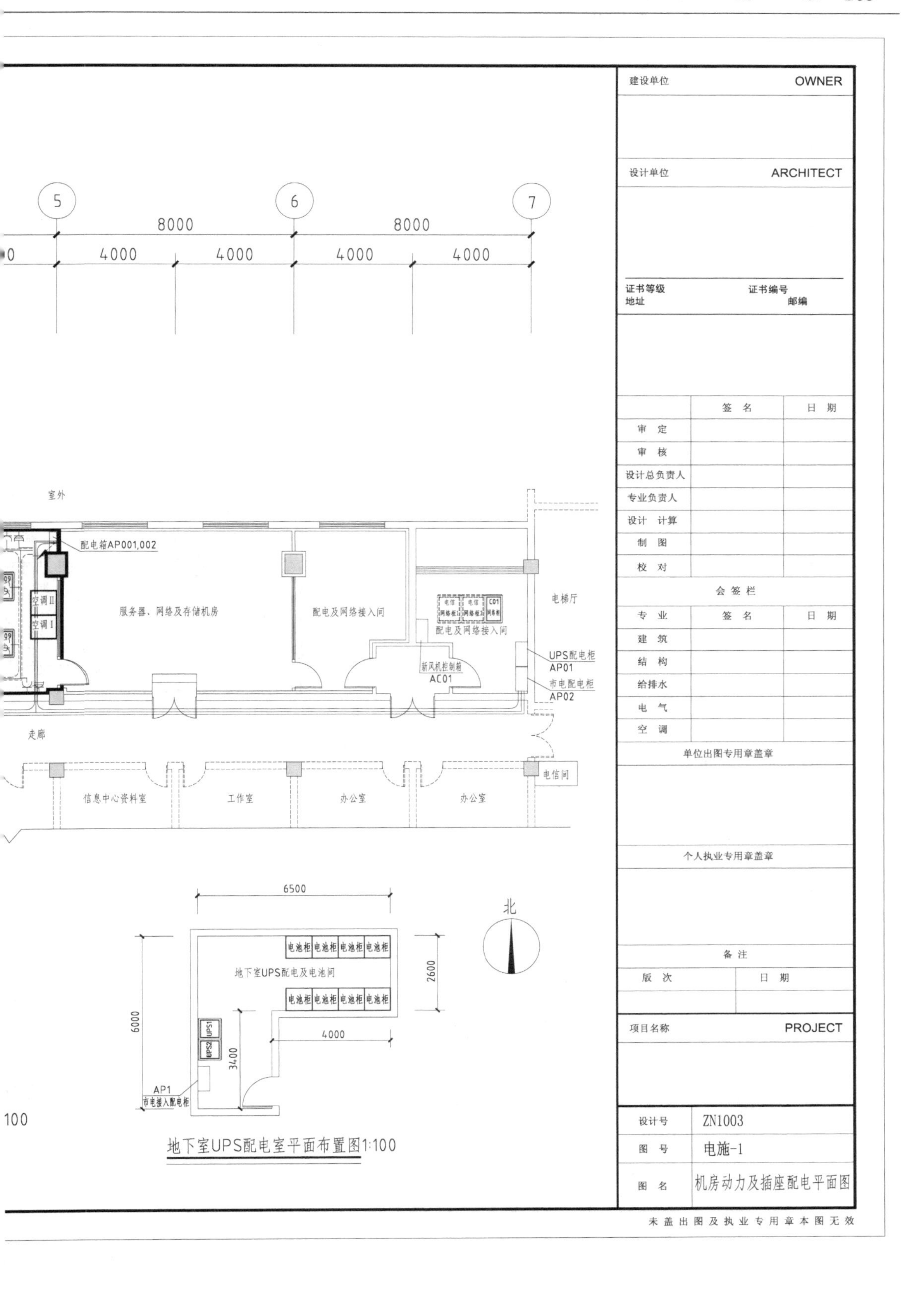

建设单位 OWNER
设计单位 ARCHITECT
证书等级 证书编号
地址 邮编
签 名 日 期
审 定
审 核
设计总负责人
专业负责人
设计 计算
制 图
校 对
会签栏
专 业 签 名 日 期
建 筑
结 构
给排水
电 气
空 调
单位出图专用章盖章
个人执业专用章盖章
备 注
版 次 日 期
项目名称 PROJECT
设计号 ZN1003
图 号 电施-1
图 名 机房动力及插座配电平面图
未盖出图及执业专用章本图无效
5
6
7
8000
8000
4000
4000
4000
4000
室外
配电箱AP001,002
空调II
空调I
服务器、网络及存储机房
配电及网络接入间
配电及网络接入间
电梯厅
UPS配电柜
AP01
市电配电柜
AP02
新风机控制箱
AC01
走廊
电信间
信息中心资料室
工作室
办公室
办公室
6500
2600
6000
3400
4000
电池柜
地下室UPS配电及电池间
UPS1
UPS2
AP1
市电接入配电柜
北
100
地下室UPS配电室平面布置图1:100

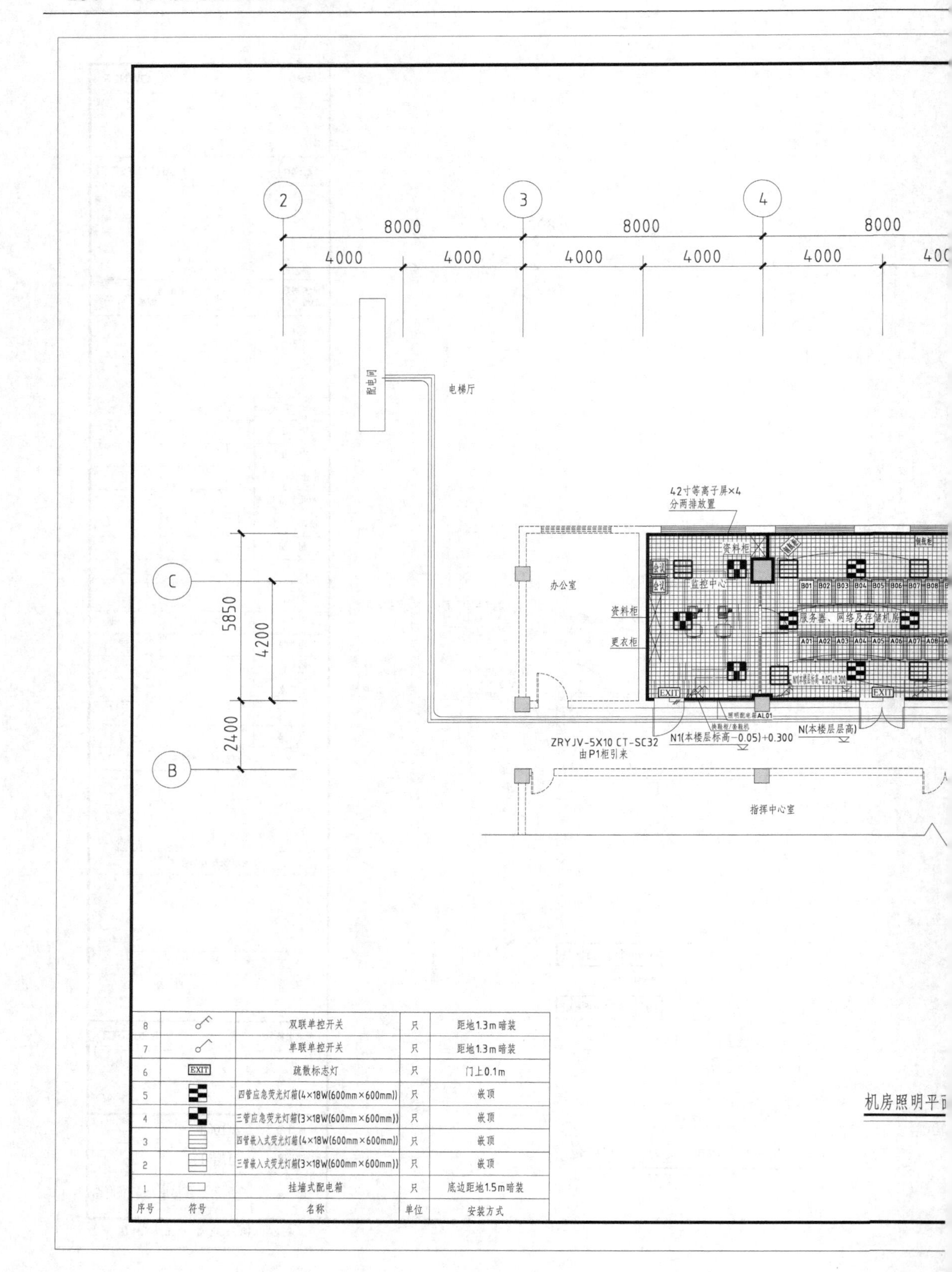


| 序号 | 符号 | 名称 | 单位 | 安装方式 |
|---|---|---|---|---|
| 8 | | 双联单控开关 | 只 | 距地1.3m暗装 |
| 7 | | 单联单控开关 | 只 | 距地1.3m暗装 |
| 6 | EXIT | 疏散标志灯 | 只 | 门上0.1m |
| 5 | | 四管应急荧光灯箱(4×18W(600mm×600mm)) | 只 | 嵌顶 |
| 4 | | 三管应急荧光灯箱(3×18W(600mm×600mm)) | 只 | 嵌顶 |
| 3 | | 四管嵌入式荧光灯箱(4×18W(600mm×600mm)) | 只 | 嵌顶 |
| 2 | | 三管嵌入式荧光灯箱(3×18W(600mm×600mm)) | 只 | 嵌顶 |
| 1 | | 挂墙式配电箱 | 只 | 底边距地1.5m暗装 |

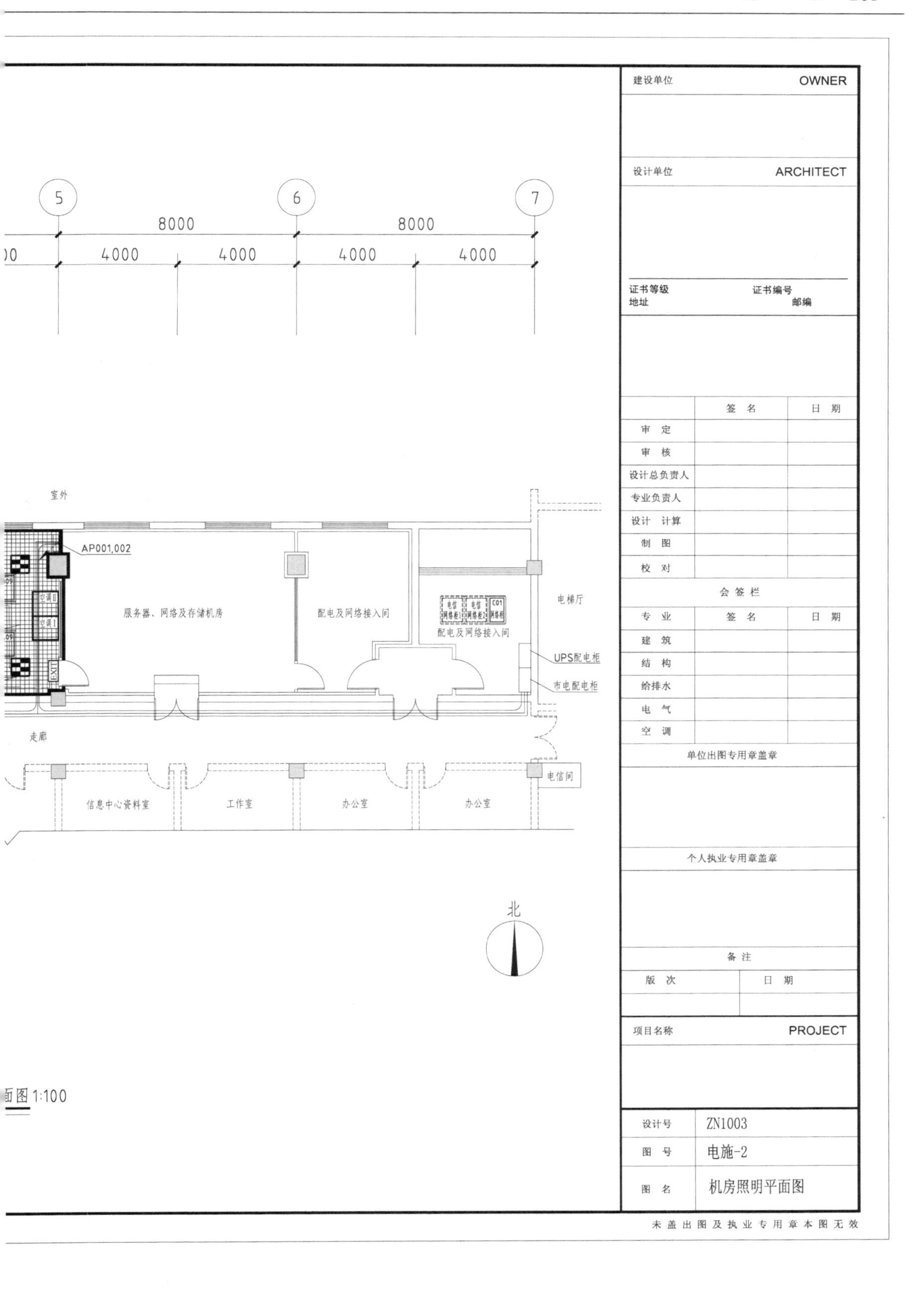

5
6
7
8000
8000
4000
4000
4000
4000
室外
AP001,002
服务器、网络及存储机房
配电及网络接入间
配电及网络接入间
电梯厅
UPS配电柜
市电配电柜
走廊
电信间
信息中心资料室
工作室
办公室
办公室
北
面图 1:100
建设单位
OWNER
设计单位
ARCHITECT
证书等级
证书编号
地址
邮编
签 名
日 期
审 定
审 核
设计总负责人
专业负责人
设计 计算
制 图
校 对
会 签 栏
专 业
签 名
日 期
建 筑
结 构
给排水
电 气
空 调
单位出图专用章盖章
个人执业专用章盖章
备 注
版 次
日 期
项目名称
PROJECT
设计号
ZN1003
图 号
电施-2
图 名
机房照明平面图
未盖出图及执业专用章本图无效

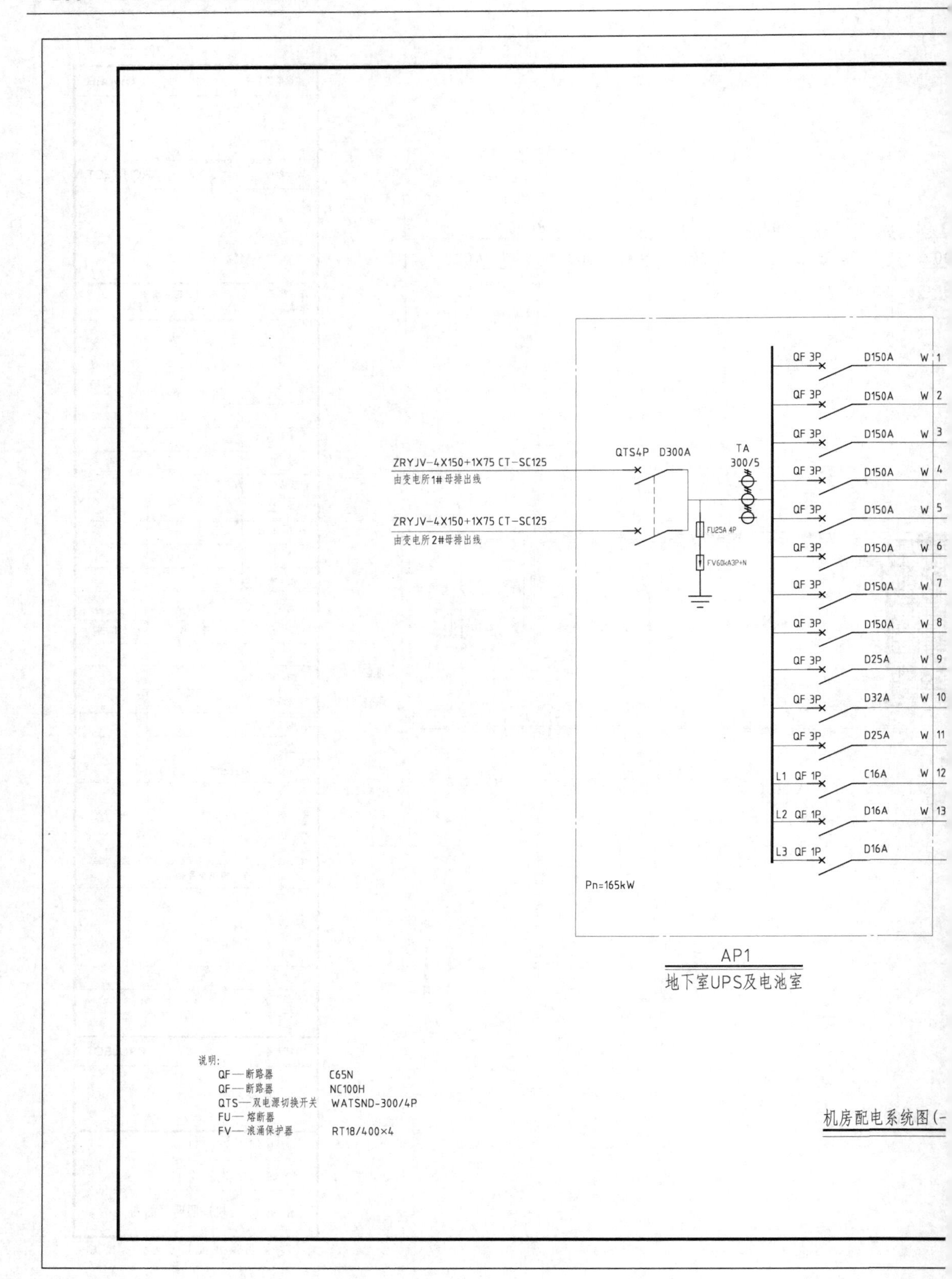
ZRYJV-4X150+1X75 CT-SC125
由变电所1#母排出线
ZRYJV-4X150+1X75 CT-SC125
由变电所2#母排出线
QTS4P D300A
TA
300/5
FU25A 4P
FV60kA3P+N
QF 3P D150A W 1
QF 3P D150A W 2
QF 3P D150A W 3
QF 3P D150A W 4
QF 3P D150A W 5
QF 3P D150A W 6
QF 3P D150A W 7
QF 3P D150A W 8
QF 3P D25A W 9
QF 3P D32A W 10
QF 3P D25A W 11
L1 QF 1P C16A W 12
L2 QF 1P D16A W 13
L3 QF 1P D16A
Pn=165kW
AP1
地下室UPS及电池室
说明:
QF—断路器 C65N
QF—断路器 NC100H
QTS—双电源切换开关 WATSND-300/4P
FU—熔断器
FV—浪涌保护器 RT18/400×4
机房配电系统图(-

| 线缆 | 负荷 | 容量/kW | 回路备注 |
|---|---|---|---|
| ZRYJV-4X95+1X50 CT-SC100 | UPS1 | 80 | 主回路 |
| ZRYJV-4X95+1X50 CT-SC100 | UPS1旁路 | | |
| ZRYJV-4X95+1X50 CT-SC100 | UPS2 | 80 | 备注回路 |
| ZRYJV-4X95+1X50 CT-SC100 | UPS2旁路 | | |
| | 预留UPS3 | 80 | 主回路 |
| | 预留UPS3旁路 | | |
| | 预留UPS4 | 80 | 备注回路 |
| | 预留UPS4旁路 | | |
| ZRBV-4X4+BVR4 CE-SC25 | 空调 | 3 | |
| | 备用 | | |
| | 备用 | | |
| ZRBV-2X2.5+BVR2.5 CC-SC20 | 照明 | 0.3 | |
| ZRBV-2X2.5+BVR2.5 FE-SC20 | 插座 | 1.5 | |
| | 备用 | | |

-)

| 建设单位 | OWNER |
|---|---|
| 设计单位 | ARCHITECT |
| 证书等级<br>地址 | 证书编号<br>邮编 |

| | 签　名 | 日　期 |
|---|---|---|
| 审　定 | | |
| 审　核 | | |
| 设计总负责人 | | |
| 专业负责人 | | |
| 设计　计算 | | |
| 制　图 | | |
| 校　对 | | |

会 签 栏

| 专　业 | 签　名 | 日　期 |
|---|---|---|
| 建　筑 | | |
| 结　构 | | |
| 给排水 | | |
| 电　气 | | |
| 空　调 | | |

单位出图专用章盖章

个人执业专用章盖章

备 注

| 版　次 | 日　期 |
|---|---|
| | |

| 项目名称 | PROJECT |
|---|---|
| 设计号 | ZN1003 |
| 图　号 | 电施-3 |
| 图　名 | 机房配电系统图(一) |

未 盖 出 图 及 执 业 专 用 章 本 图 无 效

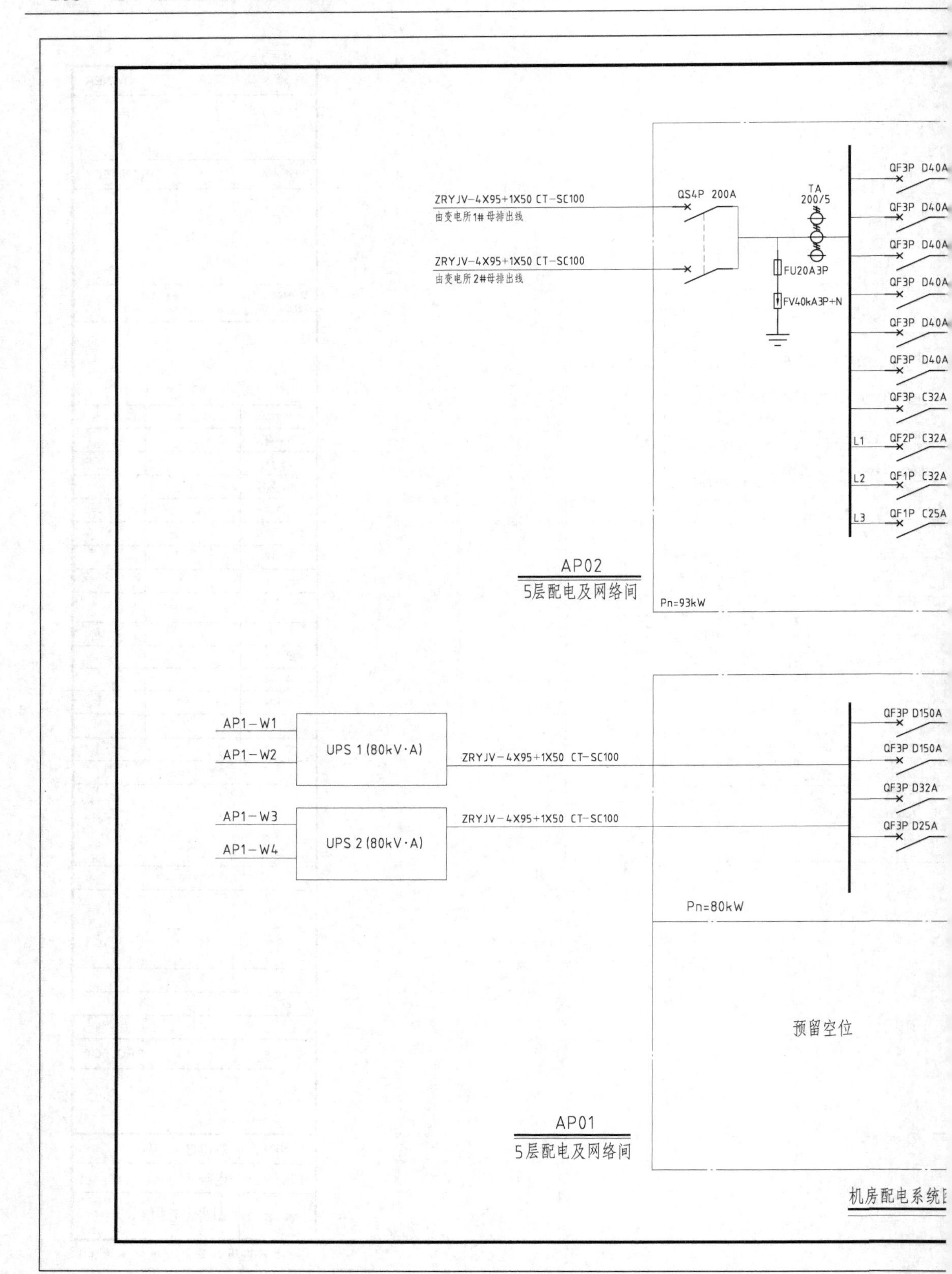
ZRYJV-4X95+1X50 CT-SC100
由变电所1#母排出线
ZRYJV-4X95+1X50 CT-SC100
由变电所2#母排出线
QS4P 200A
TA
200/5
FU20A3P
FV40kA3P+N
QF3P D40A
QF3P D40A
QF3P D40A
QF3P D40A
QF3P D40A
QF3P D40A
QF3P C32A
L1
QF2P C32A
L2
QF1P C32A
L3
QF1P C25A
AP02
5层配电及网络间
Pn=93kW
AP1-W1
AP1-W2
UPS 1 (80kV·A)
ZRYJV-4X95+1X50 CT-SC100
AP1-W3
AP1-W4
UPS 2 (80kV·A)
ZRYJV-4X95+1X50 CT-SC100
QF3P D150A
QF3P D150A
QF3P D32A
QF3P D25A
Pn=80kW
预留空位
AP01
5层配电及网络间
机房配电系统图

| WP | 线缆 | 负荷 | 容量/kW | 回路备注 |
|---|---|---|---|---|
| WP1 | ZRYJV-4X25+1X16 CT-SC50 | 空调1 | 18 | |
| WP2 | ZRYJV-4X16+1X16 CT-SC32 | 空调2 | 18 | |
| WP3 | | 预留 | 18 | |
| WP4 | | 预留 | 18 | |
| WP5 | ZRYJV-5X6 CT-SC32 | 照明 | 9 | AL01 |
| WP6 | | 预留 | 9 | |
| WP7 | | 备用 | | |
| WP8 | ZRYJV-3X4 CT-MT25 | C01机柜 | 3 | |
| WP9 | | 备用 | | |
| WP10 | | 备用 | | |

| WP | 线缆 | 负荷 | 容量/kW | 回路备注 |
|---|---|---|---|---|
| WP1 | ZRYJV-4X95+1X50 CT-SC100 | AP001 | 80 | 主回路 |
| WP2 | ZRYJV-4X95+1X50 CT-SC100 | AP002 | 80 | 备用回路 |
| WP3 | | 备用 | | |
| WP4 | | 备用 | | |

图(二)

| 建设单位 | OWNER |
|---|---|
| 设计单位 | ARCHITECT |
| 证书等级 地址 | 证书编号 邮编 |

| | 签名 | 日期 |
|---|---|---|
| 审定 | | |
| 审核 | | |
| 设计总负责人 | | |
| 专业负责人 | | |
| 设计计算 | | |
| 制图 | | |
| 校对 | | |

会签栏

| 专业 | 签名 | 日期 |
|---|---|---|
| 建筑 | | |
| 结构 | | |
| 给排水 | | |
| 电气 | | |
| 空调 | | |

单位出图专用章盖章

个人执业专用章盖章

备注

| 版次 | 日期 |
|---|---|
| | |

项目名称　PROJECT

| 设计号 | ZN1003 |
|---|---|
| 图号 | 电施-4 |
| 图名 | 机房配电系统图(二) |

未盖出图及执业专用章本图无效

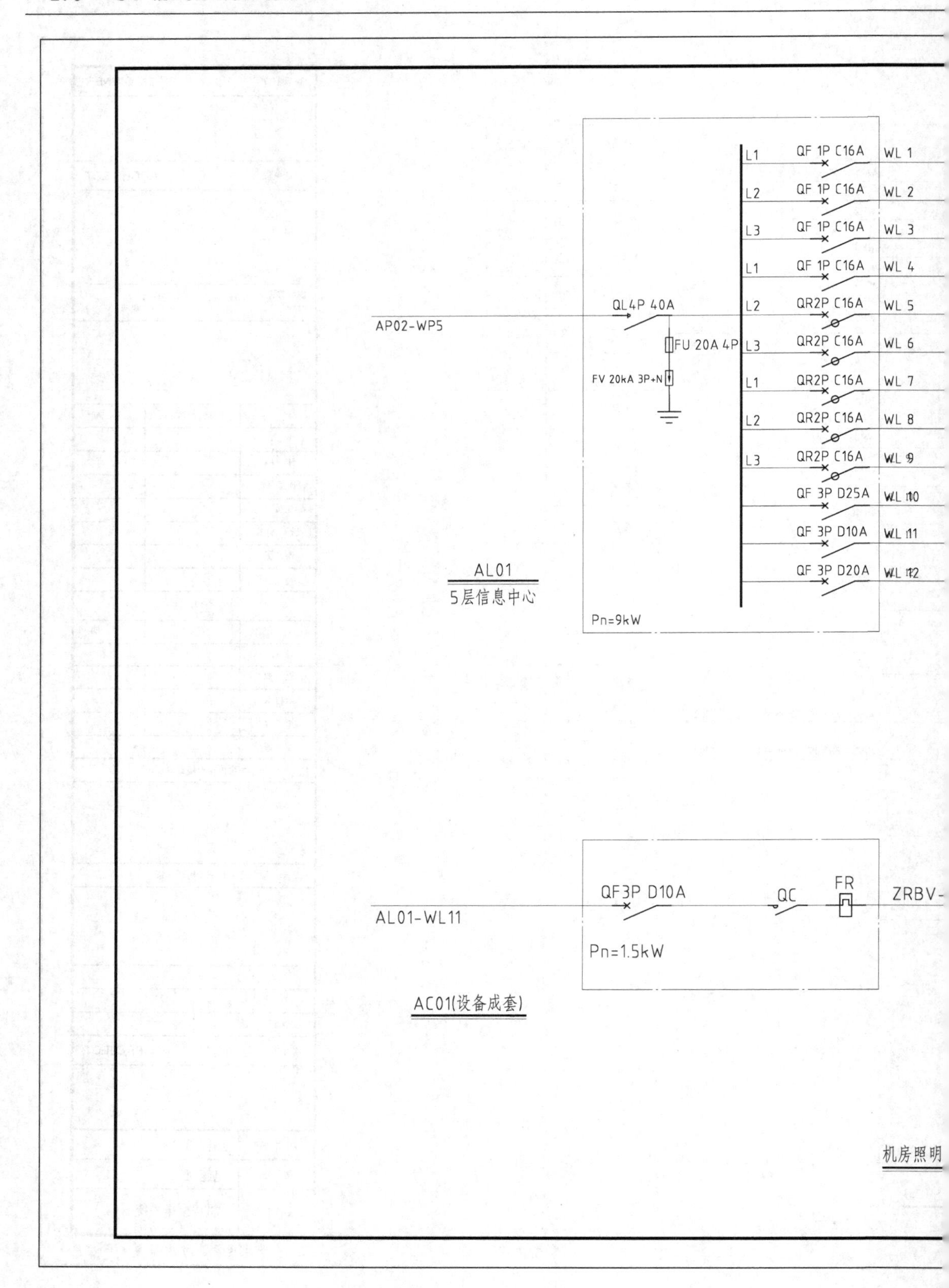
AP02-WP5
QL4P 40A
FU 20A 4P
FV 20kA 3P+N
L1
L2
L3
QF 1P C16A
QR2P C16A
QF 3P D25A
QF 3P D10A
QF 3P D20A
WL 1
WL 2
WL 3
WL 4
WL 5
WL 6
WL 7
WL 8
WL 9
WL 10
WL 11
WL 12
AL01
5层信息中心
Pn=9kW
AL01-WL11
QF3P D10A
QC
FR
ZRBV-
Pn=1.5kW
AC01(设备成套)
机房照明

| | 负荷 | 容量/kW | 回路备注 |
|---|---|---|---|
| ZRBV-2X2.5+BVR2.5 CC-MT20 | 照明 | 0.5 | |
| ZRBV-2X2.5+BVR2.5 CC-MT20 | 照明 | 0.5 | |
| ZRBV-2X2.5+BVR2.5 CC-MT20 | 照明 | 0.3 | |
| ZRBV-2X2.5+BVR2.5 CC-MT20 | 照明 | 0.3 | |
| ZRBV-2X2.5+BVR2.5 FE-MT20 | 插座 | 1 | |
| ZRBV-2X2.5+BVR2.5 FE-MT20 | 插座 | 1 | |
| ZRBV-2X2.5+BVR2.5 FE-MT20 | 插座 | 1 | |
| | 备用 | | |
| | 备用 | | |
| ZRBV-4X4+BVR4 CE-MT25 | 预留空调 | 3 | |
| ZRBV-4X2.5+BVR2.5 CE-MT25 | 新风机 | 1.5 | K1 |
| ZRBV-4X2.5+BVR2.5 CE-MT25 | 备用 | | |

| | 负荷 | 容量/kW | 回路备注 |
|---|---|---|---|
| -3X2.5+BVR2.5 CE-MT20 | 新风机 | 1.5 | |

配电系统图

| 建设单位 | OWNER |
|---|---|
| 设计单位 | ARCHITECT |
| 证书等级 地址 | 证书编号 邮编 |

| | 签 名 | 日 期 |
|---|---|---|
| 审 定 | | |
| 审 核 | | |
| 设计总负责人 | | |
| 专业负责人 | | |
| 设计 计算 | | |
| 制 图 | | |
| 校 对 | | |
| 会 签 栏 | | |
| 专 业 | 签 名 | 日 期 |
| 建 筑 | | |
| 结 构 | | |
| 给排水 | | |
| 电 气 | | |
| 空 调 | | |

单位出图专用章盖章

个人执业专用章盖章

备 注

| 版 次 | 日 期 |
|---|---|
| | |

| 项目名称 | PROJECT |
|---|---|
| 设计号 | ZN1003 |
| 图 号 | 电施-5 |
| 图 名 | 机房照明配电系统图 |

未盖出图及执业专用章本图无效

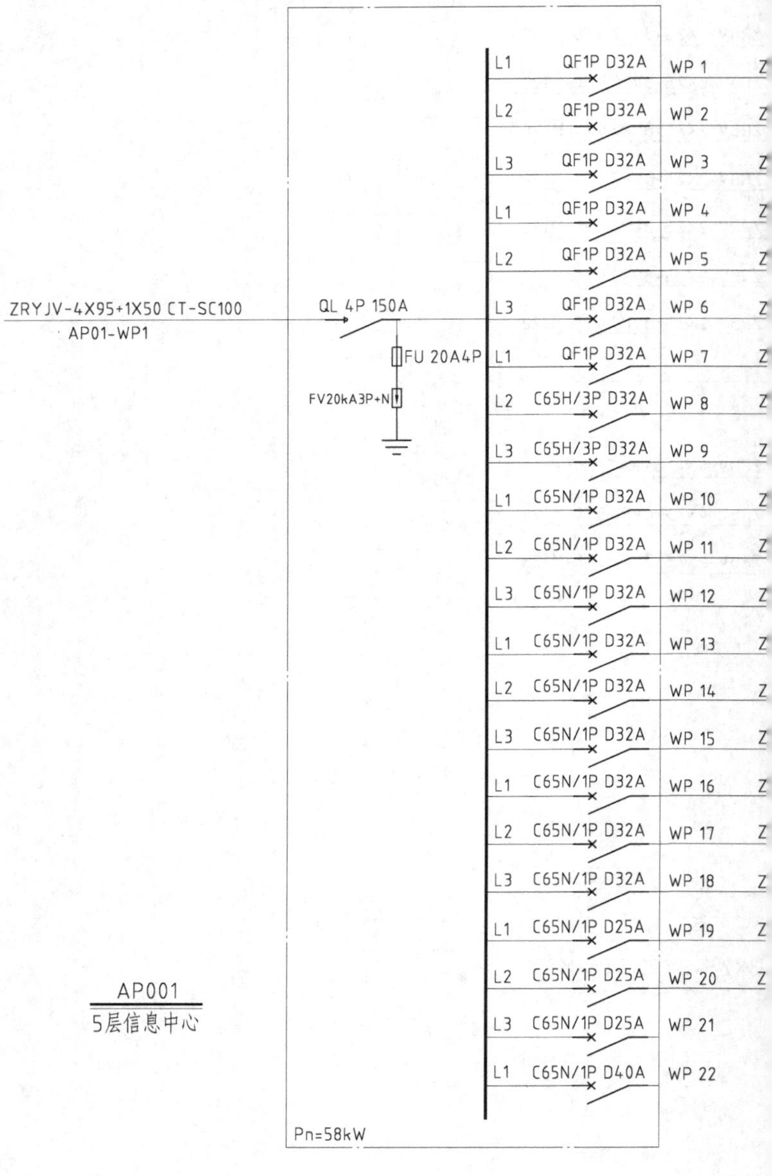

ZRYJV-4X95+1X50 CT-SC100
AP01-WP1

QL 4P 150A
FU 20A4P
FV20kA3P+N

| | | |
|---|---|---|
| L1 | QF1P D32A | WP 1 |
| L2 | QF1P D32A | WP 2 |
| L3 | QF1P D32A | WP 3 |
| L1 | QF1P D32A | WP 4 |
| L2 | QF1P D32A | WP 5 |
| L3 | QF1P D32A | WP 6 |
| L1 | QF1P D32A | WP 7 |
| L2 | C65H/3P D32A | WP 8 |
| L3 | C65H/3P D32A | WP 9 |
| L1 | C65N/1P D32A | WP 10 |
| L2 | C65N/1P D32A | WP 11 |
| L3 | C65N/1P D32A | WP 12 |
| L1 | C65N/1P D32A | WP 13 |
| L2 | C65N/1P D32A | WP 14 |
| L3 | C65N/1P D32A | WP 15 |
| L1 | C65N/1P D32A | WP 16 |
| L2 | C65N/1P D32A | WP 17 |
| L3 | C65N/1P D32A | WP 18 |
| L1 | C65N/1P D25A | WP 19 |
| L2 | C65N/1P D25A | WP 20 |
| L3 | C65N/1P D25A | WP 21 |
| L1 | C65N/1P D40A | WP 22 |

Pn=58kW

AP001
5层信息中心

UPS电源配电系统图(一)

| | 负荷 | 容量/kW | 回路备注 |
|---|---|---|---|
| RYJV-3X6 CT-MT25 | B1机柜 | 3 | |
| RYJV-3X6 CT-MT25 | B2机柜 | 3 | |
| RYJV-3X4 CT-MT25 | B3机柜 | 3 | |
| RYJV-3X4 CT-MT25 | B4机柜 | 3 | |
| RYJV-3X4 CT-MT25 | B5机柜 | 3 | |
| RYJV-3X4 CT-MT25 | B6机柜 | 3 | |
| RYJV-3X4 CT-MT25 | B7机柜 | 3 | |
| RYJV-5X6 CT-MT25 | B8机柜 | 3 | |
| RYJV-5X6 CT-MT25 | B9机柜 | 3 | |
| RYJV-3X4 CT-MT25 | A1机柜 | 3 | |
| RYJV-3X4 CT-MT25 | A2机柜 | 3 | |
| RYJV-3X4 CT-MT25 | A3机柜 | 3 | |
| RYJV-3X4 CT-MT25 | A4机柜 | 3 | |
| RYJV-3X4 CT-MT25 | A5机柜 | 3 | |
| RYJV-3X4 CT-MT25 | A6机柜 | 3 | |
| RYJV-3X4 CT-MT25 | A7机柜 | 3 | |
| RYJV-3X4 CT-MT25 | A8机柜 | 3 | |
| RYJV-3X4 CT-MT25 | A9机柜 | 3 | |
| RYJV-3X4 CT-MT25 | 会议机柜 | 2 | |
| RYJV-3X4 CT-MT25 | 等离子屏插座 | 2 | |
| | 备用 | | |
| | 备用 | | |

| 建设单位 | OWNER | |
|---|---|---|
| 设计单位 | ARCHITECT | |
| 证书等级 地址 | 证书编号 邮编 | |
| | 签　名 | 日　期 |
| 审　定 | | |
| 审　核 | | |
| 设计总负责人 | | |
| 专业负责人 | | |
| 设计　计算 | | |
| 制　图 | | |
| 校　对 | | |
| 会签栏 | | |
| 专　业 | 签　名 | 日　期 |
| 建　筑 | | |
| 结　构 | | |
| 给排水 | | |
| 电　气 | | |
| 空　调 | | |
| 单位出图专用章盖章 | | |
| 个人执业专用章盖章 | | |
| 备注 | | |
| 版　次 | 日　期 | |
| 项目名称 | PROJECT | |
| 设计号 | ZN1003 | |
| 图　号 | 电施-6 | |
| 图　名 | UPS电源配电系统图(一) | |

未盖出图及执业专用章本图无效

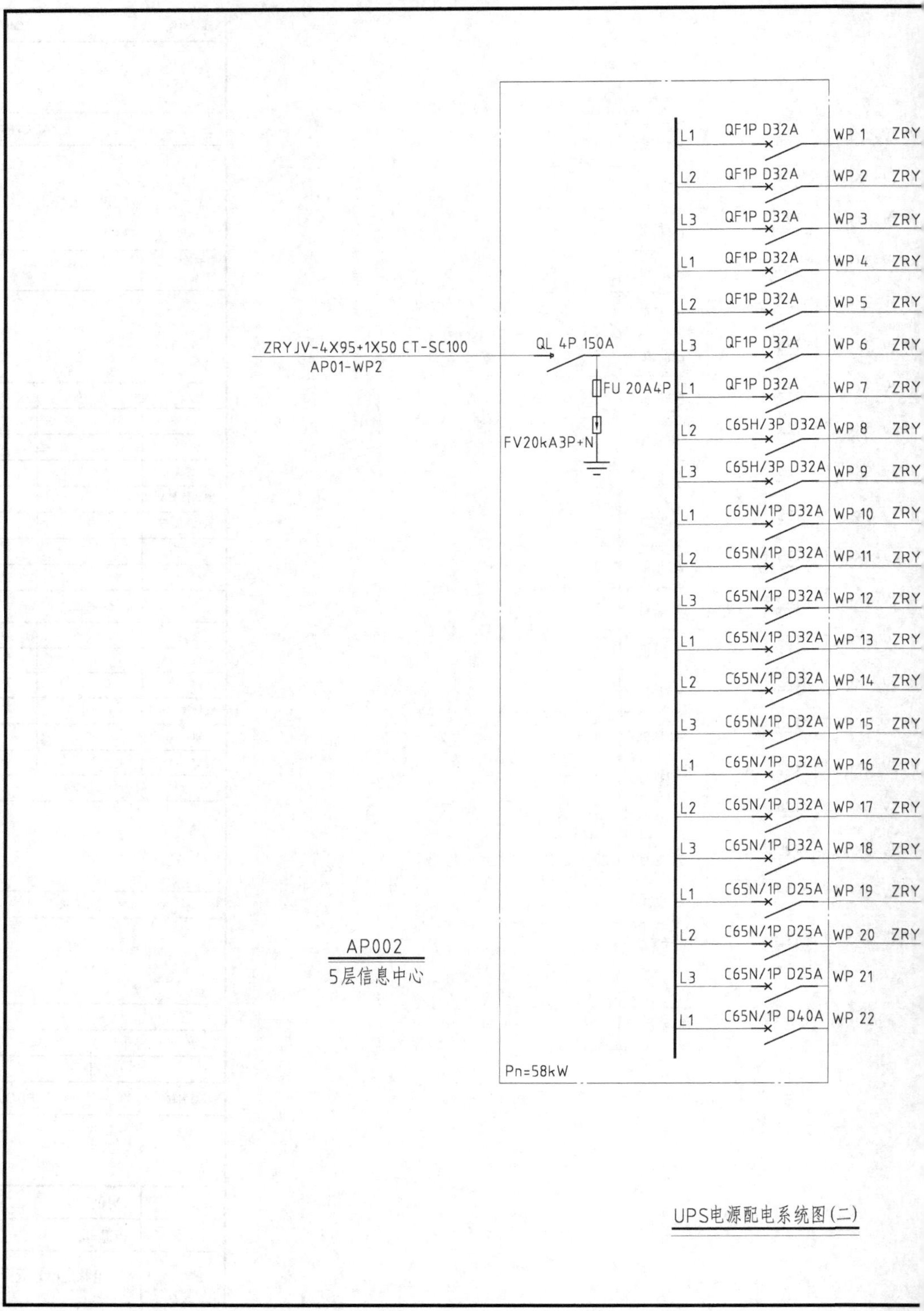

ZRYJV-4X95+1X50 CT-SC100
AP01-WP2

QL 4P 150A

FU 20A4P

FV20kA3P+N

| 相序 | 开关 | 回路 | |
|---|---|---|---|
| L1 | QF1P D32A | WP 1 | ZRY |
| L2 | QF1P D32A | WP 2 | ZRY |
| L3 | QF1P D32A | WP 3 | ZRY |
| L1 | QF1P D32A | WP 4 | ZRY |
| L2 | QF1P D32A | WP 5 | ZRY |
| L3 | QF1P D32A | WP 6 | ZRY |
| L1 | QF1P D32A | WP 7 | ZRY |
| L2 | C65H/3P D32A | WP 8 | ZRY |
| L3 | C65H/3P D32A | WP 9 | ZRY |
| L1 | C65N/1P D32A | WP 10 | ZRY |
| L2 | C65N/1P D32A | WP 11 | ZRY |
| L3 | C65N/1P D32A | WP 12 | ZRY |
| L1 | C65N/1P D32A | WP 13 | ZRY |
| L2 | C65N/1P D32A | WP 14 | ZRY |
| L3 | C65N/1P D32A | WP 15 | ZRY |
| L1 | C65N/1P D32A | WP 16 | ZRY |
| L2 | C65N/1P D32A | WP 17 | ZRY |
| L3 | C65N/1P D32A | WP 18 | ZRY |
| L1 | C65N/1P D25A | WP 19 | ZRY |
| L2 | C65N/1P D25A | WP 20 | ZRY |
| L3 | C65N/1P D25A | WP 21 | |
| L1 | C65N/1P D40A | WP 22 | |

Pn=58kW

AP002
5层信息中心

UPS电源配电系统图(二)

| 电缆 | 负荷 | 容量/kW | 回路备注 |
|---|---|---|---|
| JV-3X6 CT-MT25 | B1机柜 | 3 | |
| JV-3X6 CT-MT25 | B2机柜 | 3 | |
| JV-3X4 CT-MT25 | B3机柜 | 3 | |
| JV-3X4 CT-MT25 | B4机柜 | 3 | |
| JV-3X4 CT-MT25 | B5机柜 | 3 | |
| JV-3X4 CT-MT25 | B6机柜 | 3 | |
| JV-3X4 CT-MT25 | B7机柜 | 3 | |
| JV-5X6 CT-MT25 | B8机柜 | 3 | |
| JV-5X6 CT-MT25 | B9机柜 | 3 | |
| JV-3X4 CT-MT25 | A1机柜 | 3 | |
| JV-3X4 CT-MT25 | A2机柜 | 3 | |
| JV-3X4 CT-MT25 | A3机柜 | 3 | |
| JV-3X4 CT-MT25 | A4机柜 | 3 | |
| JV-3X4 CT-MT25 | A5机柜 | 3 | |
| JV-3X4 CT-MT25 | A6机柜 | 3 | |
| JV-3X4 CT-MT25 | A7机柜 | 3 | |
| JV-3X4 CT-MT25 | A8机柜 | 3 | |
| JV-3X4 CT-MT25 | A9机柜 | 3 | |
| JV-3X4 CT-MT25 | 会议机柜 | 2 | |
| JV-3X4 CT-MT25 | 等离子屏插座 | 2 | |
| | 备用 | | |
| | 备用 | | |

建设单位 OWNER

设计单位 ARCHITECT

证书等级 证书编号
地址 邮编

| | 签 名 | 日 期 |
|---|---|---|
| 审 定 | | |
| 审 核 | | |
| 设计总负责人 | | |
| 专业负责人 | | |
| 设计 计算 | | |
| 制 图 | | |
| 校 对 | | |

会 签 栏

| 专 业 | 签 名 | 日 期 |
|---|---|---|
| 建 筑 | | |
| 结 构 | | |
| 给排水 | | |
| 电 气 | | |
| 空 调 | | |

单位出图专用章盖章

个人执业专用章盖章

备 注

| 版 次 | 日 期 |
|---|---|
| | |

项目名称 PROJECT

| | |
|---|---|
| 设计号 | ZN1003 |
| 图 号 | 电施-7 |
| 图 名 | UPS电源配电系统图(二) |

未盖出图及执业专用章本图无效

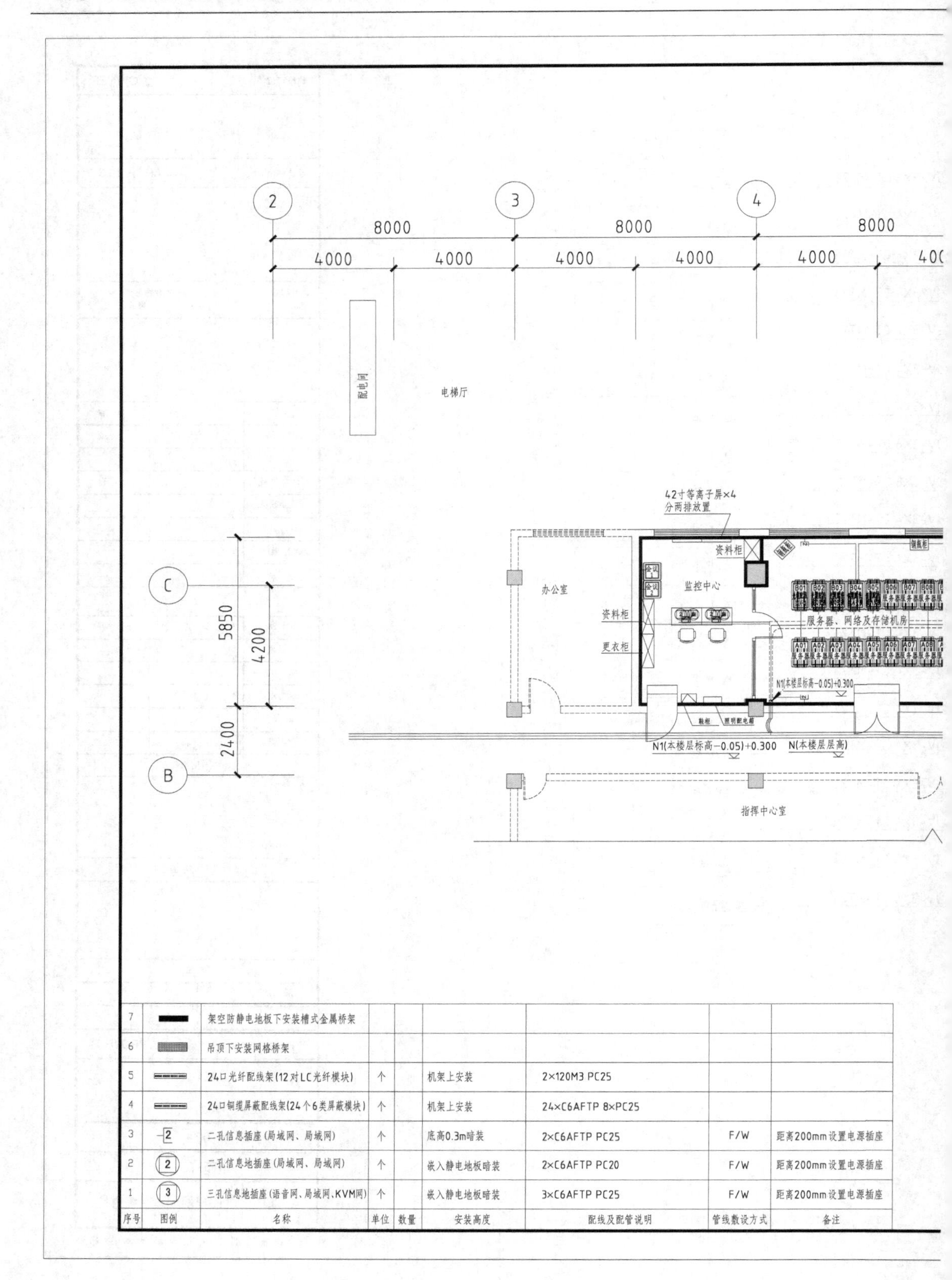


| 序号 | 图例 | 名称 | 单位 | 数量 | 安装高度 | 配线及配管说明 | 管线敷设方式 | 备注 |
|---|---|---|---|---|---|---|---|---|
| 7 | | 架空防静电地板下安装槽式金属桥架 | | | | | | |
| 6 | | 吊顶下安装网格桥架 | | | | | | |
| 5 | | 24口光纤配线架(12对LC光纤模块) | 个 | | 机架上安装 | 2×120M3 PC25 | | |
| 4 | | 24口铜缆屏蔽配线架(24个6类屏蔽模块) | 个 | | 机架上安装 | 24×C6AFTP 8×PC25 | | |
| 3 | 2 | 二孔信息插座(局域网、局域网) | 个 | | 底高0.3m暗装 | 2×C6AFTP PC25 | F/W | 距离200mm设置电源插座 |
| 2 | 2 | 二孔信息地插座(局域网、局域网) | 个 | | 嵌入静电地板暗装 | 2×C6AFTP PC20 | F/W | 距离200mm设置电源插座 |
| 1 | 3 | 三孔信息地插座(语音网、局域网、KVM网) | 个 | | 嵌入静电地板暗装 | 3×C6AFTP PC25 | F/W | 距离200mm设置电源插座 |

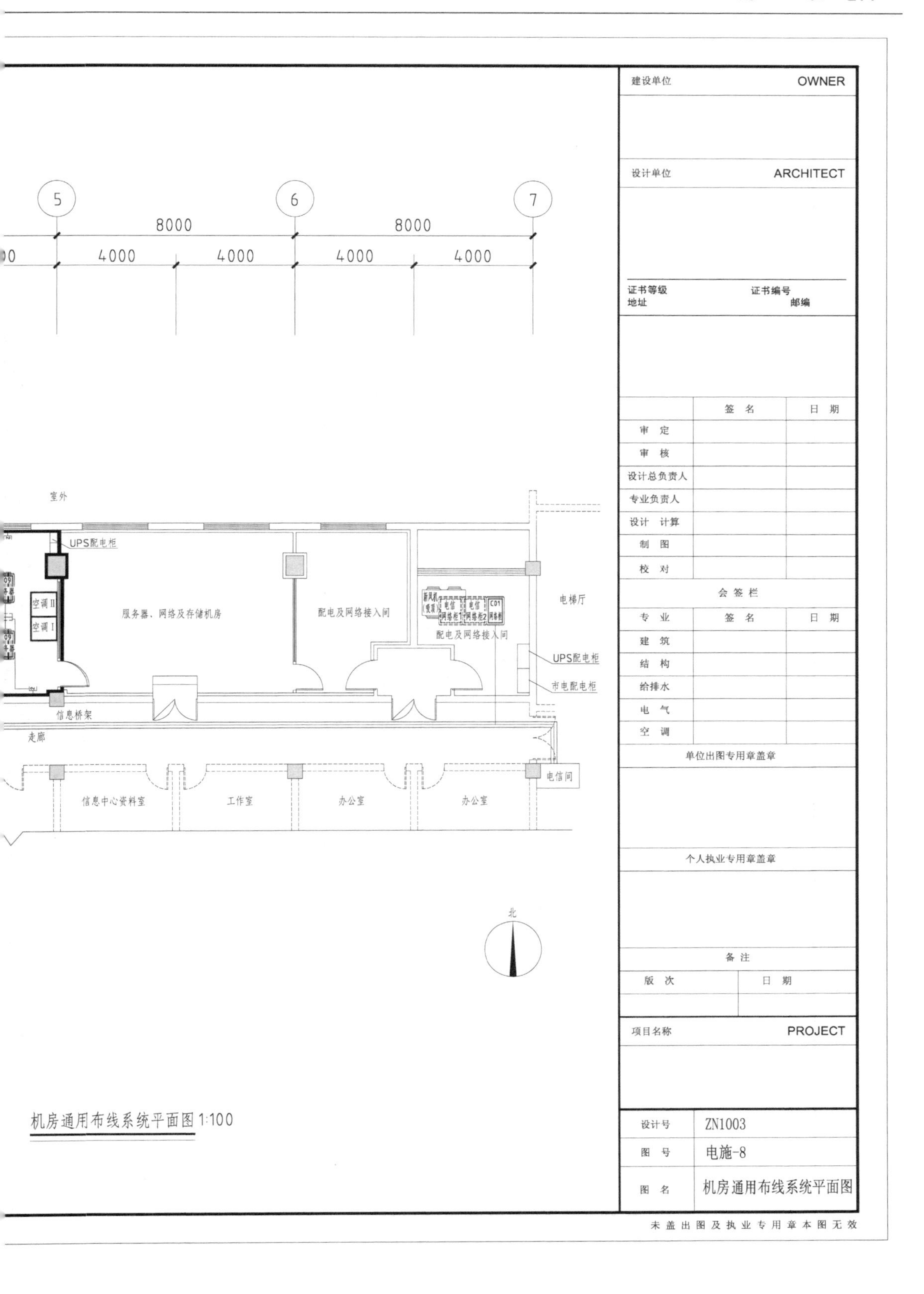

建设单位
OWNER
设计单位
ARCHITECT
证书等级
证书编号
地址
邮编
签名
日期
审定
审核
设计总负责人
专业负责人
设计 计算
制图
校对
会签栏
专业
签名
日期
建筑
结构
给排水
电气
空调
单位出图专用章盖章
个人执业专用章盖章
备注
版次
日期
项目名称
PROJECT
设计号
ZN1003
图号
电施-8
图名
机房通用布线系统平面图
未盖出图及执业专用章本图无效
5
6
7
8000
8000
4000
4000
4000
4000
室外
UPS配电柜
空调II
空调I
服务器、网络及存储机房
配电及网络接入间
配电及网络接入间
电梯厅
UPS配电柜
市电配电柜
信息桥架
走廊
电信间
信息中心资料室
工作室
办公室
办公室
北
机房通用布线系统平面图 1:100

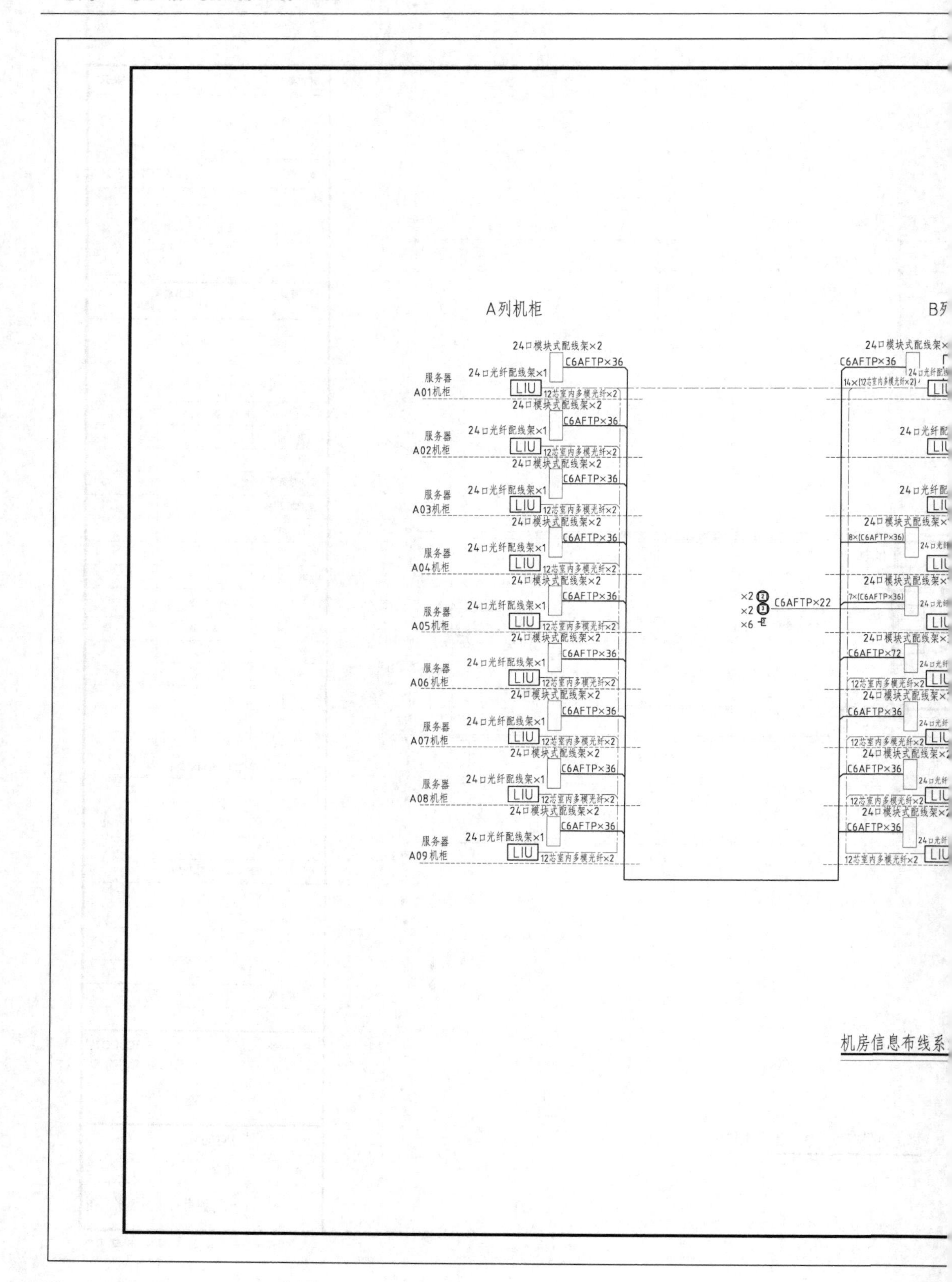
A列机柜
B列
24口模块式配线架×2
C6AFTP×36
24口光纤配线架×1
服务器
A01机柜
LIU
12芯室内多模光纤×2
服务器
A02机柜
服务器
A03机柜
服务器
A04机柜
服务器
A05机柜
服务器
A06机柜
服务器
A07机柜
服务器
A08机柜
服务器
A09机柜
14×(12芯室内多模光纤×2)
8×(C6AFTP×36)
7×(C6AFTP×36)
C6AFTP×72
C6AFTP×22
×2
×2
×6
机房信息布线系

机柜

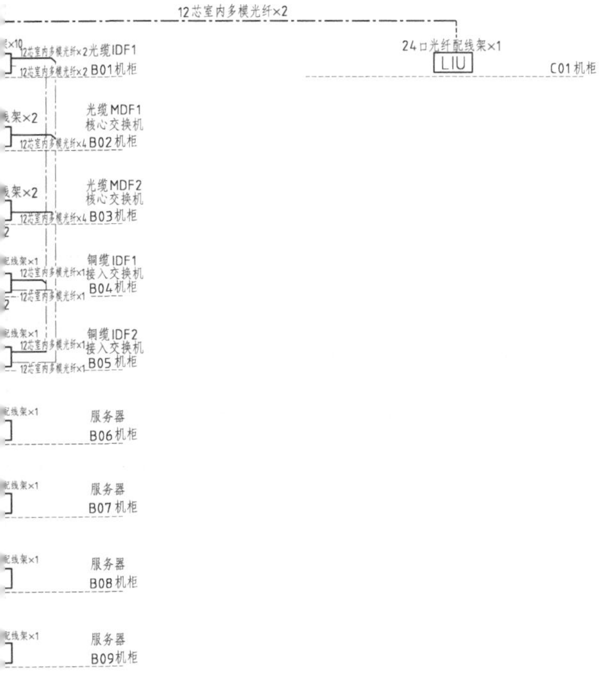

12芯室内多模光纤×2

×10 12芯室内多模光纤×2 光缆IDF1
12芯室内多模光纤×2 B01机柜

24口光纤配线架×1
LIU
C01机柜

架×2 光缆MDF1
核心交换机
12芯室内多模光纤×4 B02机柜

架×2 光缆MDF2
核心交换机
12芯室内多模光纤×4 B03机柜

配线架×1 铜缆IDF1
12芯室内多模光纤×1 接入交换机
12芯室内多模光纤×1 B04机柜

配线架×1 铜缆IDF2
12芯室内多模光纤×1 接入交换机
12芯室内多模光纤×1 B05机柜

配线架×1 服务器
B06机柜

配线架×1 服务器
B07机柜

配线架×1 服务器
B08机柜

配线架×1 服务器
B09机柜

统图

| 建设单位 | | OWNER |
|---|---|---|
| 设计单位 | | ARCHITECT |
| 证书等级 地址 | | 证书编号 邮编 |
| | 签 名 | 日 期 |
| 审 定 | | |
| 审 核 | | |
| 设计总负责人 | | |
| 专业负责人 | | |
| 设计 计算 | | |
| 制 图 | | |
| 校 对 | | |
| 会签栏 | | |
| 专 业 | 签 名 | 日 期 |
| 建 筑 | | |
| 结 构 | | |
| 给排水 | | |
| 电 气 | | |
| 空 调 | | |
| 单位出图专用章盖章 | | |
| 个人执业专用章盖章 | | |
| 备 注 | | |
| 版 次 | | 日 期 |
| 项目名称 | | PROJECT |
| 设计号 | ZN1003 | |
| 图 号 | 电施-9 | |
| 图 名 | 机房信息布线系统图 | |

未盖出图及执业专用章本图无效

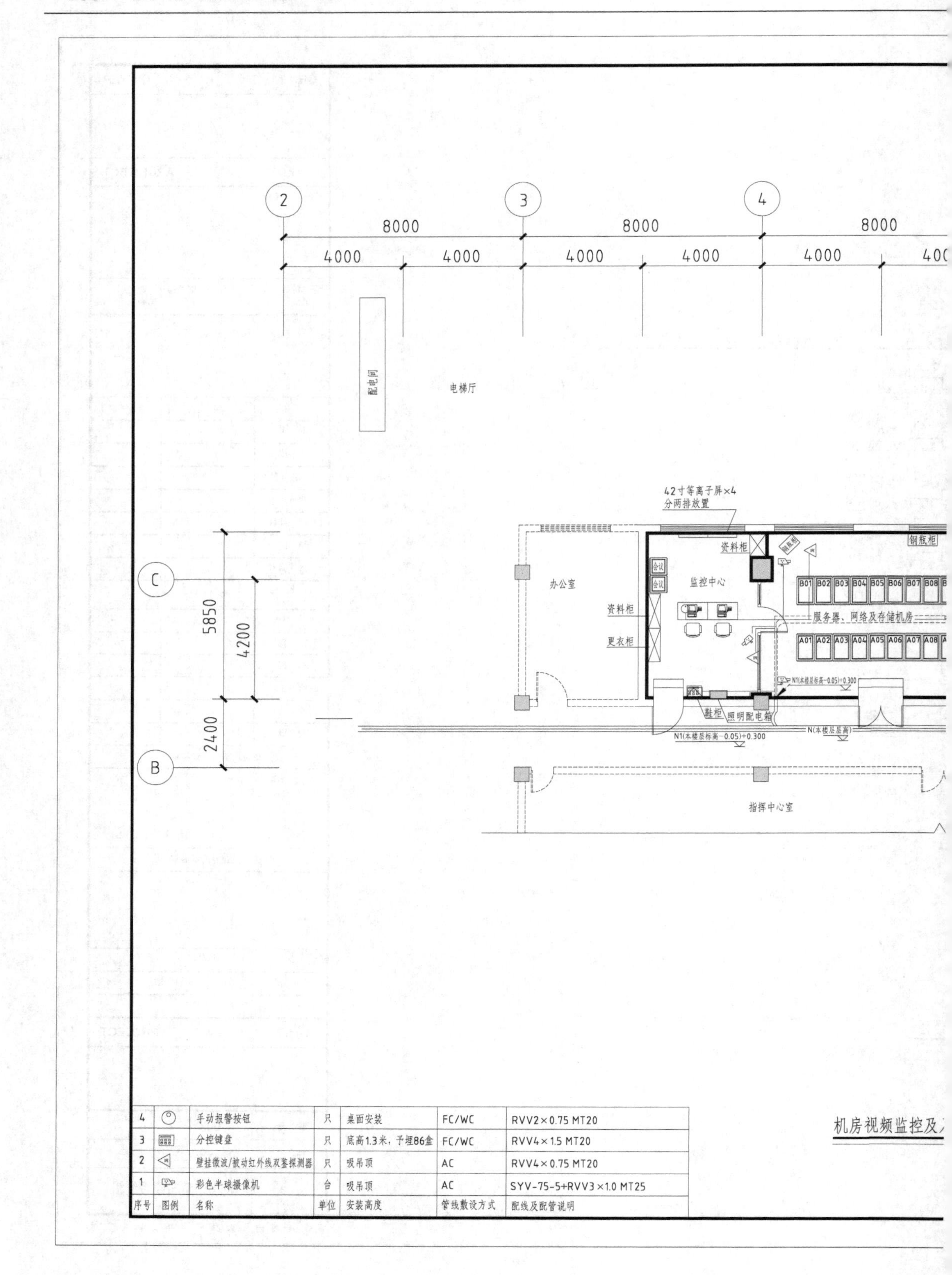


| 4 | | 手动报警按钮 | 只 | 桌面安装 | FC/WC | RVV2×0.75 MT20 |
|---|---|---|---|---|---|---|
| 3 | | 分控键盘 | 只 | 底高1.3米，予埋86盒 | FC/WC | RVV4×1.5 MT20 |
| 2 | | 壁挂微波/被动红外线双鉴探测器 | 只 | 吸吊顶 | AC | RVV4×0.75 MT20 |
| 1 | | 彩色半球摄像机 | 台 | 吸吊顶 | AC | SYV-75-5+RVV3×1.0 MT25 |
| 序号 | 图例 | 名称 | 单位 | 安装高度 | 管线敷设方式 | 配线及配管说明 |

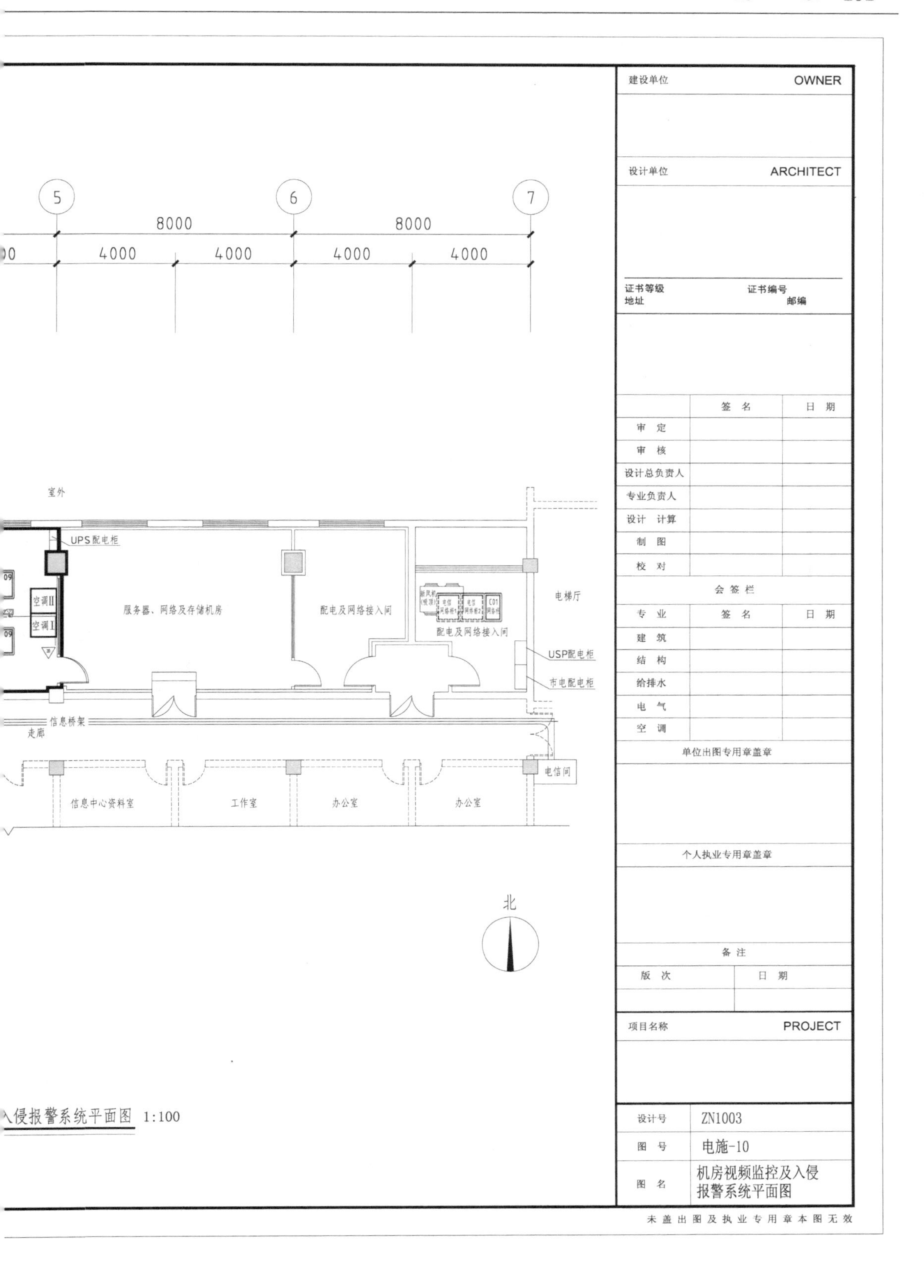

5
6
7
8000
8000
4000
4000
4000
4000
室外
UPS配电柜
空调II
空调I
服务器、网络及存储机房
配电及网络接入间
配电及网络接入间
电梯厅
USP配电柜
市电配电柜
信息桥架
走廊
电信间
信息中心资料室
工作室
办公室
办公室
北
入侵报警系统平面图 1:100
建设单位 OWNER
设计单位 ARCHITECT
证书等级
证书编号
地址
邮编
签 名
日 期
审 定
审 核
设计总负责人
专业负责人
设计 计算
制 图
校 对
会 签 栏
专 业
签 名
日 期
建 筑
结 构
给排水
电 气
空 调
单位出图专用章盖章
个人执业专用章盖章
备 注
版 次
日 期
项目名称 PROJECT
设计号 ZN1003
图 号 电施-10
图 名 机房视频监控及入侵报警系统平面图
未盖出图及执业专用章本图无效

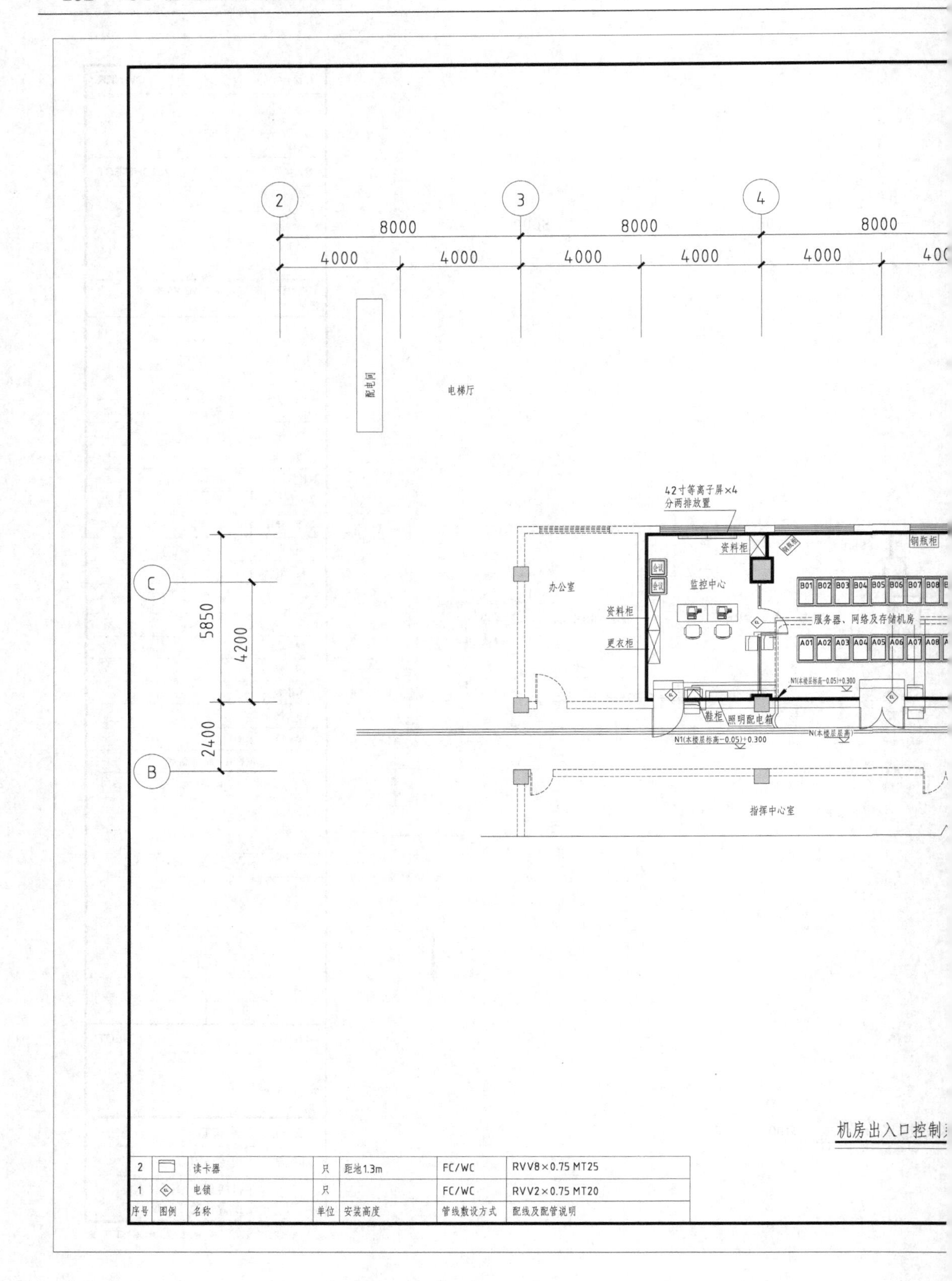


| 序号 | 图例 | 名称 | 单位 | 安装高度 | 管线敷设方式 | 配线及配管说明 |
|---|---|---|---|---|---|---|
| 2 | | 读卡器 | 只 | 距地1.3m | FC/WC | RVV8×0.75 MT25 |
| 1 | EL | 电锁 | 只 | | FC/WC | RVV2×0.75 MT20 |

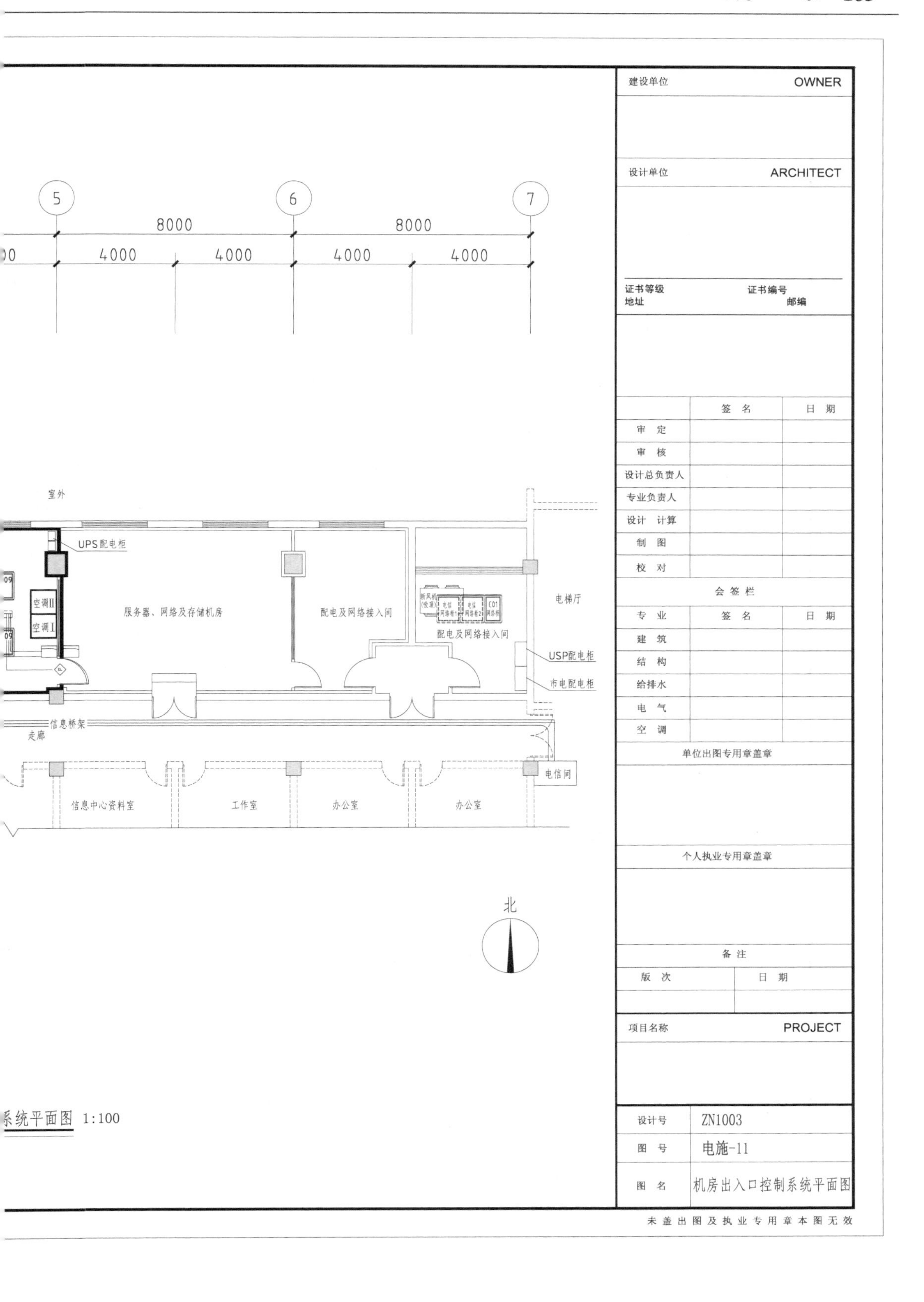
5
6
7
8000
8000
4000
4000
4000
4000
室外
UPS配电柜
空调II
空调I
服务器、网络及存储机房
配电及网络接入间
配电及网络接入间
电梯厅
USP配电柜
市电配电柜
信息桥架
走廊
电信间
信息中心资料室
工作室
办公室
办公室
北
系统平面图 1:100
建设单位
OWNER
设计单位
ARCHITECT
证书等级
证书编号
地址
邮编
签 名
日 期
审 定
审 核
设计总负责人
专业负责人
设计 计算
制 图
校 对
会 签 栏
专 业
签 名
日 期
建 筑
结 构
给排水
电 气
空 调
单位出图专用章盖章
个人执业专用章盖章
备 注
版 次
日 期
项目名称
PROJECT
设计号
ZN1003
图 号
电施-11
图 名
机房出入口控制系统平面图
未盖出图及执业专用章本图无效

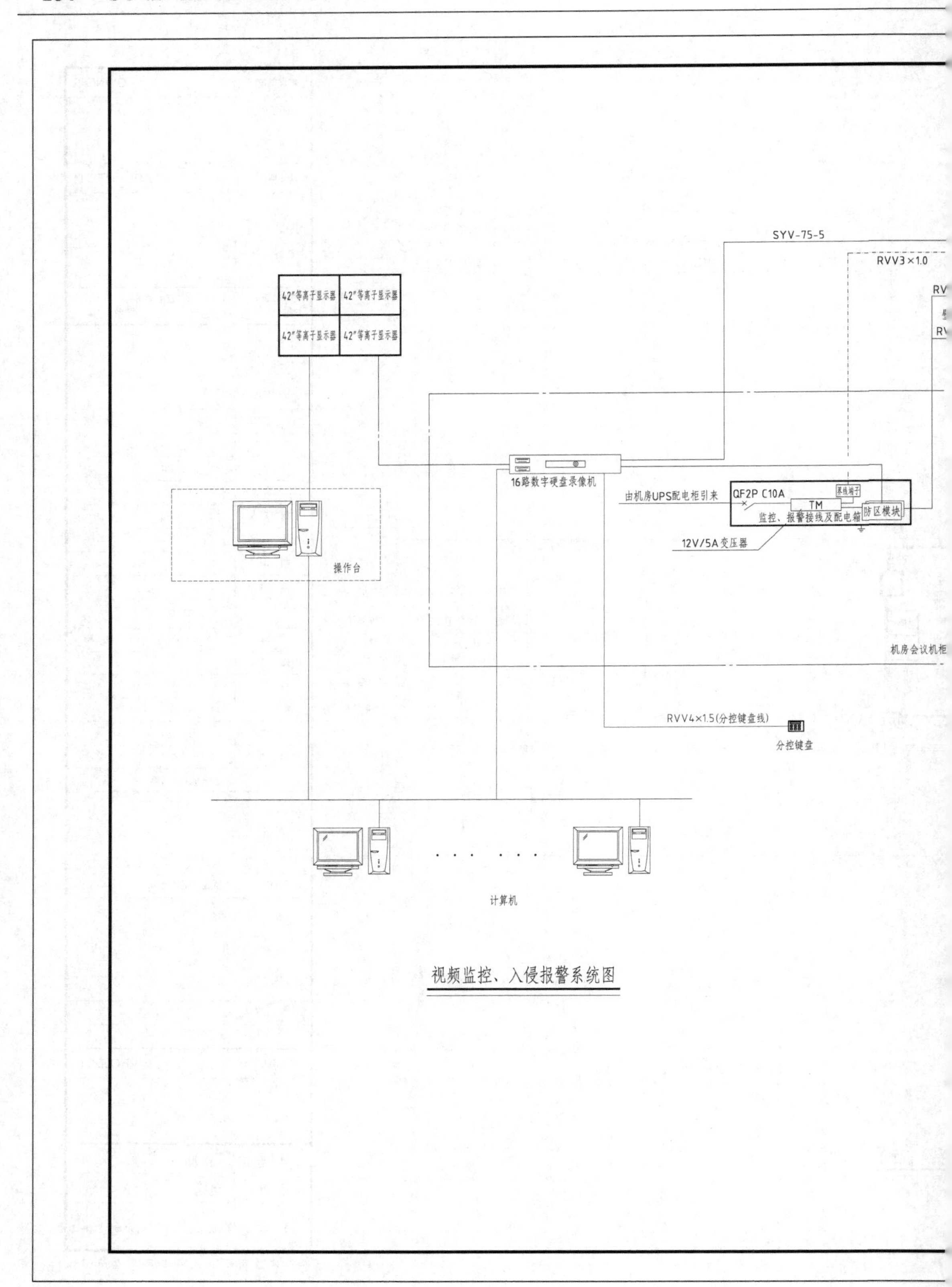


视频监控、入侵报警系统图

彩色半球摄像机×4
RVV4×0.75
壁挂微波/被动红外线双鉴探测器×2
RVV2×0.75
手动报警按钮×1

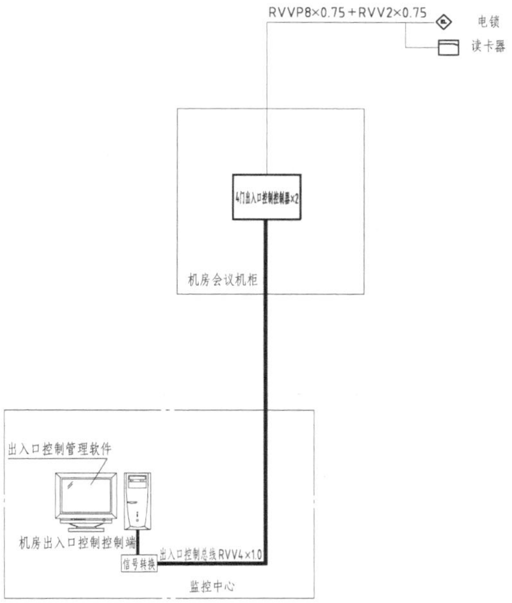

RVVP8×0.75+RVV2×0.75
电锁
读卡器
4门出入口控制控制器×2
机房会议机柜
出入口控制管理软件
机房出入口控制控制端
信号转换
出入口控制总线RVV4×1.0
监控中心

出入口控制系统图

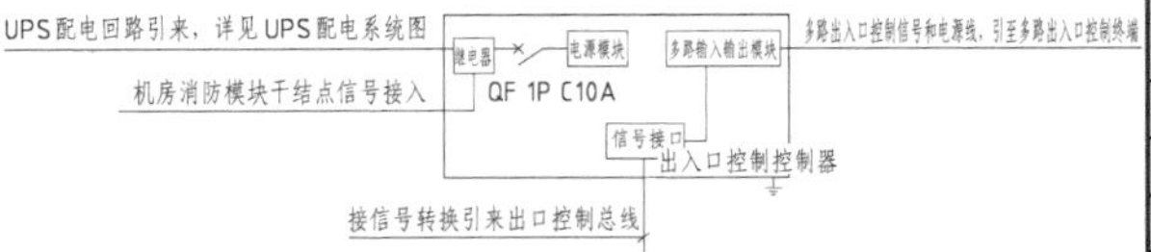

UPS配电回路引来，详见UPS配电系统图
机房消防模块干结点信号接入
继电器
电源模块
多路输入输出模块
多路出入口控制信号和电源线，引至多路出入口控制终端
QF 1P C10A
信号接口
出入口控制控制器
接信号转换引来出口控制总线

出入口控制器控制示意图

| 建设单位 | OWNER | |
|---|---|---|
| 设计单位 | ARCHITECT | |
| 证书等级 地址 | 证书编号 邮编 | |
| | 签　名 | 日　期 |
| 审　定 | | |
| 审　核 | | |
| 设计总负责人 | | |
| 专业负责人 | | |
| 设计　计算 | | |
| 制　图 | | |
| 校　对 | | |
| 会签栏 | | |
| 专　业 | 签　名 | 日　期 |
| 建　筑 | | |
| 结　构 | | |
| 给排水 | | |
| 电　气 | | |
| 空　调 | | |
| 单位出图专用章盖章 | | |
| 个人执业专用章盖章 | | |
| 备注 | | |
| 版　次 | 日　期 | |
| 项目名称 | PROJECT | |
| 设计号 | ZN1003 | |
| 图　号 | 电施-12 | |
| 图　名 | 视频监控、入侵报警及出入口控制系统图 | |

未盖出图及执业专用章本图无效

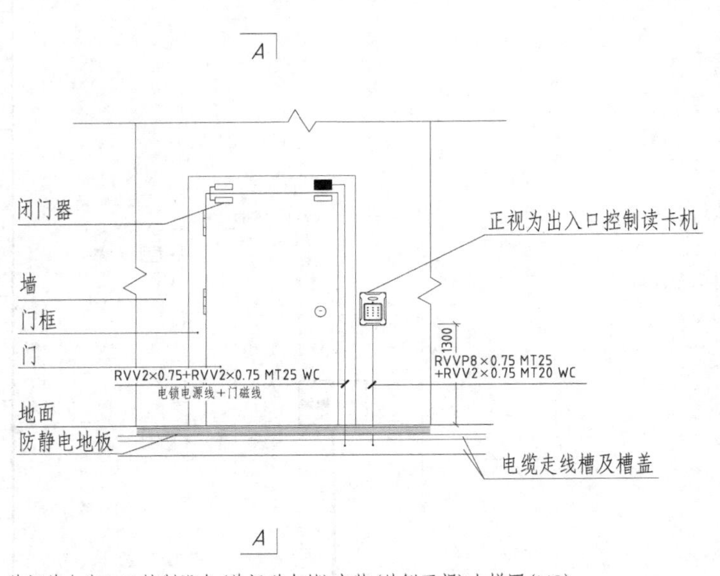


单门单向出入口控制设备(单门磁力锁)安装(外侧正视)大样图(M2)

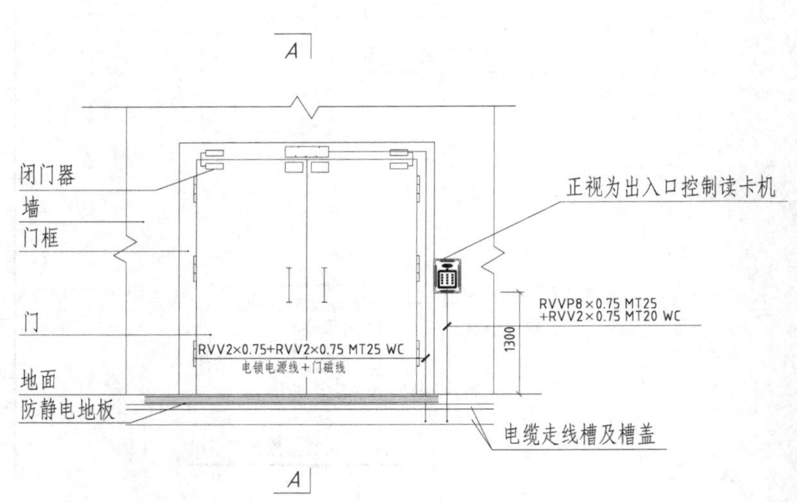


双门单向出入口控制设备(双门磁力锁)安装(外侧正视)大样图(M1)

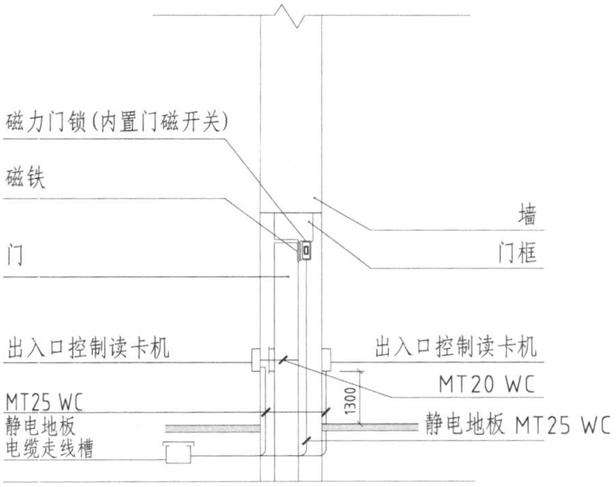

磁力门锁(内置门磁开关)

磁铁

门

墙

门框

出入口控制读卡机

出入口控制读卡机

MT20 WC

1300

MT25 WC

静电地板

电缆走线槽

静电地板 MT25 WC

A—A剖面

| 建设单位 | OWNER | |
|---|---|---|
| 设计单位 | ARCHITECT | |
| 证书等级 地址 | 证书编号 邮编 | |
| | 签　名 | 日　期 |
| 审　定 | | |
| 审　核 | | |
| 设计总负责人 | | |
| 专业负责人 | | |
| 设计　计算 | | |
| 制　图 | | |
| 校　对 | | |
| 会签栏 | | |
| 专　业 | 签　名 | 日　期 |
| 建　筑 | | |
| 结　构 | | |
| 给排水 | | |
| 电　气 | | |
| 空　调 | | |
| 单位出图专用章盖章 | | |
| 个人执业专用章盖章 | | |
| 备注 | | |
| 版　次 | 日　期 | |
| 项目名称 | PROJECT | |
| 设计号 | ZN1003 | |
| 图　号 | 电施-13 | |
| 图　名 | 机房出入口控制安装图 | |

未盖出图及执业专用章本图无效

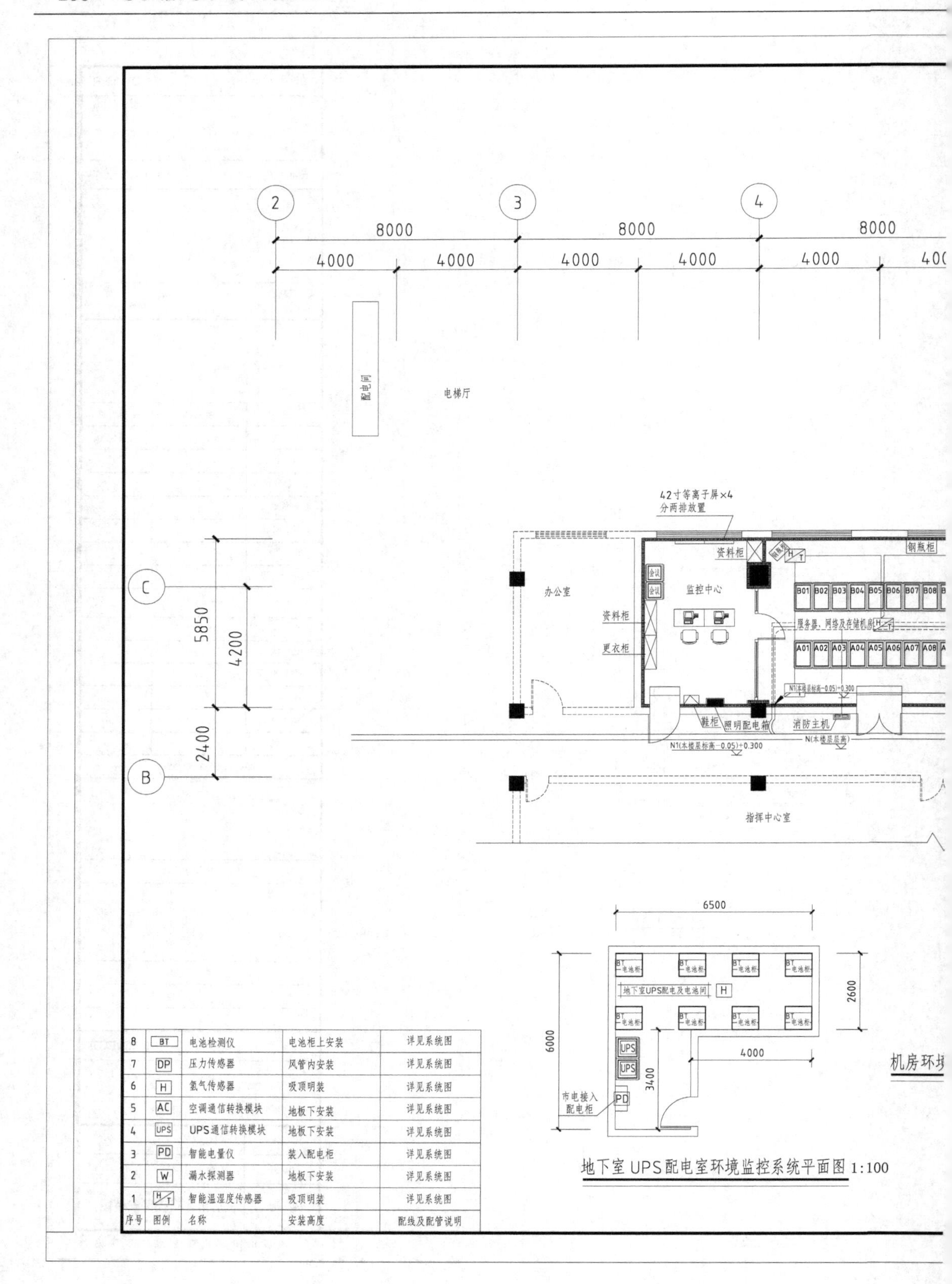


| 序号 | 图例 | 名称 | 安装高度 | 配线及配管说明 |
|---|---|---|---|---|
| 8 | BT | 电池检测仪 | 电池柜上安装 | 详见系统图 |
| 7 | DP | 压力传感器 | 风管内安装 | 详见系统图 |
| 6 | H | 氢气传感器 | 吸顶明装 | 详见系统图 |
| 5 | AC | 空调通信转换模块 | 地板下安装 | 详见系统图 |
| 4 | UPS | UPS通信转换模块 | 地板下安装 | 详见系统图 |
| 3 | PD | 智能电量仪 | 装入配电柜 | 详见系统图 |
| 2 | W | 漏水探测器 | 地板下安装 | 详见系统图 |
| 1 | H/T | 智能温湿度传感器 | 吸顶明装 | 详见系统图 |

地下室UPS配电室环境监控系统平面图 1:100

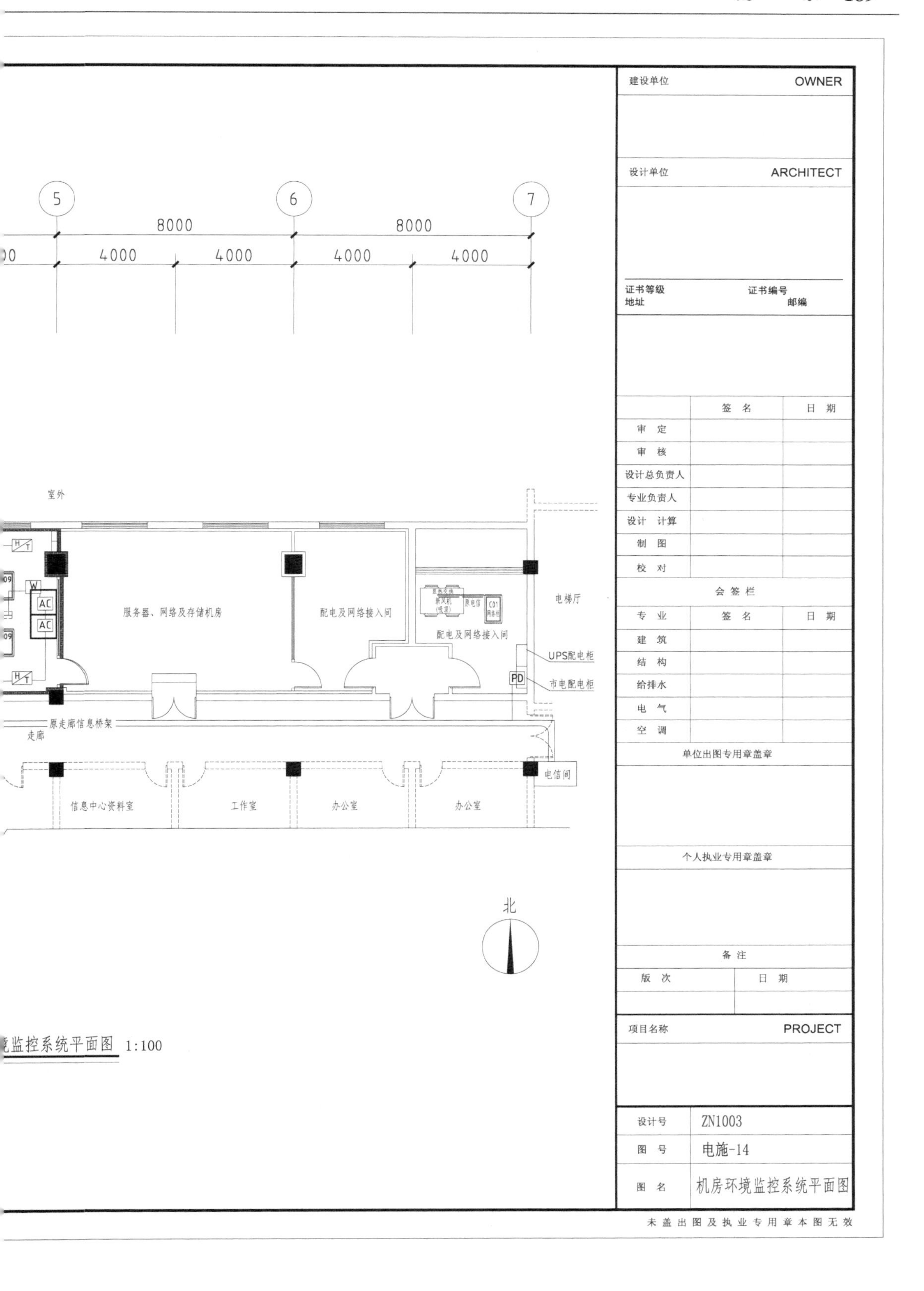

5
6
7
8000
8000
4000
4000
4000
4000
室外
服务器、网络及存储机房
配电及网络接入间
配电及网络接入间
电梯厅
UPS配电柜
市电配电柜
PD
AC
AC
W
原走廊信息桥架
走廊
电信间
信息中心资料室
工作室
办公室
办公室
北
境监控系统平面图 1:100
建设单位
OWNER
设计单位
ARCHITECT
证书等级
证书编号
地址
邮编
签 名
日 期
审 定
审 核
设计总负责人
专业负责人
设计 计算
制 图
校 对
会 签 栏
专 业
签 名
日 期
建 筑
结 构
给排水
电 气
空 调
单位出图专用章盖章
个人执业专用章盖章
备 注
版 次
日 期
项目名称
PROJECT
设计号
ZN1003
图 号
电施-14
图 名
机房环境监控系统平面图
未盖出图及执业专用章本图无效

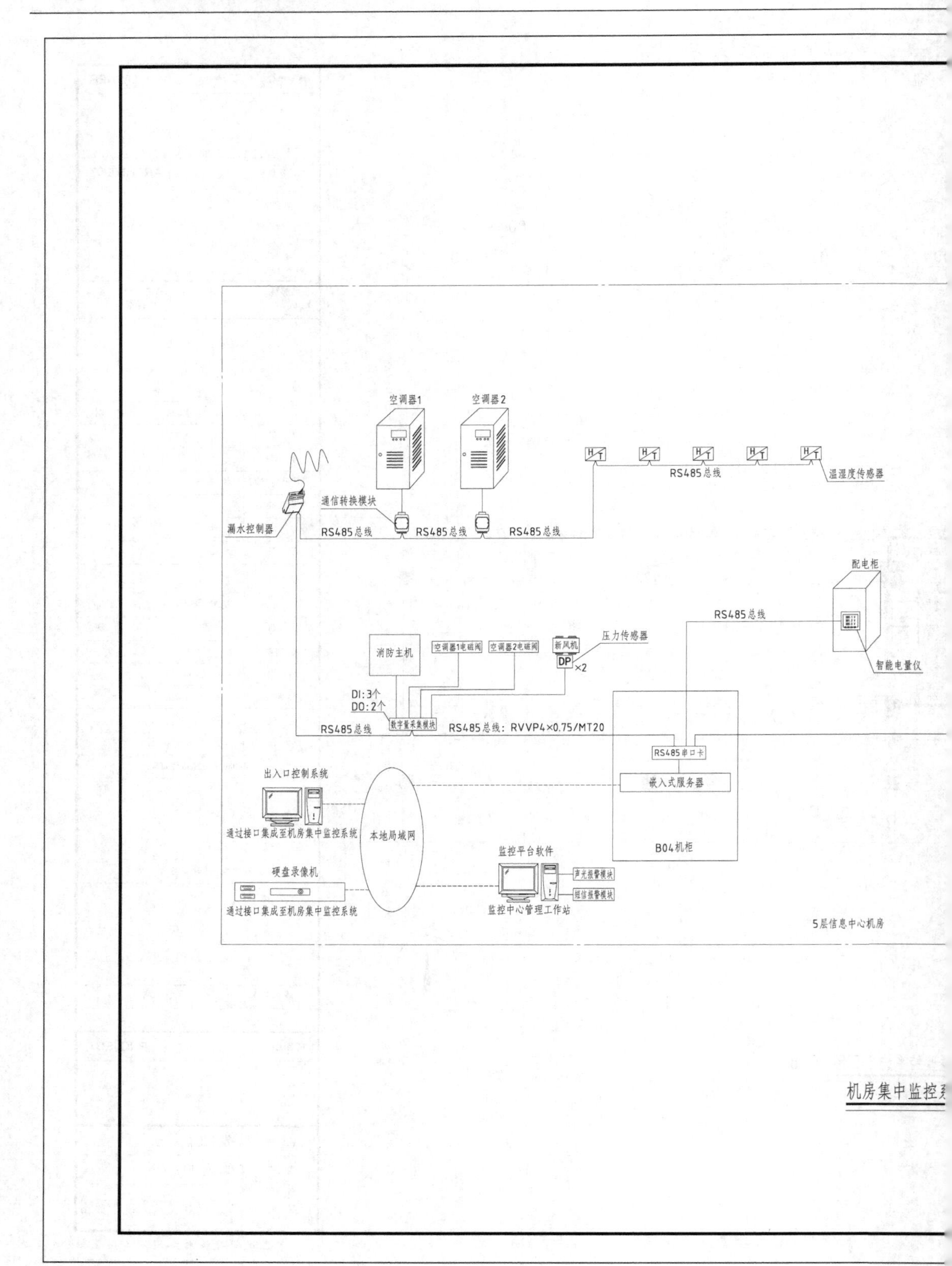

空调器1
空调器2
通信转换模块
漏水控制器
RS485总线
RS485总线
RS485总线
RS485总线
温湿度传感器
配电柜
RS485总线
智能电量仪
压力传感器
新风机
DP
×2
消防主机
空调器1电磁阀
空调器2电磁阀
DI:3个
DO:2个
数字量采集模块
RS485总线
RS485总线：RVVP4×0.75/MT20
RS485串口卡
嵌入式服务器
B04机柜
出入口控制系统
通过接口集成至机房集中监控系统
本地局域网
硬盘录像机
通过接口集成至机房集中监控系统
监控平台软件
声光报警模块
短信报警模块
监控中心管理工作站
5层信息中心机房
机房集中监控

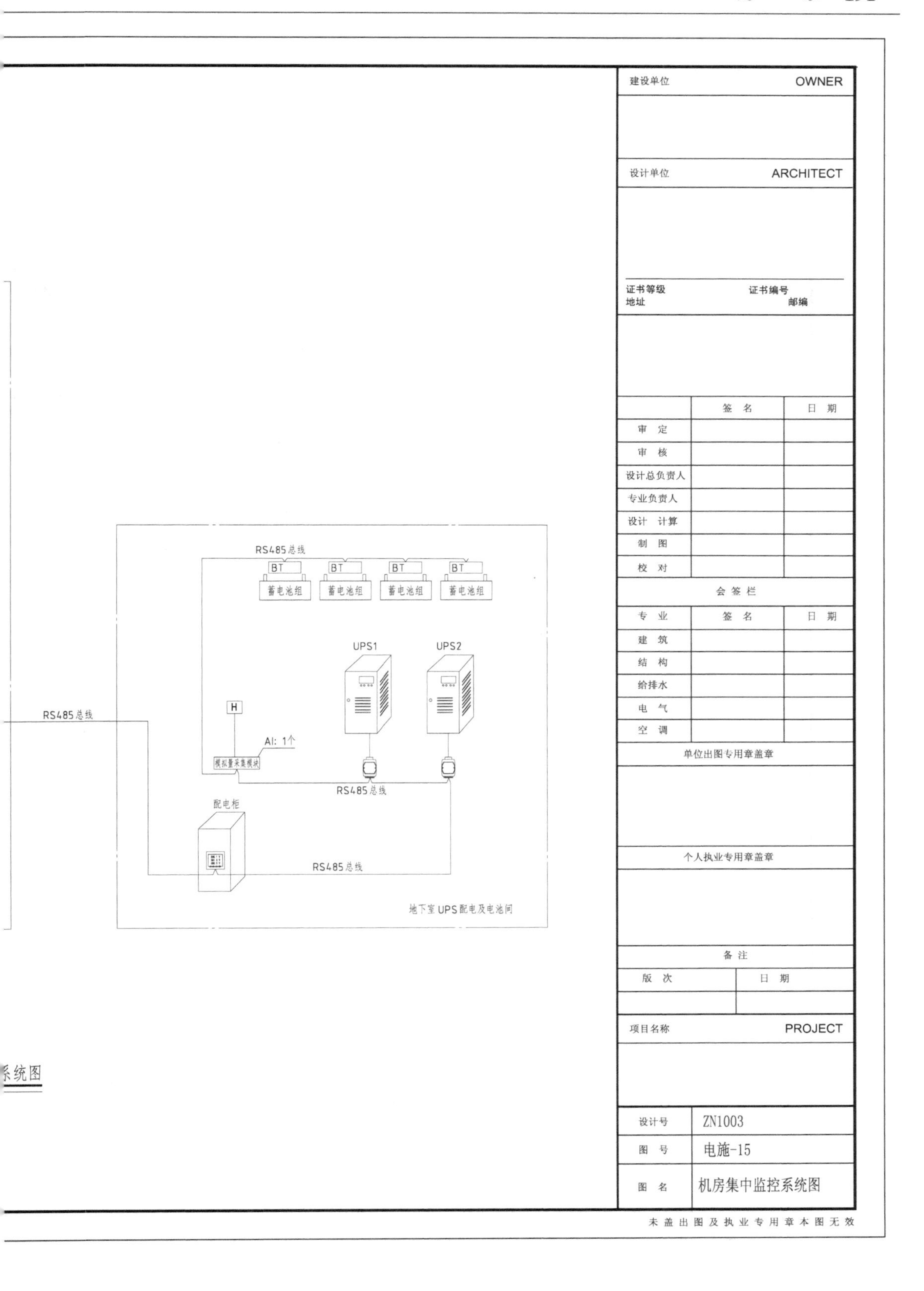

RS485总线
BT
蓄电池组
UPS1
UPS2
H
AI: 1个
模拟量采集模块
RS485总线
配电柜
RS485总线
地下室UPS配电及电池间
系统图
建设单位
OWNER
设计单位
ARCHITECT
证书等级
证书编号
地址
邮编
签 名
日 期
审 定
审 核
设计总负责人
专业负责人
设计 计算
制 图
校 对
会 签 栏
专 业
建 筑
结 构
给排水
电 气
空 调
单位出图专用章盖章
个人执业专用章盖章
备 注
版 次
项目名称
PROJECT
设计号
ZN1003
图 号
电施-15
图 名
机房集中监控系统图
未盖出图及执业专用章本图无效

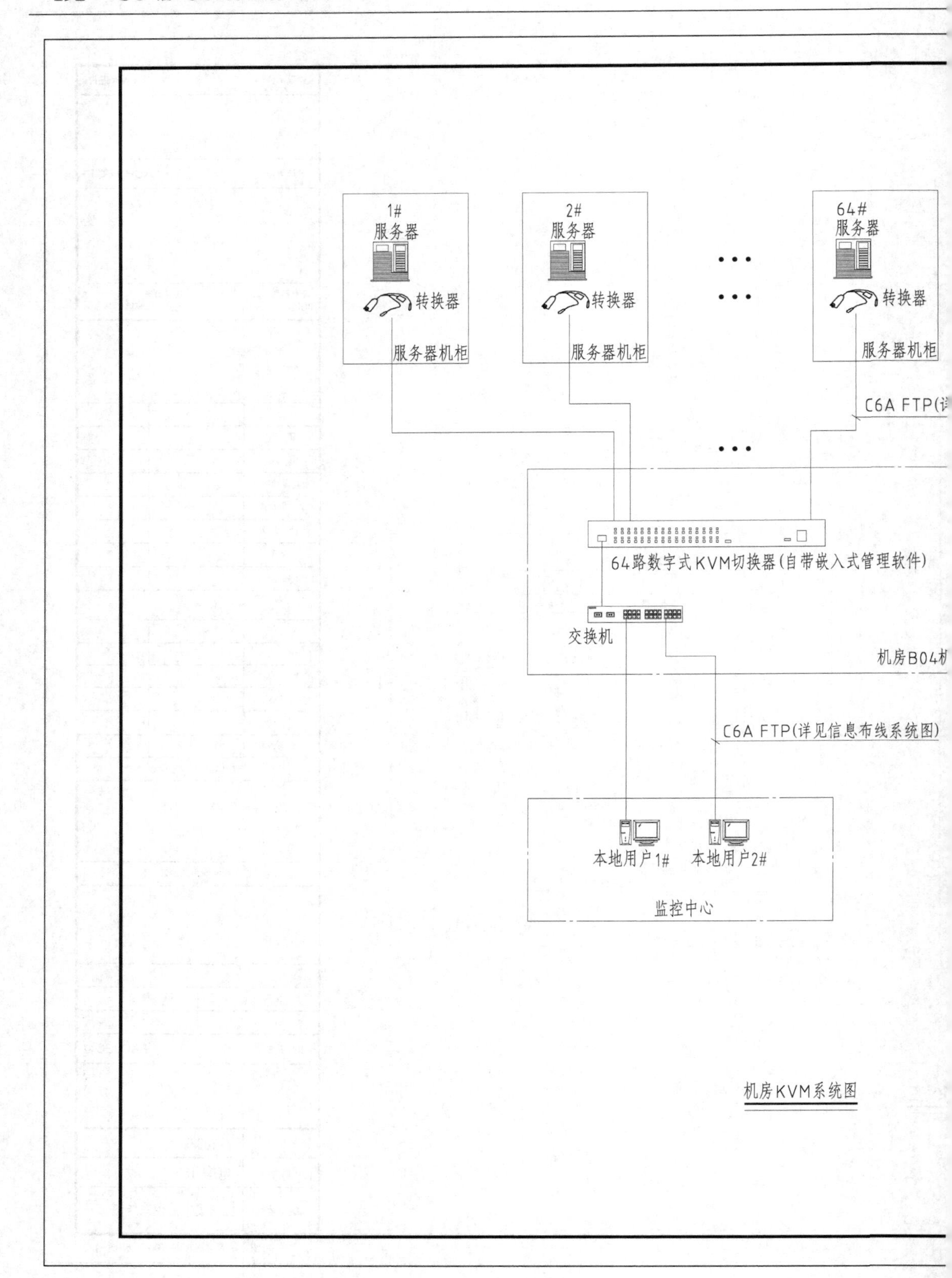
1#
服务器
转换器
服务器机柜
2#
服务器
转换器
服务器机柜
64#
服务器
转换器
服务器机柜
C6A FTP(详
64路数字式KVM切换器(自带嵌入式管理软件)
交换机
机房B04机
C6A FTP(详见信息布线系统图)
本地用户1#
本地用户2#
监控中心

机房KVM系统图

阝见信息布线系统图)

l柜

说明:

1. 本设计暂设置可以实现2个IP用户对64台服务器的KVM控制，业主可根据自身服务器数量进行KVM设备的扩展。
2. 转换器可以根据所控制服务器的不同，选择不同类型的转换器。

| 建设单位 | OWNER |
|---|---|
| | |
| 设计单位 | ARCHITECT |
| | |
| 证书等级<br>地址 | 证书编号<br>邮编 |

| | 签　名 | 日　期 |
|---|---|---|
| 审　定 | | |
| 审　核 | | |
| 设计总负责人 | | |
| 专业负责人 | | |
| 设计　计算 | | |
| 制　图 | | |
| 校　对 | | |
| 会签栏 | | |
| 专　业 | 签　名 | 日　期 |
| 建　筑 | | |
| 结　构 | | |
| 给排水 | | |
| 电　气 | | |
| 空　调 | | |

单位出图专用章盖章

个人执业专用章盖章

备注

| 版　次 | 日　期 |
|---|---|
| | |

| 项目名称 | PROJECT |
|---|---|
| | |
| 设计号 | ZN1003 |
| 图　号 | 电施-16 |
| 图　名 | 机房KVM系统图 |

未盖出图及执业专用章本图无效

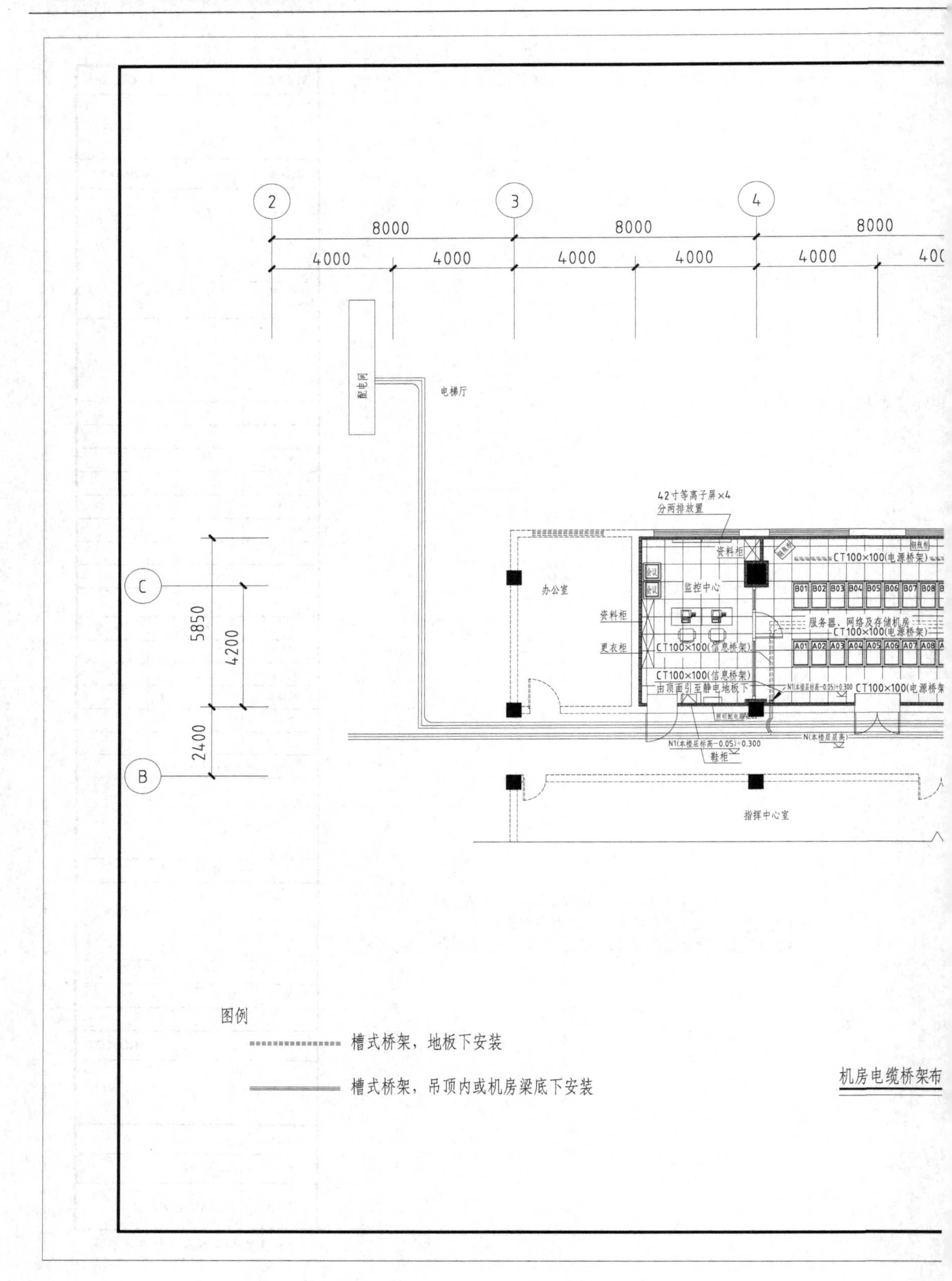

2
3
4
8000
8000
8000
4000
4000
4000
4000
4000
配电间
电梯厅
42寸等离子屏×4
分两排放置
资料柜
办公室
监控中心
资料柜
更衣柜
CT100×100(信息桥架)
CT100×100(信息桥架)
由顶面引至静电地板下
CT100×100(电源桥架)
服务器、网络及存储机房
CT100×100(电源桥架)
B01 B02 B03 B04 B05 B06 B07 B08
A01 A02 A03 A04 A05 A06 A07 A08
N1(本楼层标高−0.05)+0.300
N(本楼层层高)
鞋柜
指挥中心室
C
B
5850
4200
2400
图例
槽式桥架，地板下安装
槽式桥架，吊顶内或机房梁底下安装
机房电缆桥架布

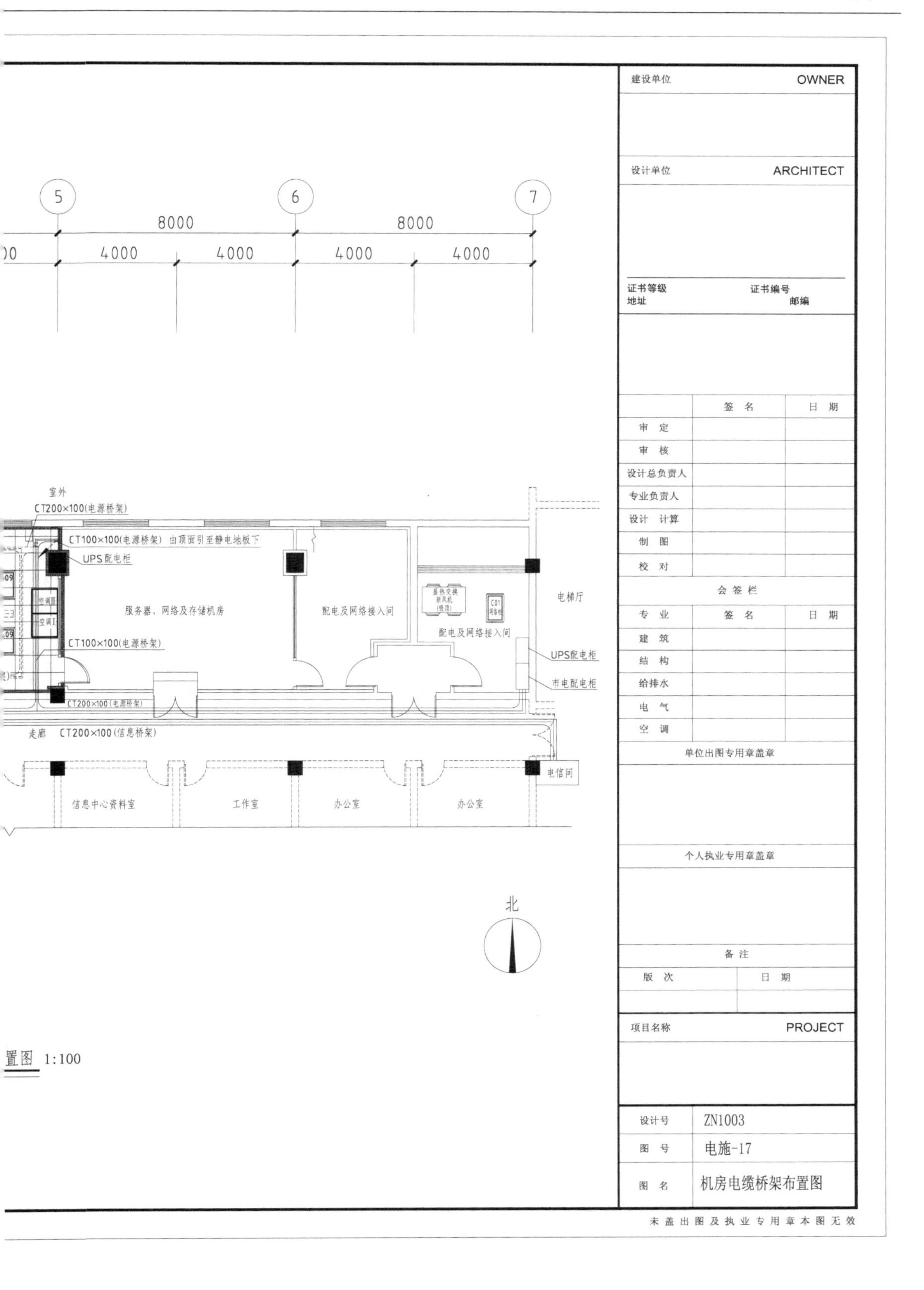

建设单位 OWNER
设计单位 ARCHITECT
证书等级 证书编号
地址 邮编
签名 日期
审定
审核
设计总负责人
专业负责人
设计 计算
制图
校对
会签栏
专业 签名 日期
建筑
结构
给排水
电气
空调
单位出图专用章盖章
个人执业专用章盖章
备注
版次 日期
项目名称 PROJECT
设计号 ZN1003
图号 电施-17
图名 机房电缆桥架布置图
未盖出图及执业专用章本图无效
5
6
7
8000
8000
4000
4000
4000
4000
室外
CT200×100(电源桥架)
CT100×100(电源桥架) 由顶面引至静电地板下
UPS配电柜
服务器、网络及存储机房
配电及网络接入间
配电及网络接入间
CT100×100(电源桥架)
CT200×100(电源桥架)
电梯厅
UPS配电柜
市电配电柜
走廊 CT200×100(信息桥架)
电信间
信息中心资料室
工作室
办公室
办公室
北
置图 1:100

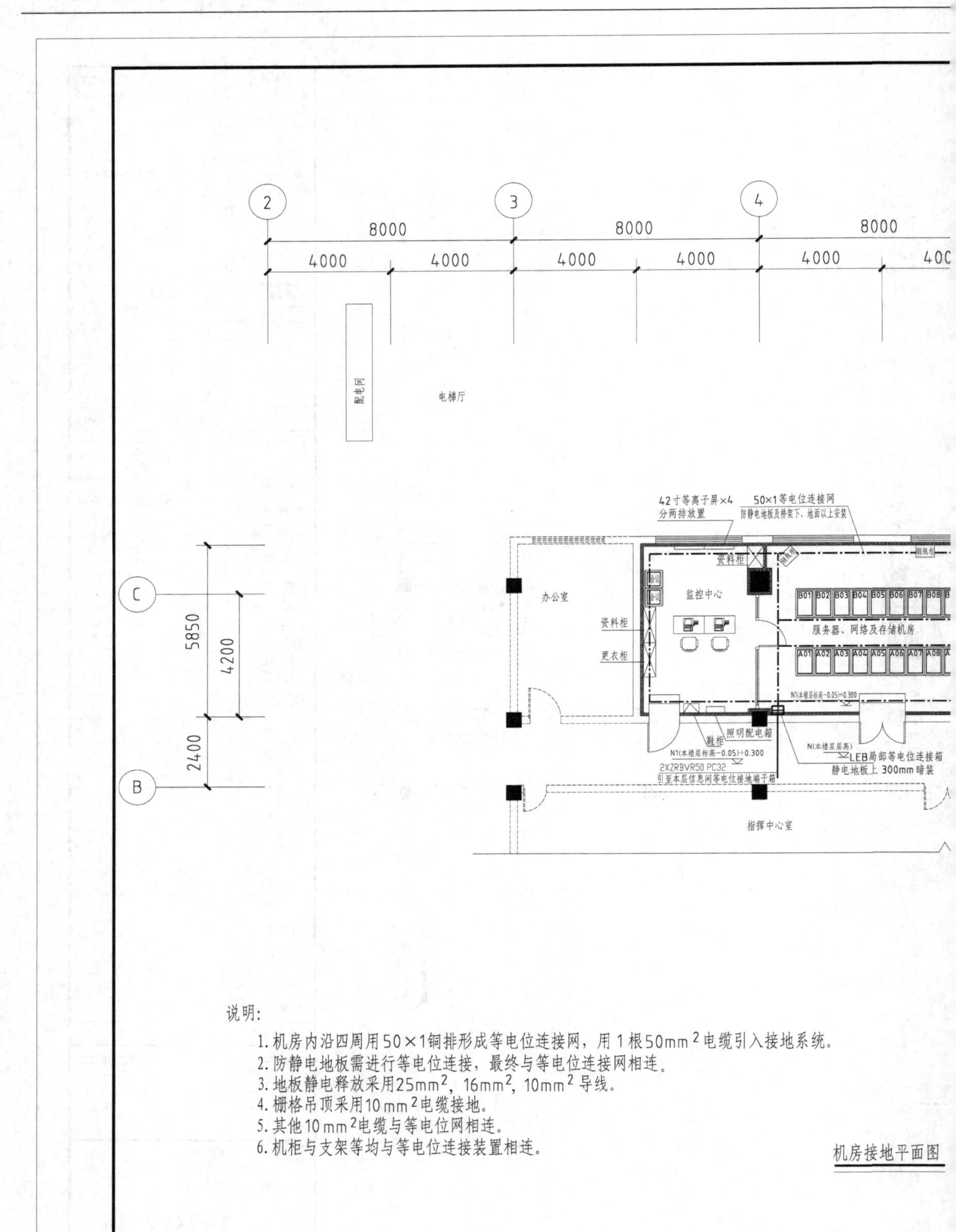
2
3
4
8000
8000
8000
4000
4000
4000
4000
4000
配电间
电梯厅
42寸等离子屏×4
分两排放置
50×1等电位连接网
防静电地板及桥架下、地面以上安装
C
B
5850
4200
2400
办公室
资料柜
监控中心
资料柜
更衣柜
B01 B02 B03 B04 B05 B06 B07 B08
服务器、网络及存储机房
A01 A02 A03 A04 A05 A06 A07 A08
N1(本楼层标高−0.05)+0.300
照明配电箱
鞋柜
N1(本楼层标高−0.05)+0.300
2XZRBVR50 PC32
引至本层信息间等电位接地端子箱
N(本楼层层高)
LEB局部等电位连接箱
静电地板上 300mm 暗装
指挥中心室
说明:
1. 机房内沿四周用50×1铜排形成等电位连接网，用1根50mm²电缆引入接地系统。
2. 防静电地板需进行等电位连接，最终与等电位连接网相连。
3. 地板静电释放采用25mm²，16mm²，10mm²导线。
4. 栅格吊顶采用10mm²电缆接地。
5. 其他10mm²电缆与等电位网相连。
6. 机柜与支架等均与等电位连接装置相连。
机房接地平面图

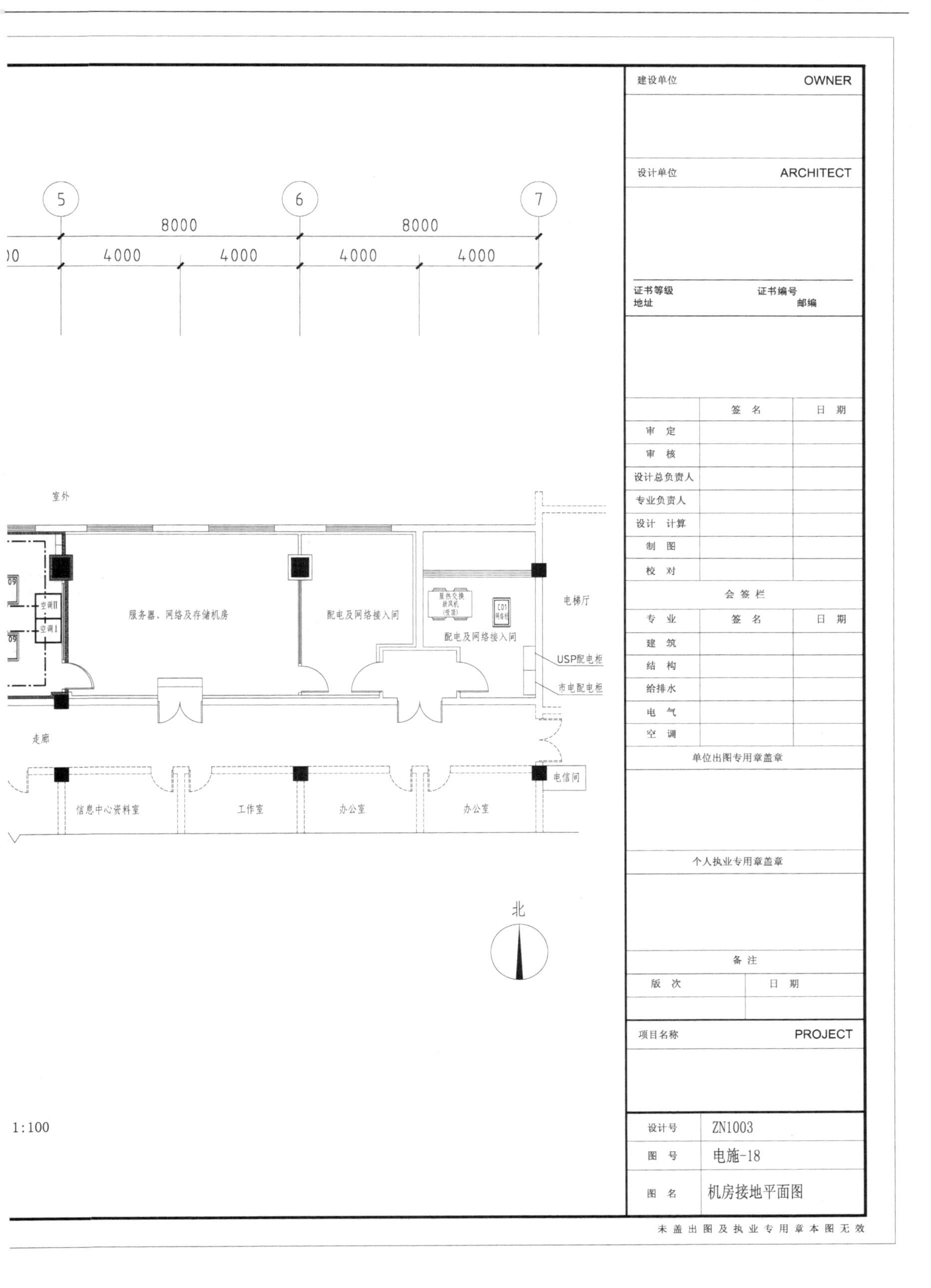

5
6
7
8000
8000
4000
4000
4000
4000
室外
服务器、网络及存储机房
配电及网络接入间
配电及网络接入间
电梯厅
USP配电柜
市电配电柜
走廊
电信间
信息中心资料室
工作室
办公室
办公室
北
1:100
建设单位
OWNER
设计单位
ARCHITECT
证书等级
证书编号
地址
邮编
签 名
日 期
审 定
审 核
设计总负责人
专业负责人
设计 计算
制 图
校 对
会 签 栏
专 业
签 名
日 期
建 筑
结 构
给排水
电 气
空 调
单位出图专用章盖章
个人执业专用章盖章
备 注
版 次
日 期
项目名称
PROJECT
设计号
ZN1003
图 号
电施-18
图 名
机房接地平面图
未盖出图及执业专用章本图无效

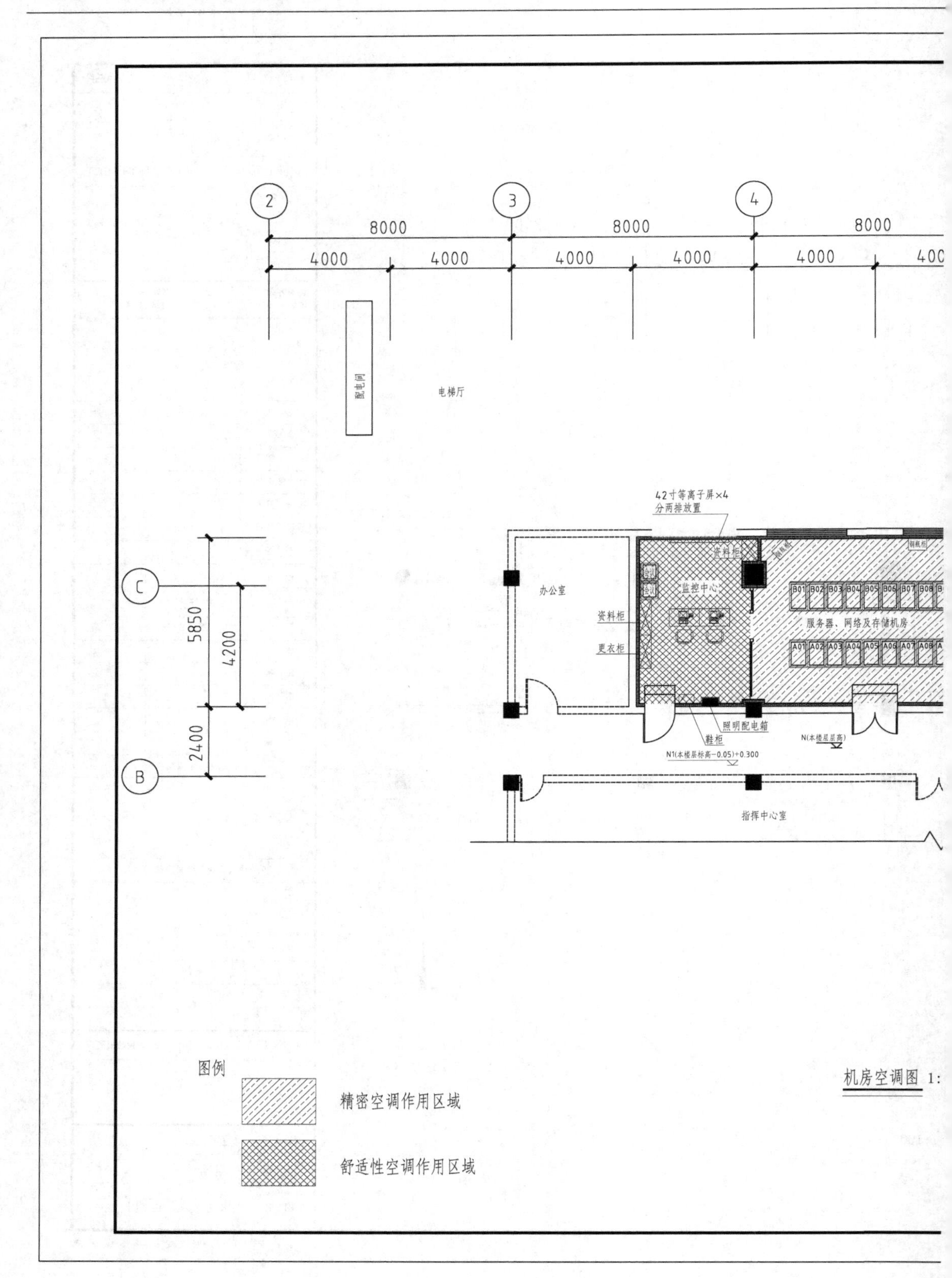

2
3
4
8000
8000
8000
4000
4000
4000
4000
4000
配电间
电梯厅
42寸等离子屏×4
分两排放置
办公室
资料柜
监控中心
资料柜
更衣柜
服务器、网络及存储机房
照明配电箱
鞋柜
N1(本楼层标高−0.05)+0.300
N(本楼层层高)
指挥中心室
C
B
5850
4200
2400
图例
精密空调作用区域
舒适性空调作用区域
机房空调图

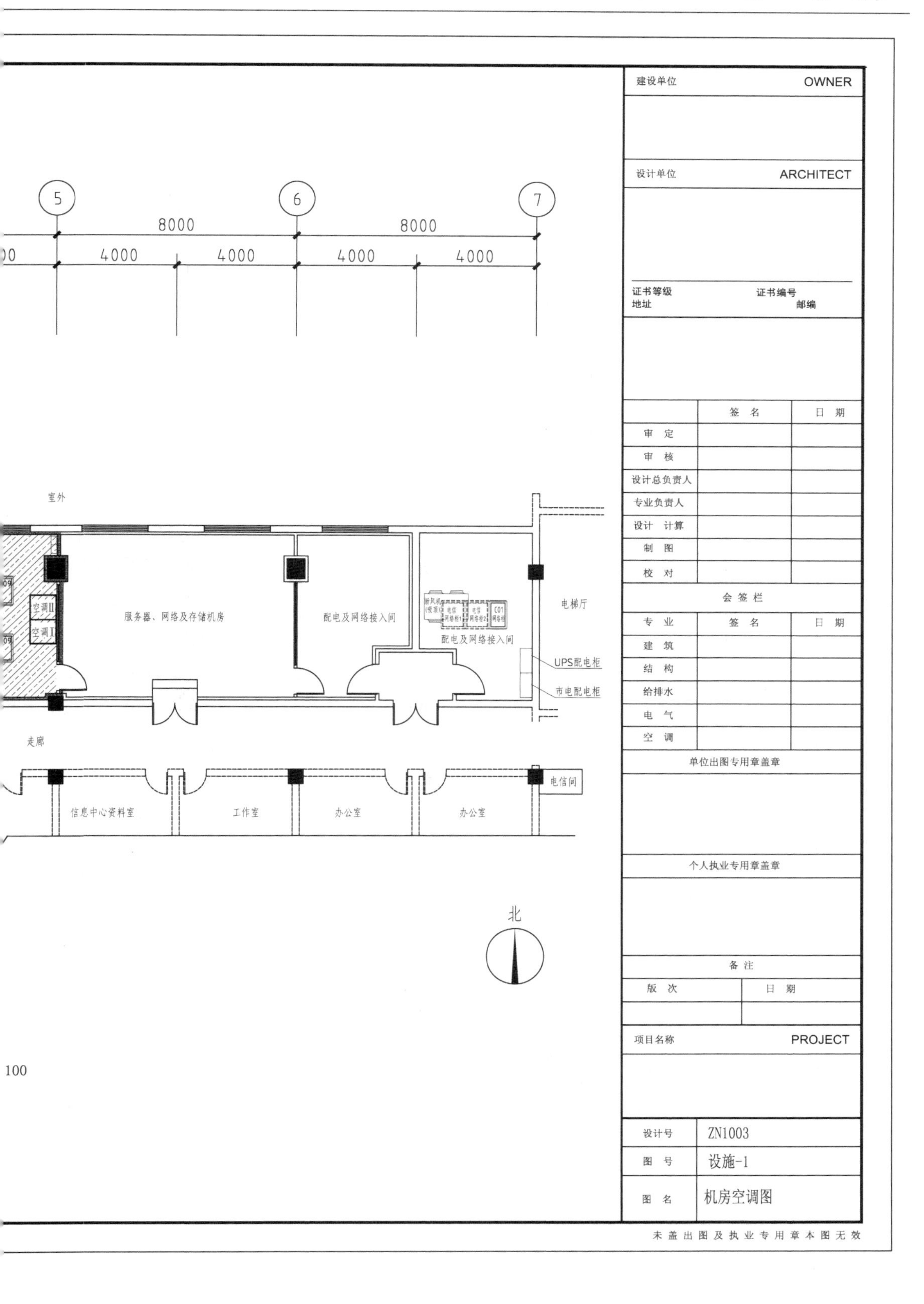

建设单位
OWNER
设计单位
ARCHITECT
证书等级
证书编号
地址
邮编
签　名
日　期
审　定
审　核
设计总负责人
专业负责人
设计　计算
制　图
校　对
会 签 栏
专　业
签　名
日　期
建　筑
结　构
给排水
电　气
空　调
单位出图专用章盖章
个人执业专用章盖章
备 注
版　次
日　期
项目名称
PROJECT
设计号
ZN1003
图　号
设施-1
图　名
机房空调图
未盖出图及执业专用章本图无效
5
6
7
8000
8000
4000
4000
4000
4000
室外
服务器、网络及存储机房
配电及网络接入间
配电及网络接入间
空调II
空调I
电梯厅
UPS配电柜
市电配电柜
走廊
电信间
信息中心资料室
工作室
办公室
办公室
北
100

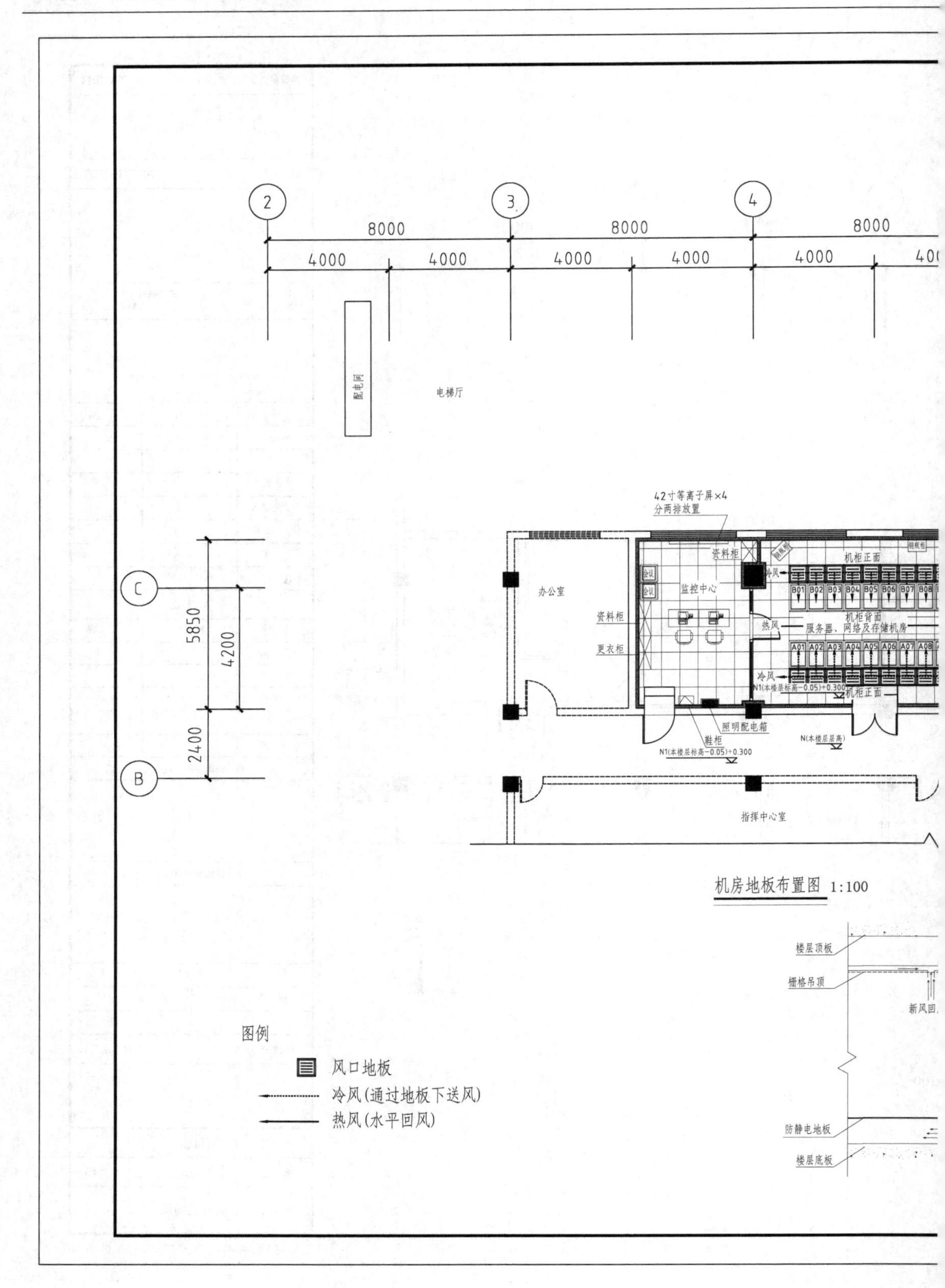

2
3
4
8000
8000
8000
4000
4000
4000
4000
4000
配电间
电梯厅
42寸等离子屏×4
分两排放置
资料柜
机柜正面
冷风
办公室
监控中心
资料柜
更衣柜
热风
机柜背面
服务器、网络及存储机房
冷风
机柜正面
照明配电箱
鞋柜
N1(本楼层标高-0.05)+0.300
N(本楼层层高)
指挥中心室
5850
4200
2400
C
B
机房地板布置图 1:100
楼层顶板
栅格吊顶
新风回
防静电地板
楼层底板
图例
风口地板
冷风(通过地板下送风)
热风(水平回风)

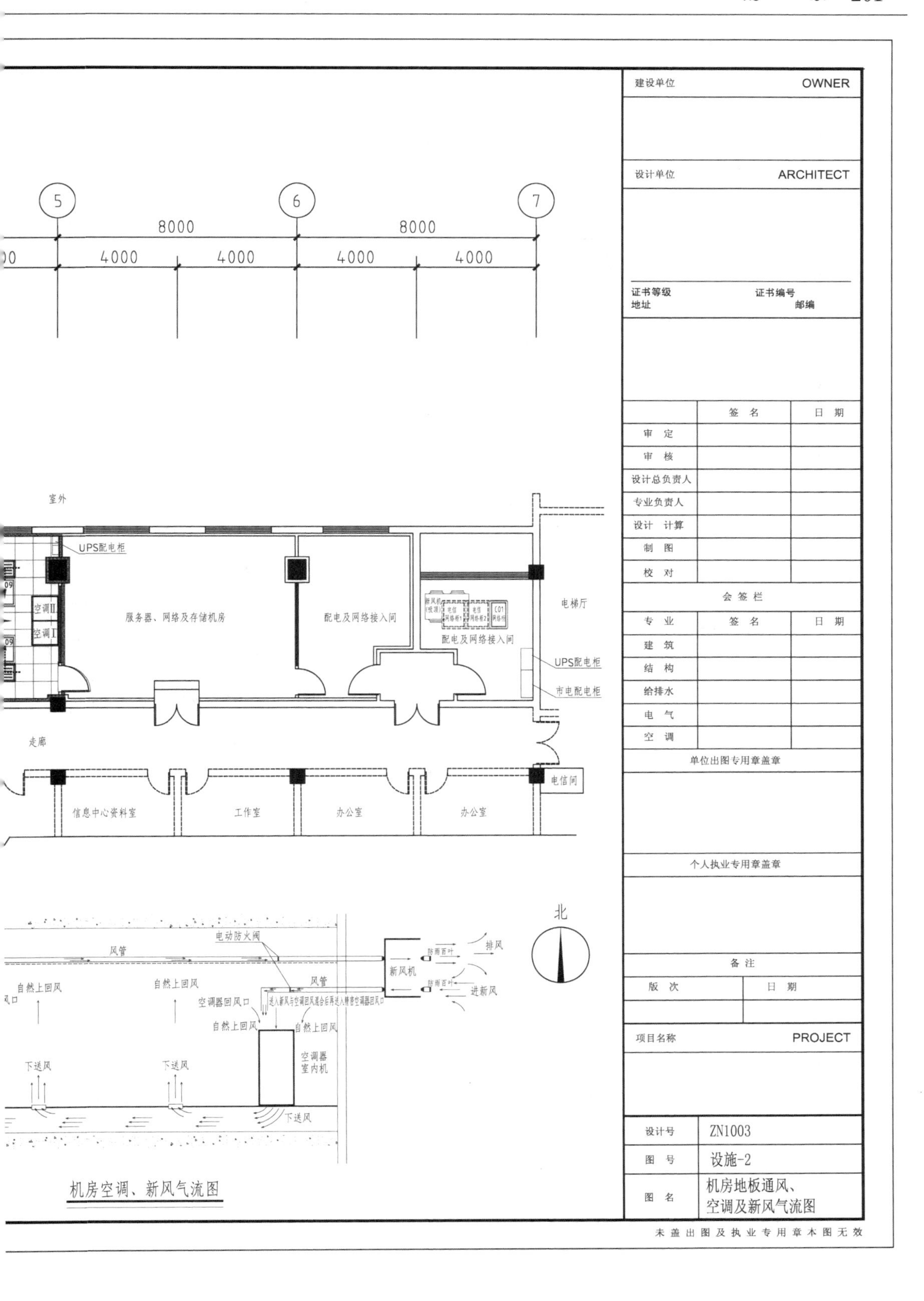

5
6
7
8000
8000
4000
4000
4000
4000
室外
UPS配电柜
空调II
空调I
服务器、网络及存储机房
配电及网络接入间
配电及网络接入间
电梯厅
UPS配电柜
市电配电柜
走廊
电信间
信息中心资料室
工作室
办公室
办公室
北
电动防火阀
风管
风管
自然上回风
自然上回风
空调器回风口
自然上回风
自然上回风
新风机
防雨百叶
防雨百叶
排风
进新风
下送风
下送风
空调器
室内机
下送风
机房空调、新风气流图
建设单位
OWNER
设计单位
ARCHITECT
证书等级
证书编号
地址
邮编
签　名
日　期
审　定
审　核
设计总负责人
专业负责人
设计　计算
制　图
校　对
会签栏
专　业
签　名
日　期
建　筑
结　构
给排水
电　气
空　调
单位出图专用章盖章
个人执业专用章盖章
备注
版　次
日　期
项目名称
PROJECT
设计号
ZN1003
图　号
设施-2
图　名
机房地板通风、
空调及新风气流图
未盖出图及执业专用章本图无效

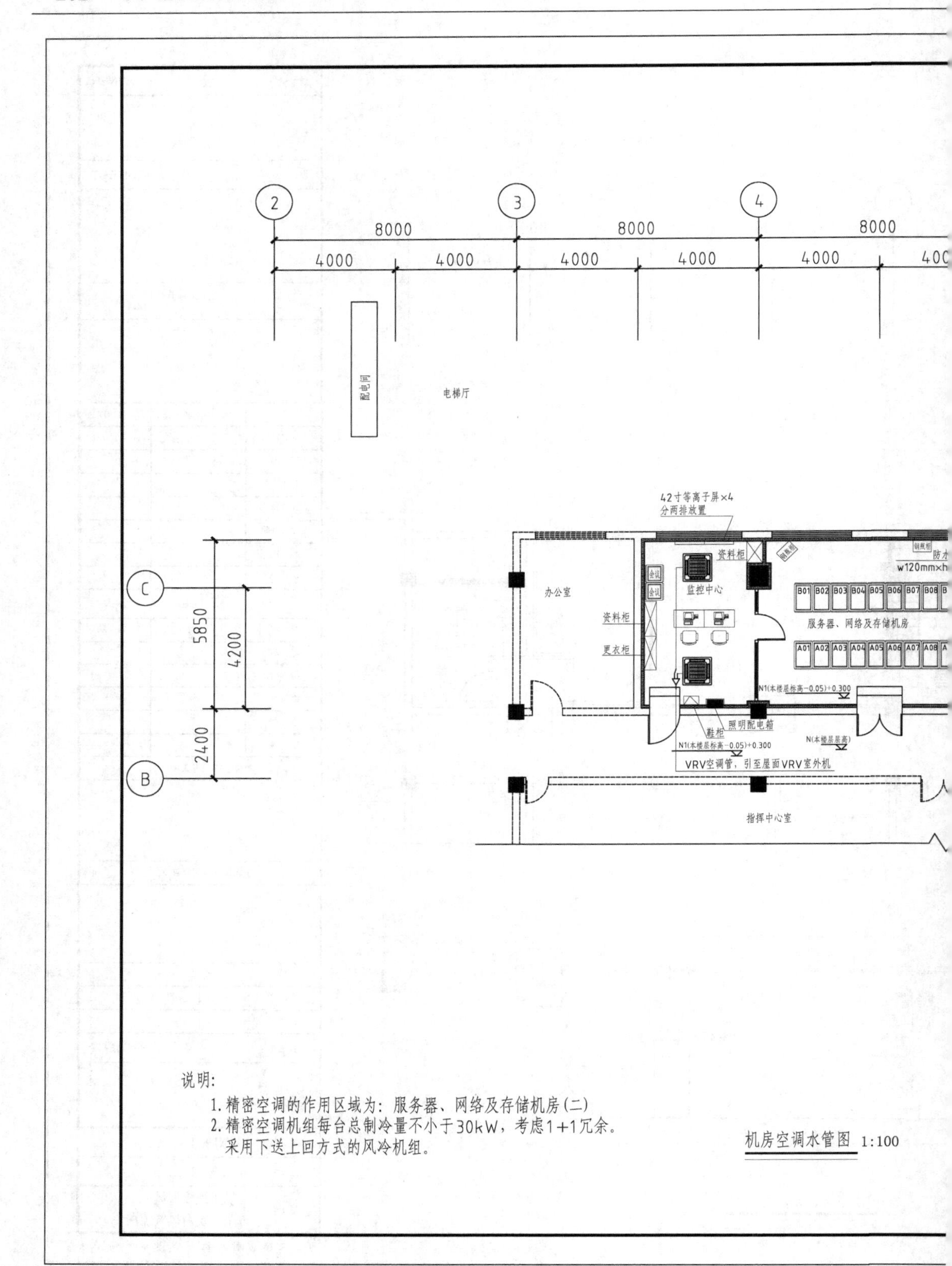

2
3
4
8000
8000
8000
4000
4000
4000
4000
4000
配电间
电梯厅
42寸等离子屏×4
分两排放置
资料柜
监控中心
办公室
资料柜
更衣柜
w120mm×h
服务器、网络及存储机房
B01 B02 B03 B04 B05 B06 B07 B08
A01 A02 A03 A04 A05 A06 A07 A08
N1(本楼层标高-0.05)+0.300
照明配电箱
鞋柜
N1(本楼层标高-0.05)+0.300
N(本楼层层高)
VRV空调管，引至屋面VRV室外机
指挥中心室
C
B
5850
4200
2400
说明:
1. 精密空调的作用区域为：服务器、网络及存储机房(二)
2. 精密空调机组每台总制冷量不小于30kW，考虑1+1冗余。
采用下送上回方式的风冷机组。
机房空调水管图 1:100

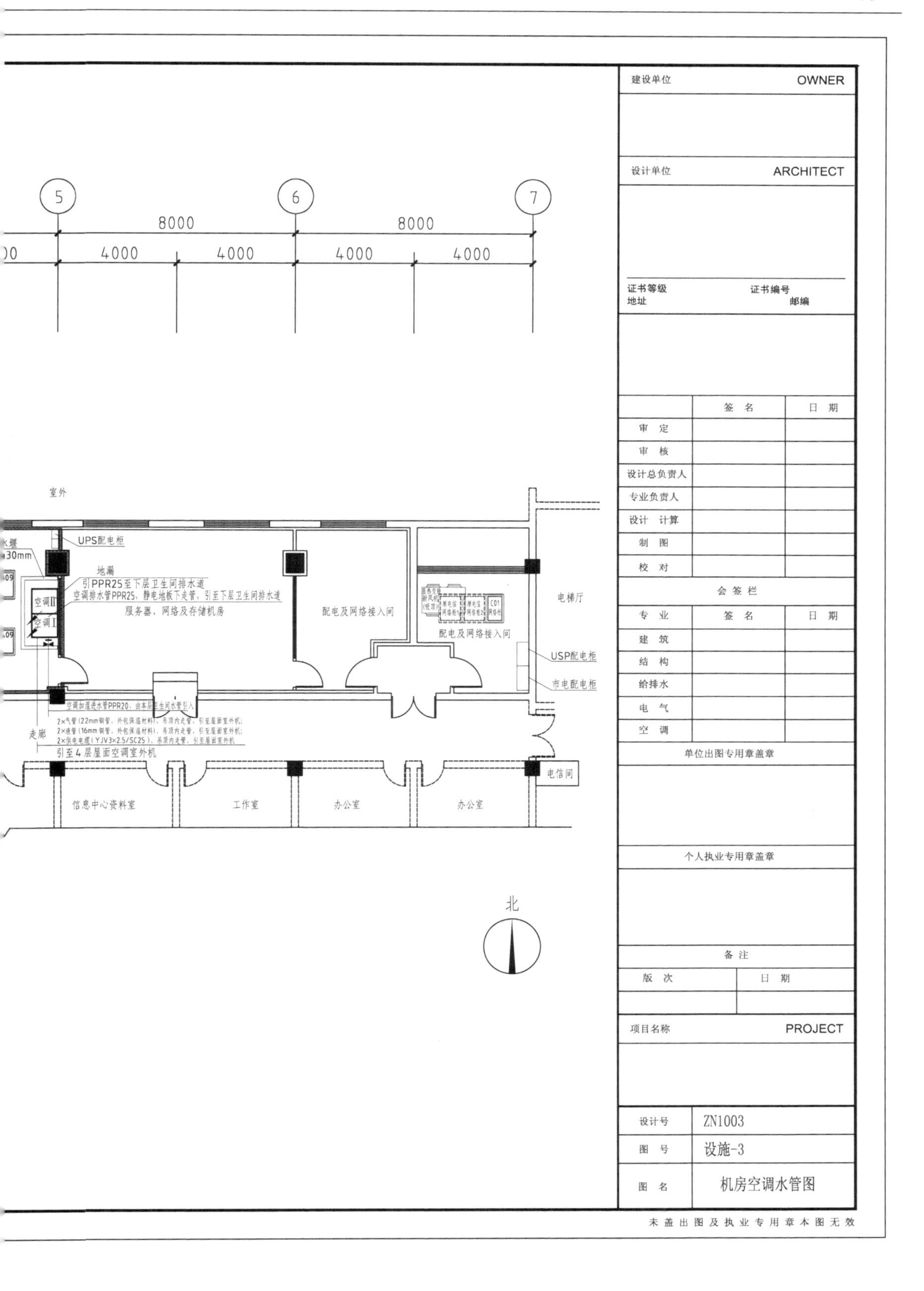

5
6
7
8000
8000
4000
4000
4000
4000
室外
UPS配电柜
地漏
引PPR25至下层卫生间排水道
空调排水管PPR25，静电地板下走管，引至下层卫生间排水道
服务器、网络及存储机房
配电及网络接入间
配电及网络接入间
电梯厅
USP配电柜
市电配电柜
空调加湿进水管PPR20，由本层卫生间水管引入
走廊
引至4层屋面空调室外机
电信间
信息中心资料室
工作室
办公室
办公室
北
建设单位
OWNER
设计单位
ARCHITECT
证书等级
证书编号
地址
邮编
签名
日期
审定
审核
设计总负责人
专业负责人
设计计算
制图
校对
会签栏
专业
签名
日期
建筑
结构
给排水
电气
空调
单位出图专用章盖章
个人执业专用章盖章
备注
版次
日期
项目名称
PROJECT
设计号
ZN1003
图号
设施-3
图名
机房空调水管图
未盖出图及执业专用章本图无效

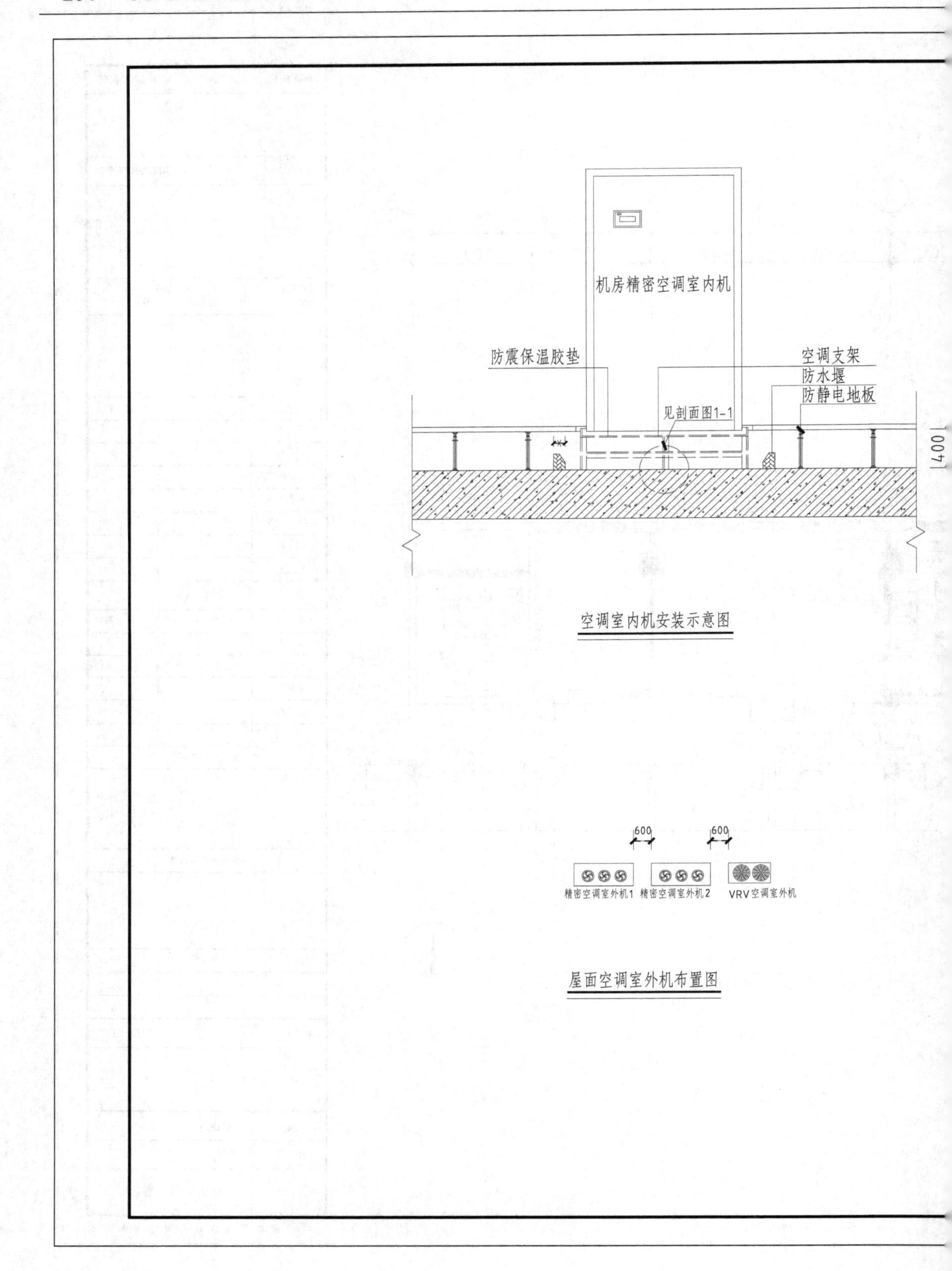
机房精密空调室内机
防震保温胶垫
空调支架
防水堰
防静电地板
见剖面图1-1
400
空调室内机安装示意图
600
600
精密空调室外机1
精密空调室外机2
VRV空调室外机
屋面空调室外机布置图

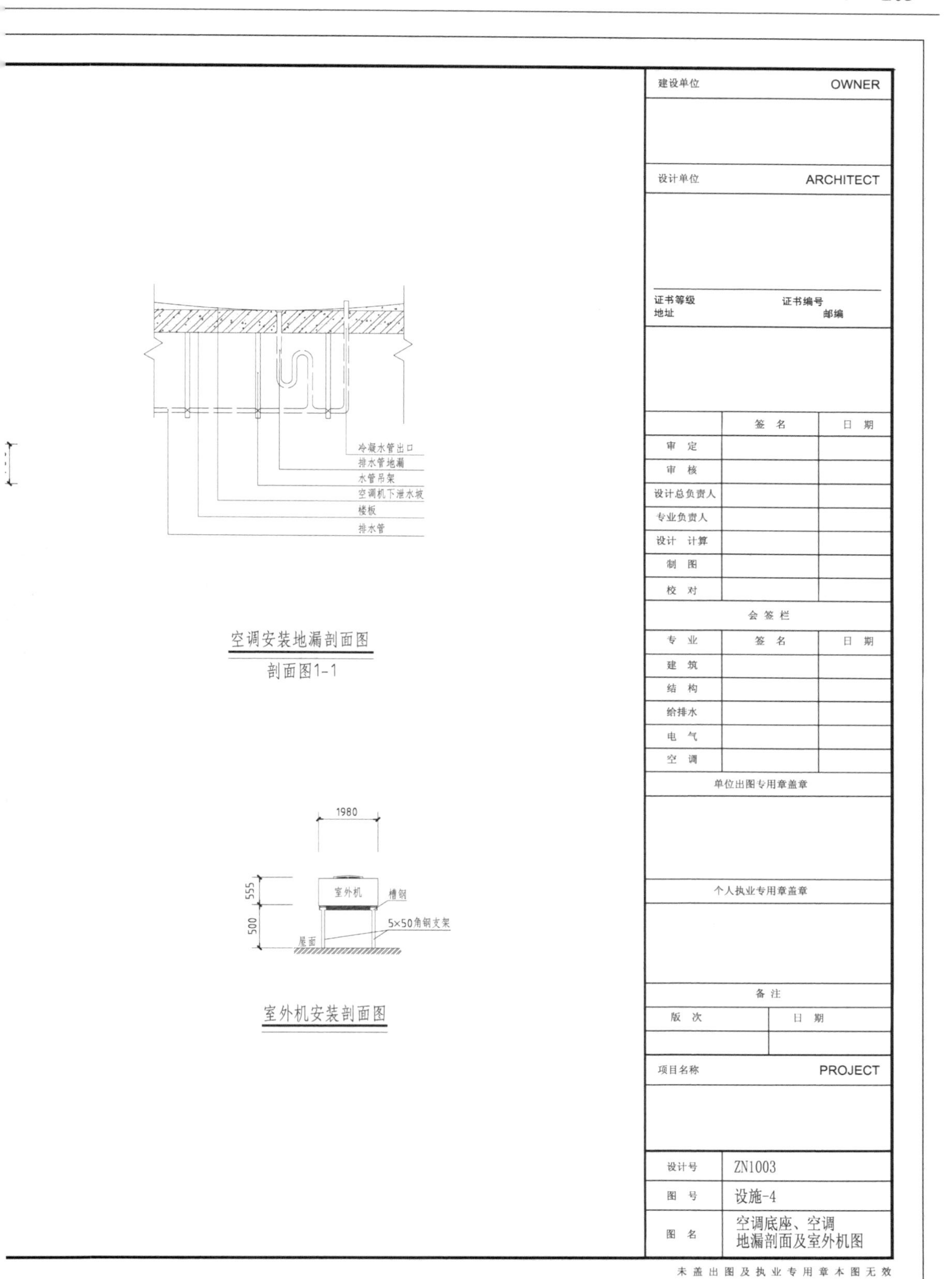
冷凝水管出口
排水管地漏
水管吊架
空调机下泄水坡
楼板
排水管
空调安装地漏剖面图
剖面图1-1
1980
555
500
室外机
槽钢
5×50角钢支架
屋面
室外机安装剖面图
建设单位
OWNER
设计单位
ARCHITECT
证书等级
证书编号
地址
邮编
签　名
日　期
审　定
审　核
设计总负责人
专业负责人
设计　计算
制　图
校　对
会 签 栏
专　业
建　筑
结　构
给排水
电　气
空　调
单位出图专用章盖章
个人执业专用章盖章
备 注
版　次
项目名称
PROJECT
设计号
ZN1003
图　号
设施-4
图　名
空调底座、空调
地漏剖面及室外机图
未盖出图及执业专用章本图无效

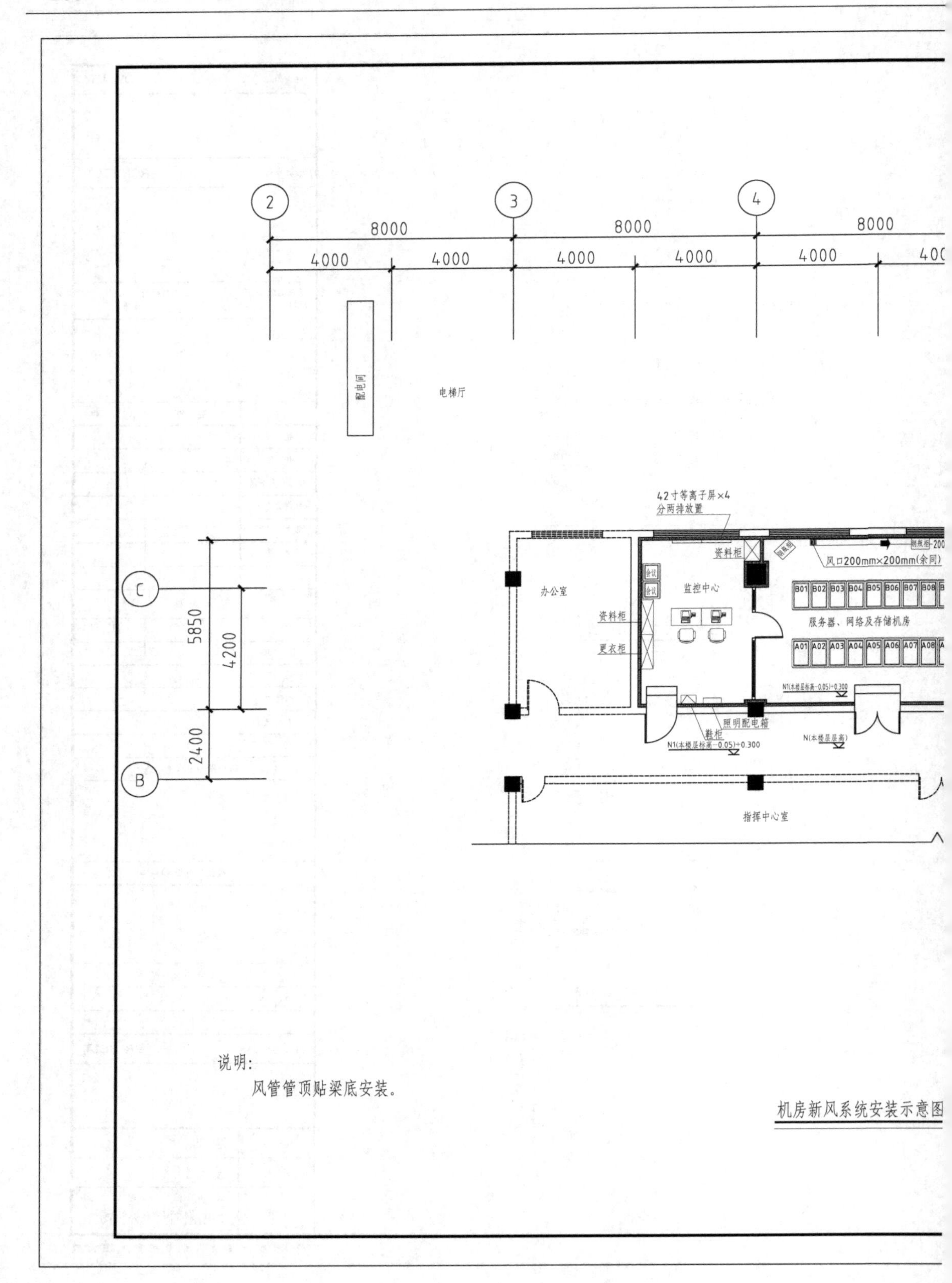
2
3
4
8000
8000
8000
4000
4000
4000
4000
4000
配电间
电梯厅
42寸等离子屏×4
分两排放置
资料柜
风口200mm×200mm(余同)
办公室
监控中心
资料柜
更衣柜
服务器、网络及存储机房
B01 B02 B03 B04 B05 B06 B07 B08
A01 A02 A03 A04 A05 A06 A07 A08
照明配电箱
鞋柜
N1(本楼层标高-0.05)+0.300
N(本楼层层高)
C
B
5850
4200
2400
指挥中心室
说明:
风管管顶贴梁底安装。
机房新风系统安装示意图

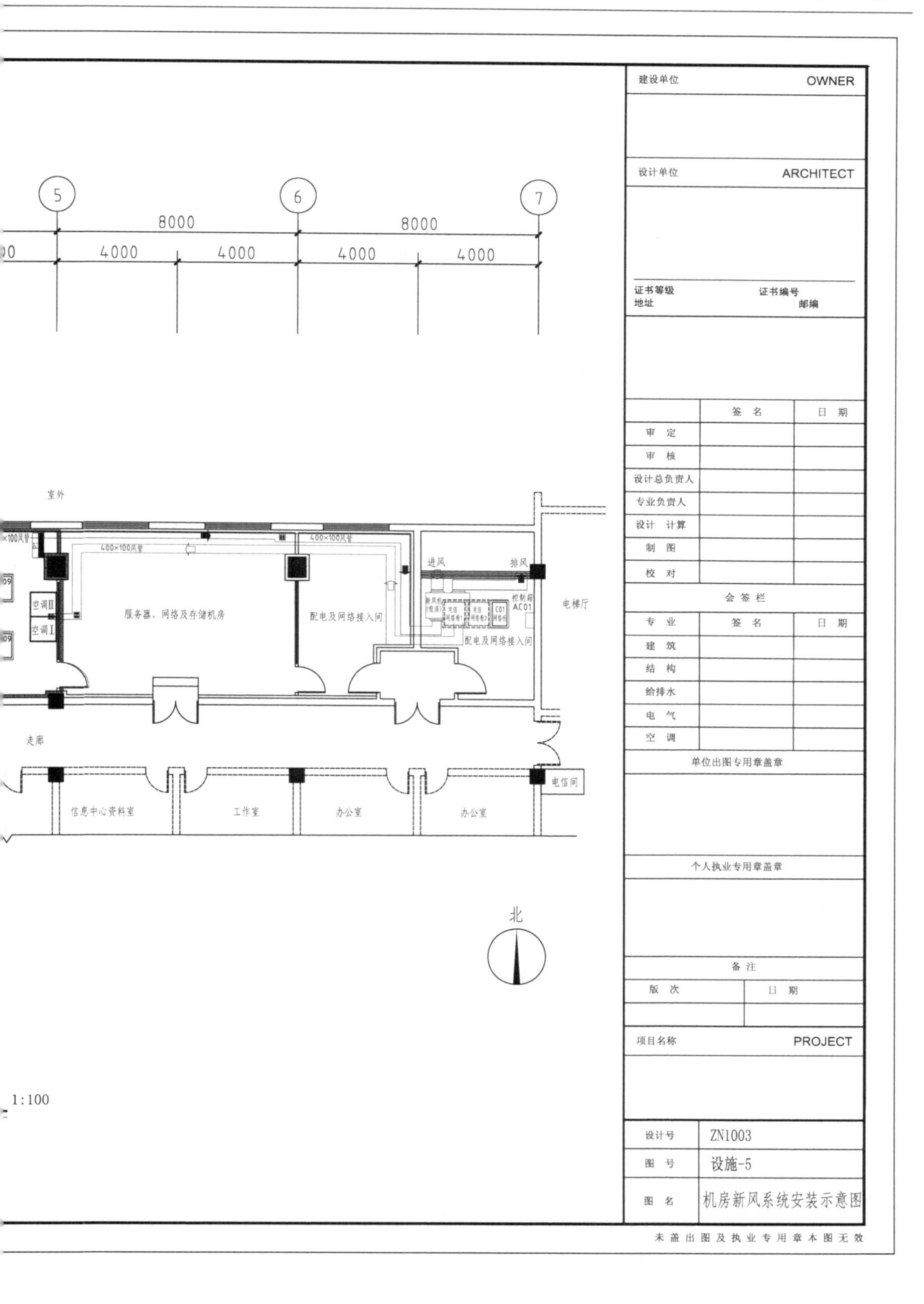

5
6
7
8000
8000
4000
4000
4000
4000
室外
400×100风管
400×100风管
进风
排风
控制箱
AC01
空调Ⅱ
空调Ⅰ
服务器、网络及存储机房
配电及网络接入间
配电及网络接入间
电梯厅
走廊
电信间
信息中心资料室
工作室
办公室
办公室
北
1:100
建设单位
OWNER
设计单位
ARCHITECT
证书等级
证书编号
地址
邮编
签　名
日　期
审　定
审　核
设计总负责人
专业负责人
设计　计算
制　图
校　对
会签栏
专　业
建　筑
结　构
给排水
电　气
空　调
单位出图专用章盖章
个人执业专用章盖章
备注
版　次
项目名称
PROJECT
设计号
ZN1003
图　号
设施-5
图　名
机房新风系统安装示意图
未盖出图及执业专用章本图无效

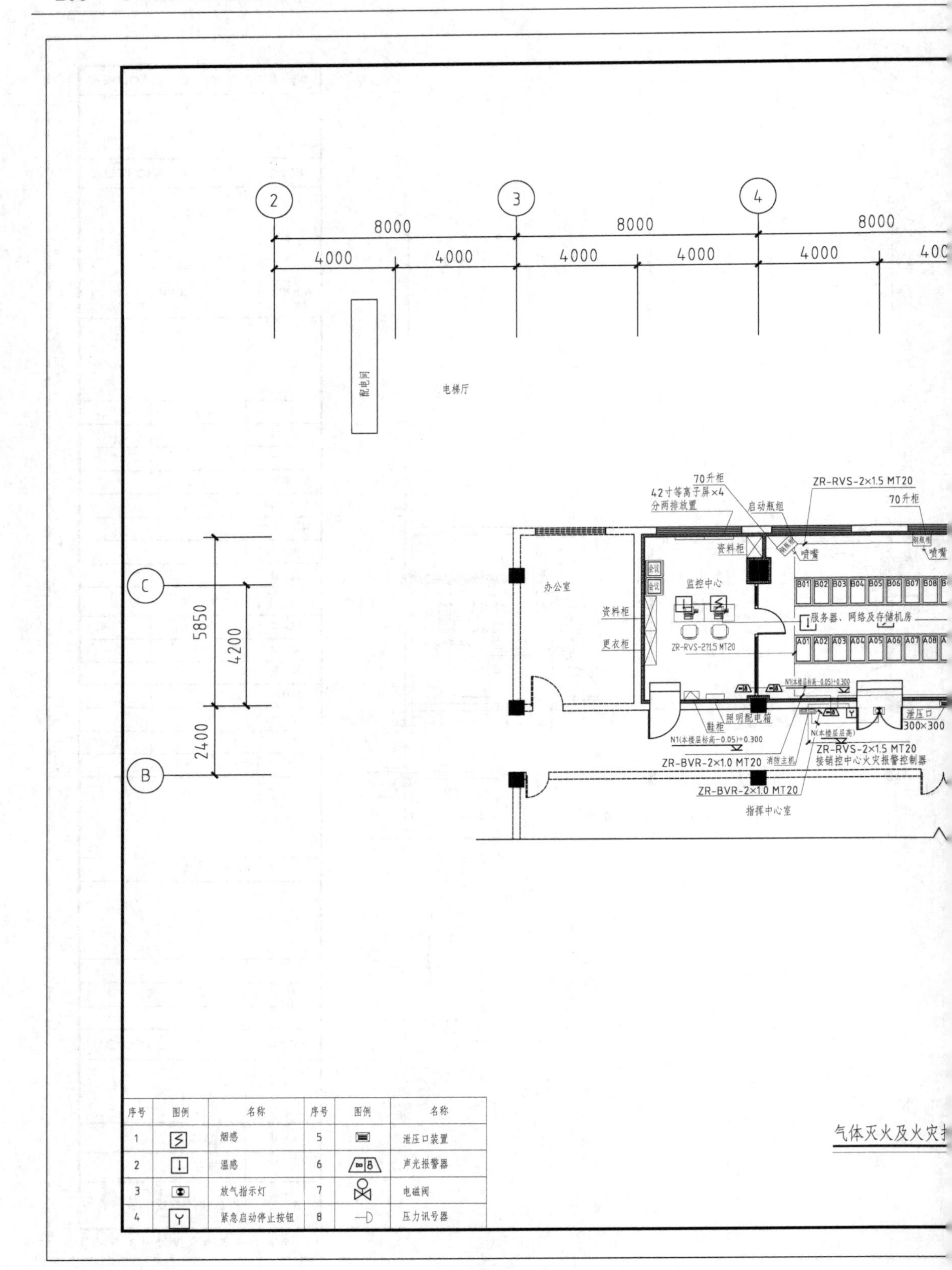


| 序号 | 图例 | 名称 | 序号 | 图例 | 名称 |
|---|---|---|---|---|---|
| 1 |  | 烟感 | 5 |  | 泄压口装置 |
| 2 |  | 温感 | 6 |  | 声光报警器 |
| 3 |  | 放气指示灯 | 7 |  | 电磁阀 |
| 4 |  | 紧急启动停止按钮 | 8 |  | 压力讯号器 |

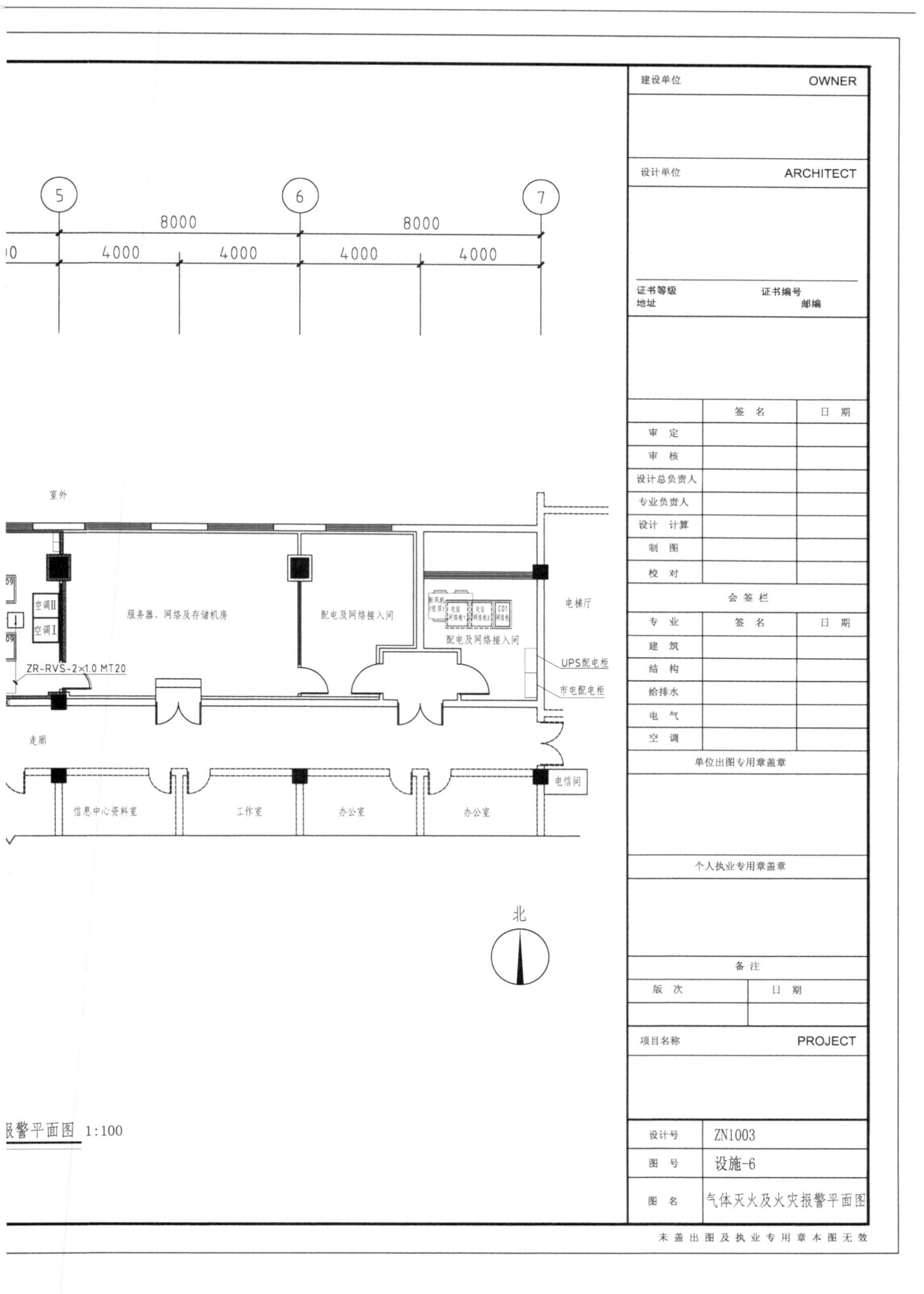

建设单位 OWNER
设计单位 ARCHITECT
证书等级 证书编号
地址 邮编
签 名 日 期
审 定
审 核
设计总负责人
专业负责人
设计 计算
制 图
校 对
会 签 栏
专 业 签 名 日 期
建 筑
结 构
给排水
电 气
空 调
单位出图专用章盖章
个人执业专用章盖章
备 注
版 次 日 期
项目名称 PROJECT
设计号 ZN1003
图 号 设施-6
图 名 气体灭火及火灾报警平面图
未盖出图及执业专用章本图无效
5
6
7
8000
8000
4000
4000
4000
4000
室外
服务器、网络及存储机房
配电及网络接入间
配电及网络接入间
电梯厅
UPS配电柜
市电配电柜
空调II
空调I
ZR-RVS-2×1.0 MT20
走廊
电信间
信息中心资料室
工作室
办公室
办公室
北
报警平面图 1:100

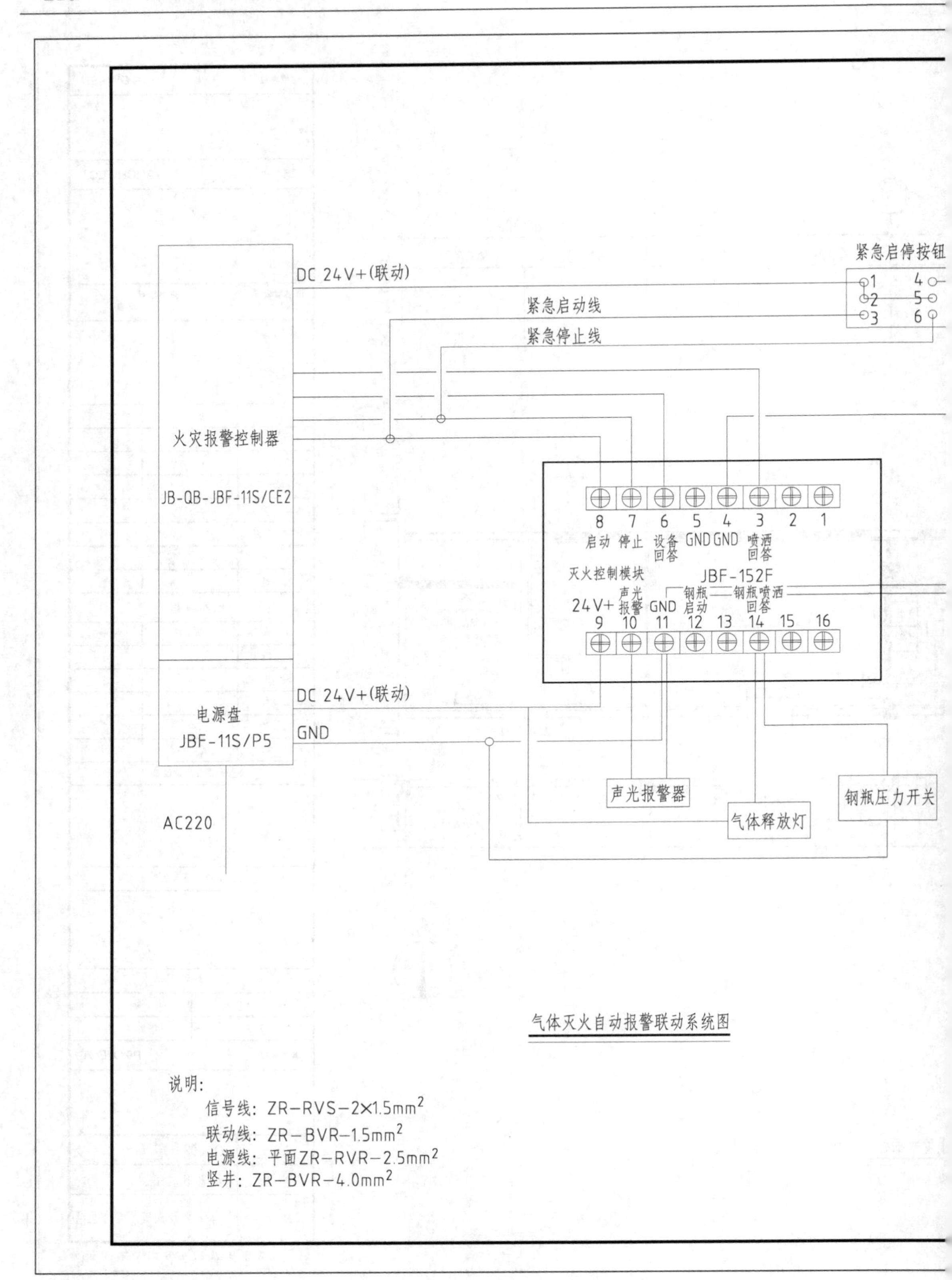

气体灭火自动报警联动系统图

气体钢瓶

| 序号 | 名称 | 单位 |
|---|---|---|
| 1 | 柜式七氟丙烷气体灭火装置 | 套 |
| 2 | 七氟丙烷药剂 | kg |
| 3 | 启动管路 | m |
| 4 | 气路三通 | 只 |
| 5 | 气路直通 | 只 |
| 6 | 灭火系统标识牌 | 块 |
| 7 | 泄压口装置 | 套 |
| 8 | 火灾报警控制器 | 台 |
| 9 | 电源盘 | 台 |
| 10 | 感烟探测器 | 只 |
| 11 | 感温探测器 | 只 |
| 12 | 底座 | 只 |
| 13 | 放气指示灯 | 只 |
| 14 | 紧急启停按钮 | 只 |
| 15 | 声光报警器 | 只 |
| 16 | 气体模块 | 只 |
| 17 | 控制模块 | 只 |

主要设备

建设单位 OWNER

设计单位 ARCHITECT

证书等级　证书编号
地址　邮编

|  | 签　名 | 日　期 |
|---|---|---|
| 审　定 | | |
| 审　核 | | |
| 设计总负责人 | | |
| 专业负责人 | | |
| 设计　计算 | | |
| 制　图 | | |
| 校　对 | | |

会签栏

| 专　业 | 签　名 | 日　期 |
|---|---|---|
| 建　筑 | | |
| 结　构 | | |
| 给排水 | | |
| 电　气 | | |
| 空　调 | | |

单位出图专用章盖章

个人执业专用章盖章

备注

| 版　次 | 日　期 |
|---|---|
| | |

项目名称 PROJECT

| 设计号 | ZN1003 |
|---|---|
| 图　号 | 设施-7 |
| 图　名 | 气体灭火自动报警联动系统图 |

未盖出图及执业专用章本图无效

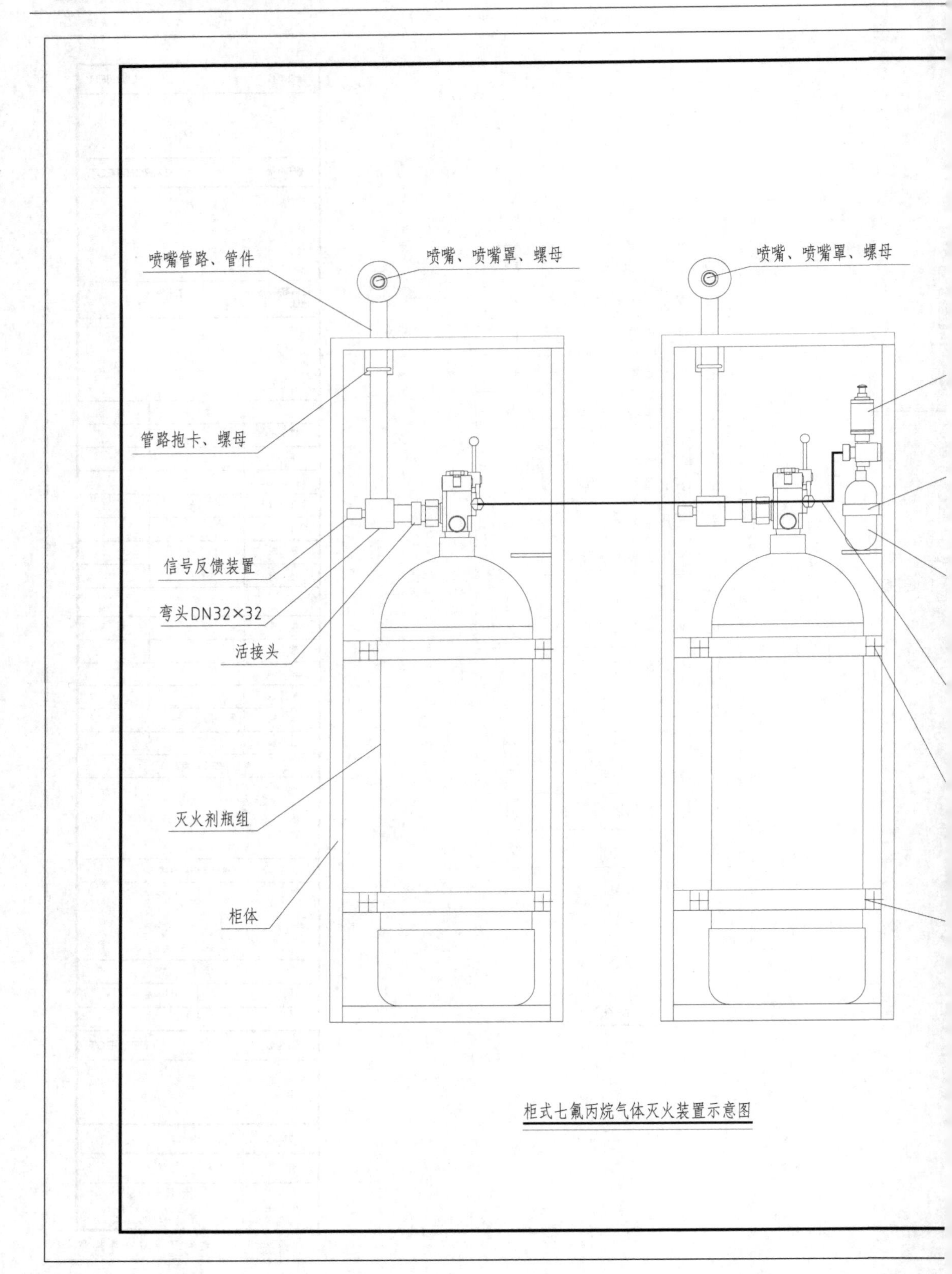


柜式七氟丙烷气体灭火装置示意图

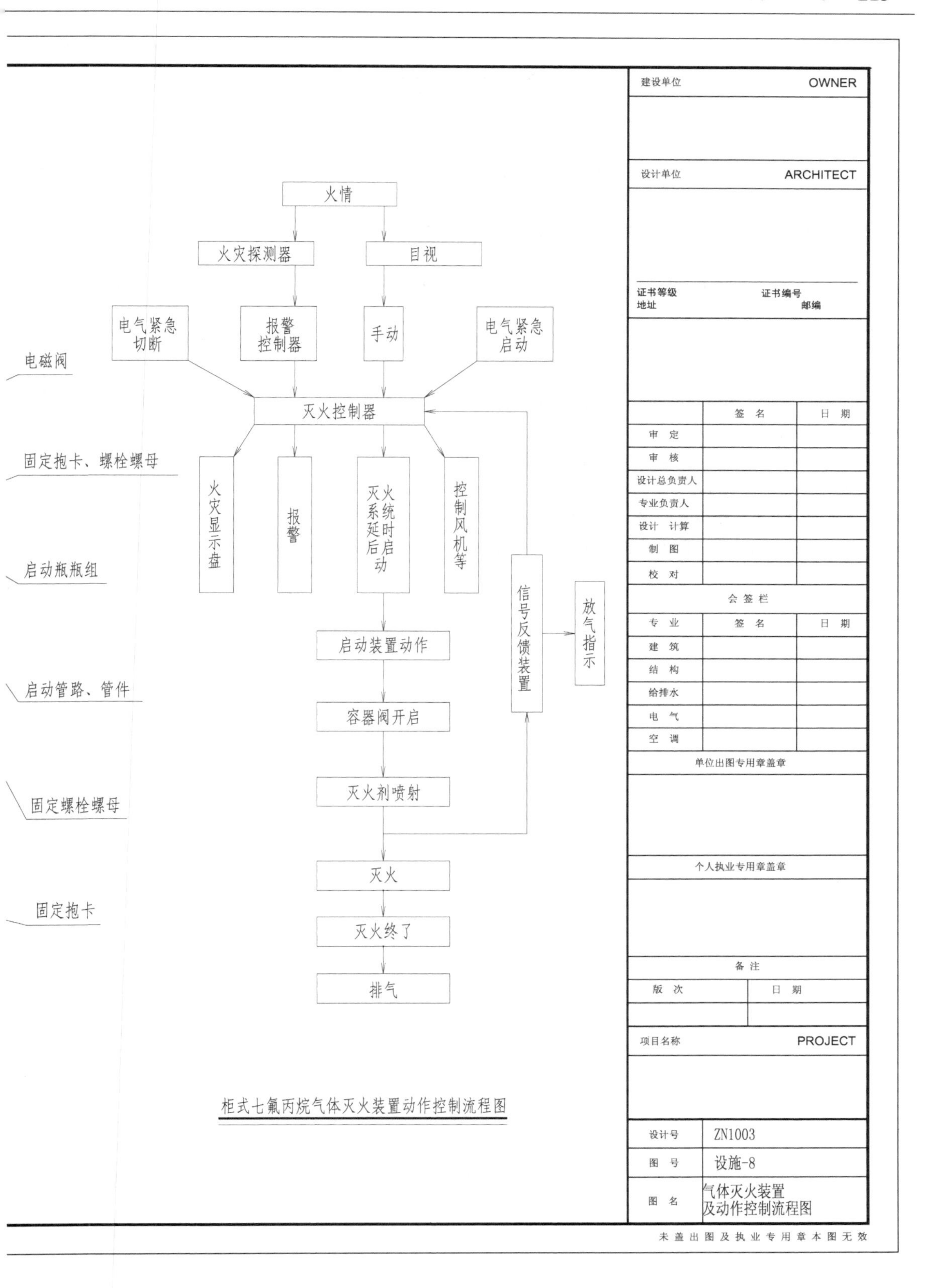


柜式七氟丙烷气体灭火装置动作控制流程图

# 参考文献

[1] 杨绍胤．智能建筑工程及其设计［M］．北京：电子工业出版社，2009.

[2]（美）ASHRAE TC9. 9. 数据通信设备中心设计研究［M］．杨国荣，等译．北京：中国建筑工业出版社，2010.

[3]（美）ASHRAE TC9. 9. 高密度数据中心案例研究与最佳实践［M］．杨国荣，等译．北京 ：中国建筑工业出版社，2010.

[4]（美）ASHRAE TC9. 9. 数据通信设备中心液体冷却指南［M］．杨国荣，等译．北京：中国建筑工业出版社，2010.

[5] 中国电信集团公司，中国电信股份有限公司广州研究院．通信机房节能技术应用综述［M］．北京：人民邮电出版社，2010.

[6] 钟志鲲，丁涛．数据中心机房空气调节系统的设计与运行维护［M］．北京：人民邮电出版社，2009.

[7] 张广明，韩林．数据中心 UPS 供电系统的设计与应用［M］．北京：人民邮电出版社，2008.

[8] 张成泉，等．机房工程——智能建筑工程技术丛书［M］．北京：中国电力出版社，2007.

[9] 黄毅．计算机机房配电与安装［M］．重庆：重庆大学出版社，2010.

[10] 王建章．实用智能建筑机房工程［M］．南京：东南大学出版社，2010.

[11] 程控，金文光．综合布线系统工程［M］．北京：清华大学出版社，2005.